碳酸盐岩缝洞型油藏
能量变化曲线特征与应用

胡文革　田园媛　曾清勇　程　洪　等著

中国石油大学出版社
CHINA UNIVERSITY OF PETROLEUM PRESS

山东·青岛

图书在版编目（CIP）数据

碳酸盐岩缝洞型油藏能量变化曲线特征与应用/胡
文革等著. --青岛：中国石油大学出版社，2021.10
（碳酸盐岩缝洞型油藏描述及开发技术丛书；卷八）
ISBN 978-7-5636-6954-7

Ⅰ. ①碳… Ⅱ. ①胡… Ⅲ. ①碳酸盐岩油气藏－油藏
工程－研究 Ⅳ. ①TE34

中国版本图书馆 CIP 数据核字（2020）第 265036 号

书　　名：碳酸盐岩缝洞型油藏能量变化曲线特征与应用
　　　　　TANSUANYANYAN FENGDONGXING YOUCANG NENGLIANG BIANHUA QUXIAN TEZHENG YU YINGYONG
著　　者：胡文革　　田园媛　　曾清勇　　程　洪　　等
责任编辑：岳为超（电话　0532-86981532）
封面设计：悟本设计　张　洋
出 版 者：中国石油大学出版社
　　　　　（地址：山东省青岛市黄岛区长江西路 66 号　邮编：266580）
网　　址：http://cbs.upc.edu.cn
电子邮箱：shiyoujiaoyu@126.com
排 版 者：青岛天舒常青文化传媒有限公司
印 刷 者：青岛北琪精密制造有限公司
发 行 者：中国石油大学出版社（电话　0532-86981531，86983437）
开　　本：787 mm×1 092 mm　1/16
印　　张：10
字　　数：247 千字
版 印 次：2021 年 10 月第 1 版　2021 年 10 月第 1 次印刷
书　　号：ISBN 978-7-5636-6954-7
定　　价：100.00 元

丛书前言

塔河油田位于我国新疆塔里木盆地,于1997年被发现,经过20多年的开发,已建成年产原油737×10⁴ t(包括碳酸盐岩缝洞型油藏、碎屑岩油藏等)的特大型油田。塔河油田已成为我国油气增储上产的主阵地之一,是我国"稳定东部、发展西部"的重要能源战略支撑。

塔河油田碳酸盐岩缝洞型油藏是一类超深、以缝洞为储集体的特殊类型油藏,与常规碎屑岩油藏和裂缝型油藏有本质区别。这类油藏开发的主要特征:一是油藏埋藏深(5 000~7 000 m),具有高温高盐的特点;二是储集空间特征尺度大,且非均质性极强,储集空间既有大型溶洞,又有溶蚀孔隙和不同尺度的裂缝,其中大型洞穴是最主要的储集空间,裂缝是主要的连通通道;三是油藏流体流动符合管流-渗流耦合流动特征,常规油藏工程理论和方法适用性差;四是油藏产量递减快,与国内外类似油藏相比采收率偏低;五是以缝洞单元为开发单元,其类型多样,不同类型缝洞单元的开发模式也不同。此类油藏的描述和开发没有现成技术和管理经验可以借鉴,属于世界级开发难题。

中国石油化工股份有限公司西北油田分公司开发科研团队,以国家973计划项目"碳酸盐岩缝洞型油藏开采机理及提高采收率基础研究"以及"十二五""十三五"国家科技重大专项"塔里木盆地大型碳酸盐岩油气田开发示范工程""塔里木盆地碳酸盐岩油气田提高采收率关键技术示范工程"等为依托,历时十余年创建了断溶体油藏开发理论与技术,实现了缝洞型油藏描述与开发技术的重大突破,为塔河油田的科学、高效开发提供了理论依据和技术支撑。在上述科学研究、技术开发和生产实践所获得的科技成果的基础上,科研团队凝练提升并精心撰写了"碳酸盐岩缝洞型油藏描述及开发技术丛书"。

该丛书共十卷,既有理论创新,又有实用技术。其中,卷一、卷二分别介绍了塔里木盆地古生界碳酸盐岩断溶体油藏认识及开发实践、碳酸盐岩古河道岩溶型缝洞结构表征技术；卷三、卷四、卷五分别介绍了碳酸盐岩缝洞型油藏试井解释方法研究与应用、高产井预警技术与现场实践、油藏连通性分析与评价技术；卷六、卷七、卷八、卷九分别介绍了碳酸盐岩缝洞型油藏开发实验物理模拟技术、改善水驱开发技术、能量变化曲线特征与应用、单井注氮气提高采收率技术；卷十介绍了碳酸盐岩缝洞型油藏实用油藏工程新方法。

上述成果集中体现了该领域理论研究和技术开发的现状、研究前沿和发展趋势，推动了塔河油田的科学高效开发，填补了缝洞型油藏开发相关领域的空白，为保障国家能源安全、拓展海外资源领域提供了重要技术支撑。

随着国内外海相碳酸盐岩油气勘探的深入发展，越来越多的碳酸盐岩缝洞型油气藏将不断被发现并投入开发。希望该丛书的出版能够促进碳酸盐岩缝洞型油气藏勘探开发的科技进步和高效生产。

前　言

评估油藏能量是油藏开发的先决条件,油藏能量也是油藏评价的关键指标。另外,评估油藏能量及计算动态储量在油藏开发方案编制、生产动态优化和提高采收率措施制定中起着极其重要的作用。因此,研究塔河油田碳酸盐岩缝洞型油藏的能量变化特征是充分认识油藏和进一步高效开发油藏的重要基础。由于碳酸盐岩缝洞型油藏储集空间多样,油水分布复杂,相较于常规储层,对该类油藏能量及其变化的认知过程中存在规律难以找寻、方法难以探究等困难。

针对上述问题,中国石油化工股份有限公司西北油田分公司通过长期碳酸盐岩缝洞型油藏的开发实践,逐步形成了以能量指示曲线、注水指示曲线和试井曲线(即"三线")为基础的碳酸盐岩缝洞型油藏能量评价、动态储量计算评估以及储集体结构识别的方法。

本书在总结塔河油田碳酸盐岩缝洞型油藏开发实践的基础上,深化了三类能量变化曲线的理论基础研究,建立了基本模型的曲线方程,为能量变化曲线特征的解析和应用奠定了理论基础;同时结合油田开发实践,建立和完善了三类能量变化曲线的图版,实现了不同开发阶段油井能量的评价和动态储量的计算,并根据不同能量变化曲线的特征,确定了每类曲线应用的最佳条件。

本书共分5章:第1章为碳酸盐岩缝洞型油藏地质特征及"三线"物理模型,第2章为能量指示曲线在碳酸盐岩缝洞型油藏中的指示特征及应用,第3章为注水指示曲线在碳酸盐岩缝洞型油藏中的指示特征及应用,第4章为试井曲线在碳酸盐岩缝洞型油藏中的指示特征及应用,第5章为能量变化曲线综合应用。本书可供从事碳酸盐岩缝洞型油藏开发技术研发与管理的科技工作者借鉴与使用,对从事非常规油气井提高采收率研究的科技人员也具有较高的参考价值,同时还可作为大专院校相关专业师生的参考书。

本书的出版得到了"十三五"国家重大专项"塔里木盆地碳酸盐岩油气田提高采收率关键技术示范工程"、中国石油化工股份有限公司重大科技攻关项目"塔河油田碳酸盐岩缝洞型油藏降低自然递减技术"等的支持,同时得到了公司领导与专家以及成都理工大学的大力支持,在此表示感谢。另外,本书引用了大量文献,在此向所引文献的作者致以谢意。

本书是中国石油化工股份有限公司西北油田分公司"十二五"及"十三五"油藏开发技术的结晶,凝聚了所有油藏开发技术人员的辛苦与付出。本书第1章由胡文革执笔,第2章由田园媛、程洪、胡文革、闫长辉等执笔,第3章由胡文革、任文博、蒋林等执笔,第4章由程洪、曾清勇、何冠华等执笔,第5章由曾清勇、黄米娜、田园媛、程洪等执笔。全书由胡文革、田园媛、曾清勇、程洪统稿并定稿。在本书撰写过程中,李小波、吕晶、何雨峰、何彦庆、李成刚、唐博超、邓虎成、梅胜文、刘洪光、袁飞宇、罗佼、何新明、龙喜彬、陈园园、陈勇等参与了部分内容的修编。

由于作者水平有限,书中难免存在错误与不妥之处,敬请读者批评指正。

目　录

第 1 章
碳酸盐岩缝洞型油藏地质特征
及"三线"物理模型

不同于碎屑岩油藏及一般碳酸盐岩裂缝型油藏,碳酸盐岩缝洞型油藏在形成时经历多期岩溶、构造运动等后期改造作用,其储集空间以岩溶形成的大尺度裂缝及溶洞为主。由于岩溶背景差异,塔河油田分别发育风化壳岩溶、暗河岩溶以及断控岩溶三种类型的碳酸盐岩缝洞型油藏。由于溶蚀及断裂作用的差异性,缝洞储集体的空间展布各异,储集空间发育的差异性较大,储层非均质性强。因此,该类油藏在开发过程中的动态变化规律显著不同于常规均质油藏。为了深入研究碳酸盐岩缝洞型油藏开发过程中动态曲线的指示意义,明确油藏开发中压力、产量等动态参数变化的制约因素,缝洞储集体模型的提炼与构建是重要的基础。在长期勘探开发实践中,已充分明确了不同储集体在油井开发过程中压力变化、注水过程中注入量与压力关系以及试井曲线反映的压力波及情况中均有不同响应。本章基于钻遇缝洞储集体的典型井生产动态分析,针对能量指示曲线、注水指示曲线及试井曲线的特征,分别提炼和构建了缝洞储集体模型。

1.1 碳酸盐岩缝洞型油藏储集体特征

碳酸盐岩油气藏在全球分布广泛,油气田储量丰度、产量高,其油气探明可采储量占世界总储量的 50.6%,提供着世界上约 60% 的产量,对世界油气增产增储具有重要意义。世界范围内碳酸盐岩油气藏分布广泛,如伊朗、伊拉克、美国、加拿大、俄罗斯、印度、中国等均有分布,但其可采储量主要集中于中东、北美、北非等沉积盆地。中国碳酸盐岩油气分布主要位于塔里木盆地、鄂尔多斯盆地、四川盆地和华北地区。中国海相碳酸盐岩石油地质储量主要集中在塔里木盆地,以缝洞型油藏为主。塔河油田碳酸盐岩缝洞型油藏是由多期构造运动及以加里东期和海西早期为主的古岩溶作用形成的大规模缝洞系统构成的强非均质性油藏(图 1-1)。

碳酸盐岩缝洞型油藏的岩溶洞穴系统和岩溶缝洞系统十分发育,储集空间分布复杂,随机性极强。与常规油藏不同,碳酸盐岩缝洞型油藏(群)具有复杂的储集空间与成藏演化过程,普遍具有钻井成功率低、高效井比例低、开井率低、平均单井产量低以及油井寿命短等特征。因此,此类油藏的开发技术已经成为研究的重点和难点之一。

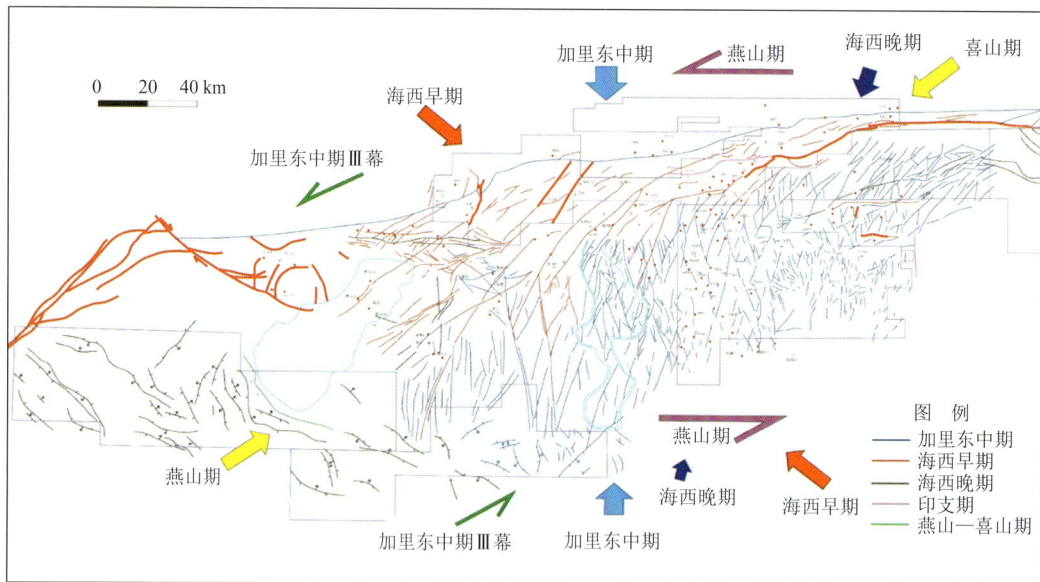

图 1-1 塔河多期断裂体系平面分布图

塔河油田碳酸盐岩缝洞型油藏储集体以构造变形产生的构造裂缝与岩溶作用形成的溶孔、溶洞、溶隙为主,其中大型洞穴是最主要的储集空间,裂缝是不同洞穴系统的连通通道,同时大量规模不等的裂缝本身也是储集空间;而碳酸盐岩基质基本不具有储渗意义。由于缝洞储集空间形态多样、大小悬殊、分布不均,油藏非均质性很强。

塔河油田碳酸盐岩缝洞型油藏类型十分特殊,油藏主要埋深 5 350～6 200 m,储集层由十分致密、不含油的基质以及其中经历了多期构造运动、多期岩溶以及后期充填、压实垮塌、构造改造等作用所形成的缝、孔、洞组成,其空间组合形态复杂多样且尺度悬殊,包括微米级的溶蚀孔、毫米级的裂缝、数米甚至数十米级的溶洞体,其尺度相差 6～7 个数量级;溶洞初期为空腔,但受后期垮塌、充填等作用,溶洞内部储集空间的形态进一步复杂化,内部储集空间减少,甚至消失;同时溶洞储集空间内油水分布形态各异,与传统的层状连续分布的砂岩油藏完全不同。

塔河油田碳酸盐岩缝洞型油藏是具有喀斯特特征的缝洞型油藏,其储集体的形成和分布主要受岩溶作用控制。岩溶作用可分为三种(图 1-2):① 风化壳岩溶,储集体平面上呈

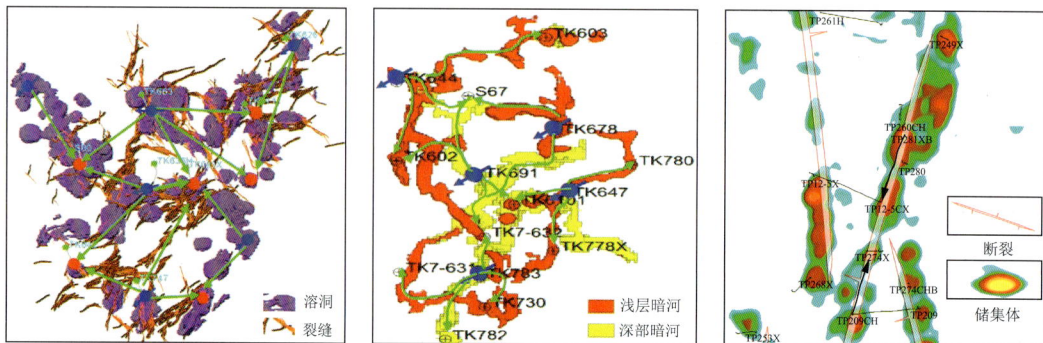

图 1-2 碳酸盐岩缝洞型油藏储集空间展布

面状分布,以表层岩溶为主,横向上类似网状连续;② 暗河岩溶,储集体呈枝状分布,纵向上发育表层、深层两套暗河,以深部岩溶为主,横向上类似管状连续;③ 断控岩溶,储集体沿断裂呈条带状分布,以断控岩溶为主,纵向上类似板状连续,其中断裂带既是油藏的储集空间,也是油气运移的通道。塔河油田碳酸盐岩缝洞型油藏储集体总体上表现出储集空间展布的复杂性,同时其孔、洞、缝在空间上的排列、组合方式导致储集体的结构多样性。

1.1.1　储集空间的特殊性

碎屑岩油藏以源岩机械搬运沉积为主,原生孔隙是主要储集空间,储集空间尺度相对均匀,储集空间发育相对连续。不同于常规碎屑岩油藏,塔河油田碳酸盐岩缝洞型油藏具有强非均质性的特点,其储集空间类型多样,孔、洞、缝同时发育,且大量发育的是溶洞、溶孔、溶缝或者裂缝等,构成了尺度差异大、规模巨大的特殊储集体(图 1-3)。

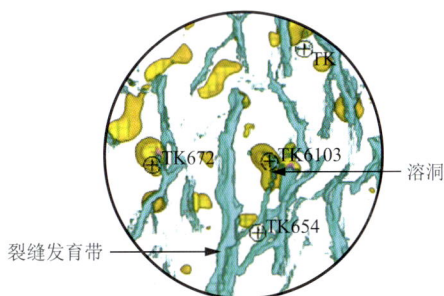

图 1-3　碳酸盐岩缝洞型油藏储集空间形态

除此之外,塔河油田碳酸盐岩缝洞型油藏储集体断裂规模、发育深度不同且风化剥蚀程度差异大,使得油藏缝洞空间结构复杂,裂缝、溶孔、溶洞交错分布,尺度不一,形态多样,系统变化尺度大以及缝洞发育不均匀。油水在缝洞系统内的流动已不再是由连续介质描述的达西渗流,尤其在大裂缝、洞穴中存在复杂的管流、空腔流等流动,这使得其开发过程有别于其他类型的油藏。

1.1.2　缝洞组合的多样性

按照不同的分布方式及不同的储集体规模,塔河油田碳酸盐岩缝洞型油藏储集体可分为裂缝型、裂缝-孔洞型和裂缝-溶洞型三种类型。

裂缝型储集体中,裂缝广泛发育且为主要的流动通道和储集空间,基质岩块的渗透率和孔隙度极差(图 1-4),基本不具备储渗能力。

裂缝-孔洞型储集体的储集空间是各类孔洞和裂缝,喉道以微小裂缝为主(图 1-5)。储集体主要发育小型溶蚀孔洞和裂缝,其中小型溶蚀孔洞是该类储集体的主要储渗介质,其分布情况和分布模式与古岩溶带发育情况密切相关。该类储集体表现为典型的双重介质特征,其储层的储集性和渗透性均较好,油井具有稳定的高产能。

裂缝-溶洞型储集体的储集空间是裂缝以及大的溶洞(图 1-6),其中大的溶洞为主要的油气聚集场所,供液能力较强,能量较充足,生产过程中油水界面稳定上升,油井产能较高。

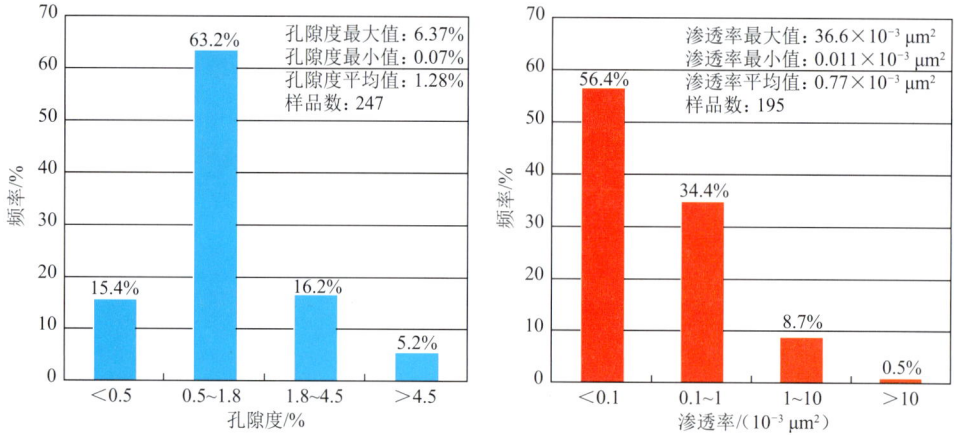

图 1-4 碳酸盐岩储层基质物性测试结果

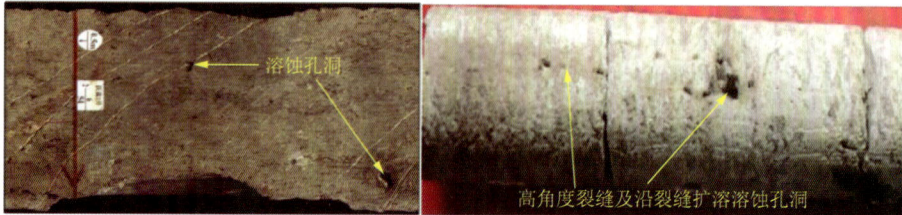

图 1-5 国内某地裂缝-孔洞型碳酸盐岩缝洞型油藏岩芯照片

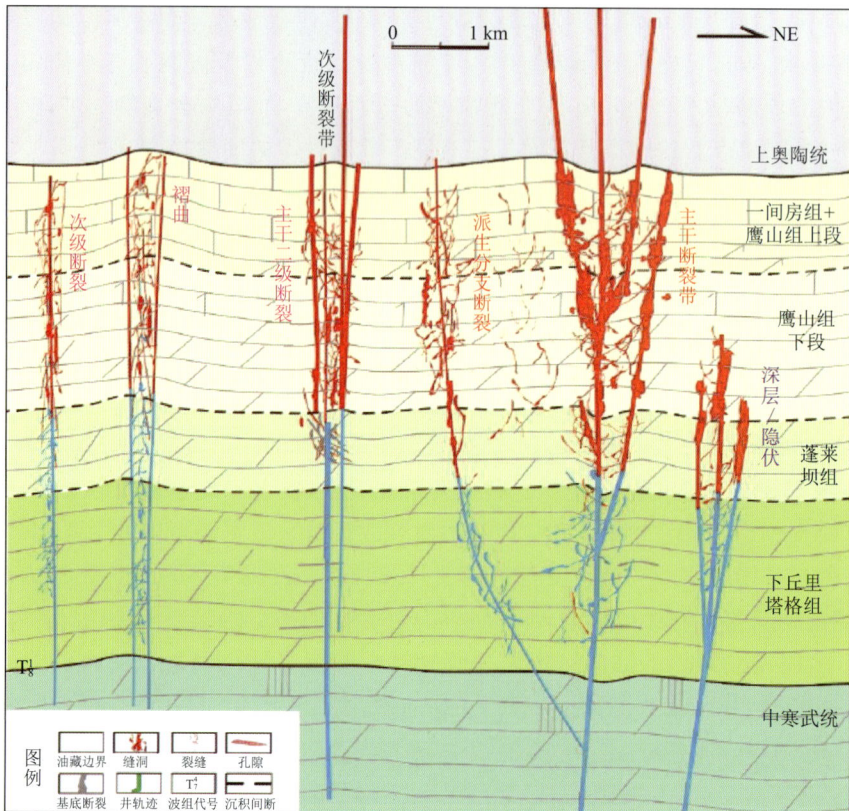

图 1-6 裂缝-溶洞型储集体储集空间示意图

缝洞组合包括单溶洞、井-缝-洞组合、井-缝-双洞串联组合、井-缝-双洞并联组合、多缝洞串联、多缝洞并联等组合方式。

1.2　碳酸盐岩缝洞型油藏的开发特征及储量评价

1.2.1　油藏开发特征

碳酸盐岩缝洞型油藏开发的流动机理和陆相碎屑沉积形成的多层油藏完全不同,其缝洞单元内所包含的溶洞、裂缝和溶孔具有不同的尺度,各自的流态具有较大的差异性,服从不同的流动规律。微小尺度的裂缝和溶孔内流体的流动服从达西定律,中等尺度的裂缝和溶洞内流体的流动服从非线性达西定律或管流,而作为主要储集空间的大型溶洞,其内部为空腔,流动服从 Navies-Stokes 方程描述的空腔流,空腔中油水两相的界面在开发过程中不断上升,表现为动界面。

当生产井钻开溶洞投入生产后,井底流压降低,压降迅速传播到包括裂缝系统和溶孔等介质在内的整个缝洞单元,这些不同尺度介质内的流体均按各自的流动规律流动,逐步进入油井所在的溶洞,整个缝洞单元内的流体整体流动并逐步通过油井采出。如果溶洞内具有原生地层水或底水,则溶洞内呈现一个油水界面,当地层流体通过裂缝进入溶洞空腔后,无毛细管阻力,流动阻力很小,流体的驱动力以重力为主,所有进入溶洞的流体(油、水)因密度差迅速发生重力分异作用,水向下流动,油向上流动,油水界面发生变化。随着生产时间的延长,油水界面上移,推动上方的原油流向油井。当注入水进入溶洞时,同样因油水密度差的重力分异作用,油水快速分离,水的下沉使得油水界面上升,在保持足够地层压力的条件下,推动上方原油进入油井而被采出。

缝洞储层的连通性与流动单元分布的研究结果显示,油藏类型及油水关系与缝洞储集体之间的连通性密切相关。储集体内的油水关系复杂,储集空间能量差异较大。由于储集体分布的强非均质性,加之油藏是由多期次的充注作用形成的,因此存在多种油水分布模式。受不同缝洞单元的控制,储集空间内局部存在封存水,同时底部存在活跃的强底水,没有统一的油水界面,其油水分布模式可简化成同洞型、似均质型、暗河沟通型和断裂沟通型四种。受断裂断深和断裂性质(拉张、挤压、走滑等)的影响,不同储集空间与深层水体沟通程度不同,能量差异较大(图 1-7)。

在缝洞型油藏中,存在裂缝-溶洞型储集体、裂缝型储集体以及裂缝-孔洞型储集体,在孤立缝洞发育条件下,储集体彼此之间互不连通,构成大小规模不同的定容油藏,各油藏之间被不同类型的渗流屏障所分隔,每个流动单元体具有相对独立的油水体系,水体(一般属封存水)有限(取决于缝洞储集体之间的连通性)。若储集体本身规模较小,连通个数有限,无论是哪种连通类型,构成的多重介质油藏的规模也不会很大,油藏仍具有定容性质,且油藏底水能量不大。油藏连通关系的复杂性导致不同流动单元内油水关系复杂。

流动单元作为碳酸盐岩缝洞型油藏开发的基本单元,储集体内裂缝、溶洞组合形式多种多样,油水分布因储集体不同而异(图 1-8),储集体规模与其连通程度及渗流屏障分布有

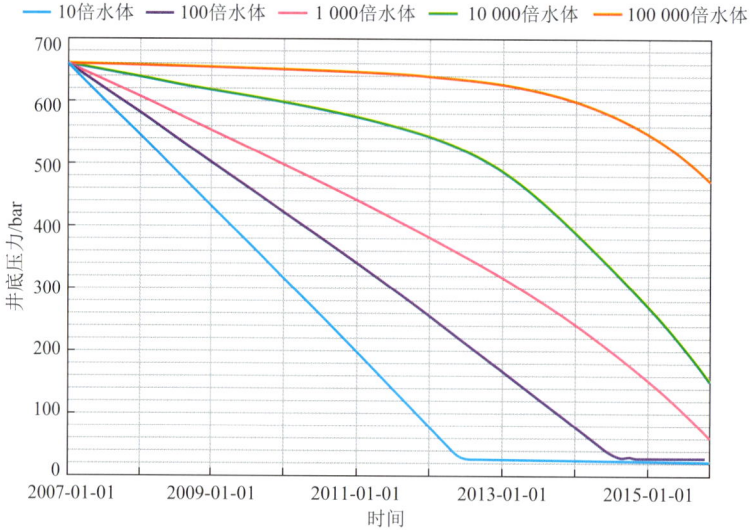

图 1-7　不同底水水体倍数下的油井井底压力变化曲线

1 bar= 0.1 MPa

关。储集体特征影响缝洞型油藏的油水分布情况,与后期油井生产动态特征密切相关。其中大部分油藏属于油水共存的组合形式,流体结构为上油下水的分布形式,具有一个统一的油水界面。这种流体模式总体受重力分异作用影响,但同时由于缝洞储集体中分布的孔、洞、缝、喉的大小相差悬殊,形态各异,排驱压力差异很大,加之多期成藏、分异不充分等因素,形成大尺寸的缝洞和孔隙,驱替程度高,油气充注程度高,含水饱和度低,形成纯油藏;而小尺寸的微孔隙驱替程度低,原生地层水的驱替程度低,形成含水饱和度较高的水藏或封闭型水藏。

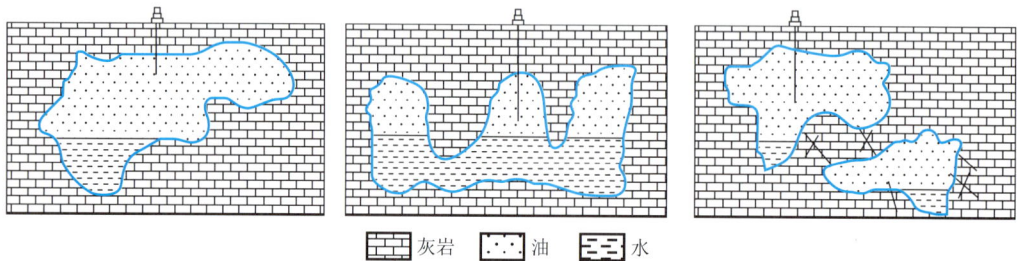

▨ 灰岩　▨ 油　▨ 水

图 1-8　不同缝洞组合内油水分布差异

由于碳酸盐岩油藏储集空间的多样性,在同一缝洞单元内可存在多种油水分布形式。油水共存模式表现为有两个或两个以上被水体分隔的储油空间,各含油和含水储集空间之间具有压力连通关系。开发动态上表现为初期产油,中期含水量增加,产油井变为油水同产井,随着分隔水体的不断减小,邻井储油空间的油气将突破水体分隔进入已开发的储油空间,动态上表现为油井产油量逐渐增加,产水量逐渐减小,最后变为以产纯油为主。油井生产的能量主要来自未开发储油空间的弹性膨胀能量,水驱作用较小。当缝洞间连通关系不同时,连通储集体内边底水分布可能存在多种情况。开发过程中的产量动态变化使由不同级次微裂缝沟通的缝洞单元体(或油井)之间的连通关系和连通程度也呈现动态变化过程。储集体中的流体在一定压力条件下不会发生流体交换,当首先钻遇的储集体内流体体积亏空到一定程度时,连通的其他储集体中的流体开始向先钻遇的储集体内流动,最终进入井筒。

1.2.2　油藏储量评价

利用油藏工程方法可以对碳酸盐岩缝洞型油藏储量进行计算,计算方法包括静态法和动态法。

1) 静态法

(1) 物质平衡法。

物质平衡法不仅适用于均质油藏储量计算,也适用于非均质油藏储量计算。李传亮等基于物质平衡原理,提出了底水未饱和油藏物质平衡公式。马立平和李允在考虑地层压力变化及弹性膨胀的条件下,引入压缩系数的概念,同时考虑缝洞型油藏油水两相因素,建立了缝洞型油藏物质平衡方程。李江龙等针对碳酸盐岩缝洞型油藏的特点,给出了封闭弹性驱动、有水侵的弹性驱动、有封闭水体的弹性驱动及有封闭水体和水侵的弹性驱动四种驱动类型的物质平衡方程。宋红伟等根据碳酸盐岩缝洞型油藏单元注水吞吐过程的特点,提出了注水替油的物质平衡方程,并给出了地层压力和缝洞单元地质储量计算公式。

(2) 类比法。

类比法又称经验法,适用于钻井前储量还未探明的井。该方法是根据已经枯竭或接近枯竭的油藏,计算出面积为 1×10^4 m²、厚度为 1 m 的油层储量的平均值,然后将此平均值外推到与此面积在地质上相类似的邻近面积(或新的油藏)。因此,类比法计算的储量误差较大,一般用于远景储量的评估。

(3) 容积法。

容积法是应用最广泛的一种计算储量的方法,适用于不同的开发阶段、油气藏类型、驱动方式等。该方法主要是利用油气藏的静态资料、参数来估算地下岩石孔隙中油气所占的体积。其计算出来的结果与实际资料的数量和质量息息相关。

(4) 概率统计法。

概率统计法利用容积法的公式来计算储量。由于进行储量计算的参数有一定的取值范围,这就为概率统计法计算储量提供了可能。该方法主要分三步进行:首先建立符合储量参数分布的数学模型;然后用计算机产生的随机数进行样本模拟计算,得到一个单元的储量分布概率曲线;最后将多个单元的储量分布概率曲线叠加,便得到油田总的储量分布概率曲线。

(5) 地质建模法。

三维地质建模计算储量的原理与容积法类似,是通过三维精细地质建模,得到地下每个网格块的孔隙度、含油饱和度等属性参数,再通过这些参数计算出每个网格块的储量,将这些网格块的储量相加即可得到整个工区的储量。

(6) 数值模拟法。

数值模拟法计算储量也是基于容积法的原理,其公式与地质建模法计算储量的公式一样。该方法首先通过调整地下油藏的部分参数进行历史拟合,得到符合地下油藏的每个网格块的参数;然后对每个网格块的参数用容积法进行计算,得到每个网格块的储量;最后将这些网格块的储量相加便得到整个工区的储量。一般情况下,数值模拟法得到的储量与地质建模法得到的储量是非常接近的。

2）动态法

（1）水驱特征曲线法。

常用的水驱特征曲线包括甲型、乙型、丙型、丁型四种。甲型水驱特征曲线适用于高含水油田开发中后期的动态储量计算,可用于单井、井组、单元动态储量计算,但要求生产状况相对平稳且曲线出现直线段。利用甲型水驱特征曲线可以得到油田地质储量的相关计算经验公式。

（2）产量递减法。

油气田开发实际资料表明,随着油气井的开采,含水率升高,地层压力下降,井口产量呈递减的趋势。为了使油气田稳产,预测未来油气生产动态,油气藏产量递减研究分析十分必要。产量递减法适用于开发早期可采储量的计算,但要求产量曲线具有明显的递减段,对单井可采储量的预测效果较好。早在20世纪初国外就有了对产量递减的研究,Arnold和Anderson最早提出了产量递减的概念,认为在单位时间间隔内产量呈几何级数的规律变化。Arps根据大量生产井的历史生产数据所表现出来的趋势或者数学关系,提出了指数递减、双曲递减和调和递减三种产量递减规律,并建立了典型曲线图版拟合方法来确定递减参数并预测未来产量。Slide建立了一种分析产量-时间数据的拟合方法,指出了递减曲线分析的新方向。Gentry将Arps提出的三种递减曲线画在一张图版上,用于分析拟合井的递减数据。Fetkovich假定在均质有界地层条件下,以不稳定渗流理论为基础,将Arps图版扩充到边界控制流之前的不稳定流动阶段,并将Arps产量递减方程和不稳定产量递减曲线结合起来,建立了一套双对数产量递减曲线图版拟合的分析方法。目前国内外主流用的产量递减分析方法有传统的Arps分析方法（包括指数递减、双曲递减和调和递减）、经典的Fetkovich分析方法以及现代Blasingame分析方法。

针对塔河油田碳酸盐岩缝洞型油藏动态储量的计算,前人利用常规油藏双重介质试井解释模型开展塔河油田开采井储层参数的解释,并建立了缝洞型油藏典型地质模型。在模型的基础上,初步形成了利用生产动态曲线识别缝洞结构、计算动态储量的方法。但是,在使用生产动态曲线计算动态储量的过程中,存在方法适应性不强和参数取值精度不高的问题。针对这两个问题,本书在现有地质模型及试井解释模型的基础上,完善适合塔河油田碳酸盐岩缝洞型油藏的动态储量计算新方法,从而为碳酸盐岩缝洞型油藏开发调整及提高采收率奠定基础。

1.2.3 三类能量变化曲线的提出

由于碳酸盐岩缝洞型油藏的非均质性和空间多尺度性以及流体运动规律的复杂性,同一油藏内的不同油井存在产能、见水特征、能量特征、井间连通特征的差异,给高效开发带来了巨大的难度。特别是油藏能量和动态储量等在油藏开发方案编制、生产动态优化和提高采收率措施制定中,其至关重要的参数的计算都无法套用经典的油藏工程方法。

针对这一难题,本书在总结塔河油田碳酸盐岩缝洞型油藏开发实践的基础上,探索运用生产过程中形成的大量的油压或流压变化曲线、液面变化曲线、注水压力变化曲线等生产数据来评价油井能量、储量规模以及储集体结构,并在理论研究的基础上逐步形成了以能量指示曲线、注水指示曲线和试井曲线("三线")为基础的缝洞型油藏能量评价、动态储量计算评估以及储集体结构识别方法。

能量指示曲线是井底流压与累积产液量之间的关系曲线,反映了动用范围内的地层能量变化特征。在体积系数不变的情况下,井底流压与累积产液量基本呈直线关系,但曲线形态还与油藏的地质条件、缝洞连通情况、缝洞大小、溶洞个数、生产速度等密切相关。

注水指示曲线是注入压力与累积注水量的关系曲线,反映了注水后的地层能量变化特征。其参数意义及使用方法与碳酸盐岩缝洞型油藏的注水机理密切相关,曲线形态受地质条件、储集体规模、连通情况、缝洞大小、溶洞个数等的影响。

试井曲线是通过对某一模型进行 Stehfest 数值反演(利用 Matlab 编程实现),得到无因次井底压力在实空间的数值解,进而绘制出的。试井曲线由两条曲线组成,即压力随时间变化的双对数压力曲线和压力导数曲线,反映了开发过程中地层能量随时间的动态变化特征。试井曲线形态与溶洞大小、溶洞个数、裂缝长度、裂缝系统的弹性储存能力、流体性质等密切相关。

1.3　三类能量变化曲线的物理模型

塔河油田碳酸盐岩缝洞型油藏储层或是独立存在的封闭体,或与周围储集体存在不同程度上的连通,且缝洞单元的组合多样化及储层物性差异比较大,所以塔河油田碳酸盐岩缝洞型油藏具有很强的非均质性,储集体空间分布随机性很强。研究缝洞型油藏储层特征和生产特征的过程中,在分析现有研究方法缺点的基础上,针对不同能量变化曲线建立不同的模型来估算油藏动态储量。根据油藏动态曲线与缝洞结构的对应关系,以三类能量变化曲线为基础,建立不同物理模型。

1)能量指示曲线

塔河油田碳酸盐岩缝洞型油藏缝洞组合模式多样,不同缝洞连通情况对应的能量指示曲线表现出不同的形态特征。在油藏开发过程中,中国石化西北油田分公司为充分利用油藏开采过程中的数据资料和正确认识油藏驱替特征,依据现场生产井动态资料绘制了能量指示曲线。能量指示曲线可以直接反映动用范围内的地层能量变化情况、井筒沟通储集体的情况、储层物性及开采过程中油井能量变化情况等。

理想能量指示曲线(图 1-9)主要包含三部分:稳定下降阶段(图中曲线 a 所示),主要反映近井储集体弹性能量的强弱;下降阶段(图中曲线 b 所示),反映不同泄油半径或动用储量的大小;低液量或能量阶段(图中曲线 c 所示),反映裂缝导流能力下降。不同的近井储集体空间类型以及不同的水侵状况导致实际生产井能量指示曲线存在差异。

本书建立了井-洞、井-缝-洞、双洞并联和双洞串联四种模型来刻画缝洞型油藏地下储集体连通情况,并在典型模型的基础上,初步建立了利用能量指示曲线识别缝洞结构和计算动态储量的方法。

在现场应用中,通常使用井口油压或机抽井动液面反映油井能量,并初步提出定容溶

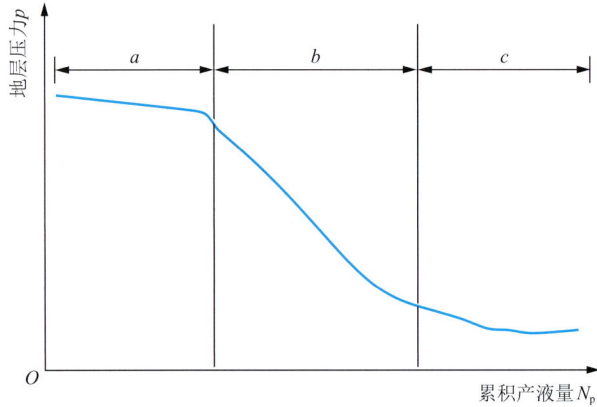

图 1-9　理想能量指示曲线形态

洞型,充填、垮塌串联溶洞型,裂缝网络型和裂缝-孔洞型四种缝洞结构特征曲线,为储层改造提供指导依据。

(1)定容溶洞型:能量指示曲线呈一条直线,其斜率的大小反映油井控制溶洞弹性能量的大小。

(2)充填、垮塌串联溶洞型:能量指示曲线呈一条斜率绝对值逐步加大的折线,反映了油井在生产过程中随着压力的下降储集体结构遭到破坏,油井控制储集体弹性能量降低,折线拐点所对应的压力即储集体结构破坏时的压力。

(3)裂缝网络型:能量指示曲线呈一条斜率绝对值逐步减小的折线,反映了油井在生产过程中随着压力的下降生产压差增大,油井动用初级储集体范围扩大,油井控制储集体弹性能量增加,折线拐点所对应的压力即缝网储集体动用压力。

(4)裂缝-孔洞型:能量指示曲线呈一条斜率绝对值先减小后增大的分段折线,反映了油井在生产过程中随着压力变化油井动用储集体范围的变化。

2)注水指示曲线

常规砂岩储层发育相对均匀的孔隙、缝隙,属于孔隙型储集体类型,而碳酸盐岩缝洞型储集体为非连续分布的溶洞、裂缝-孔洞和裂缝的复杂组合,不能利用测井资料获取储集体的孔隙度、含油饱和度。因此,碳酸盐岩缝洞型油藏与常规砂岩油藏相比有本质的不同,一直沿用的砂岩油藏注水指示曲线及静态法计算储量对于塔河油田碳酸盐岩缝洞型油藏并不适用,而在碳酸盐岩缝洞型油藏中一些动态法计算储量所需要的参数较不容易求取。同时,由于对单井模型缺乏量化解释,对单元储层发育、井间连通特征的认识不清,需要对缝洞单元储层展布特征及井间连通关系进行研究。本书在典型地质模型的基础上,分析注水替油过程中的油水运动规律,重点关注不同缝洞组合模式对油水运动的影响,由此建立单缝与双溶洞组合、双缝与双溶洞串联组合、双缝与双溶洞并联组合三种模型,分析生产中表现出来的典型动态特征。

利用常规油藏双重介质试井解释模型开展塔河油田生产井储层参数的解释,并在典型模型的基础上,初步建立利用注水指示曲线识别缝洞结构和计算动态储量的方法(表1-4)。

表 1-4　塔河油田碳酸盐岩缝洞型油藏缝洞结构对应的理论解释模型

模型类型		假设条件简述	指示曲线表达式
单溶洞	模型 1	定容,忽略地层水弹性能量	$p = \dfrac{N_{wi}}{C_o V_o} + p_0$, $V_o = N B_o$
	模型 2	定容,考虑油水弹性能量	$p = \dfrac{N_{wi} B_w}{N B_{oi}(R C_w + C_o)} + p_0$
裂缝+溶洞		考虑裂缝弹性能量、油水弹性能量	$p = \dfrac{N_{wi} B_w}{N B_{oi}[\alpha C_{cf} + (1-\alpha) R C_w + C_o]} + p_0$
多溶洞		以两个溶洞体为例	$p = \begin{cases} \dfrac{N_{wi}}{N_1 B_{oi} C_o} + p_0, & N_w \leqslant N_{wo} \\[3mm] \dfrac{N_{wi} - N_{wo}}{N_1 B_{oi} C_o + N_2 B_{oi} C_o} + \dfrac{N_{wo}}{N_1 B_{oi} C_o} + p_0, & N_w > N_{wo} \end{cases}$
水压驱动 (非封闭)溶洞		非封闭,注水外溢,考虑流体弹性能量,曲线形态与 W_w 相关	$p = \dfrac{(N_{wi} - W_w) B_w}{N B_{oi}(R C_w + C_o)} + p_0$
		非封闭,注水等比例外溢,考虑流体弹性能量	$p = \dfrac{(1-\beta) N_{wi} B_w}{N B_{oi}(R C_w + C_o)} + p_0$

注:p 为注入压力,N_{wi} 为累积注水量,V_o 为注水前的原油体积,C_o 为原油压缩系数,C_w 为地层水压缩系数,N 为石油地质储量,B_o 为原油体积系数,B_w 为地层水体积系数,B_{oi} 为原油原始体积系数,R 为地下溶洞内水油比,C_{cf} 为裂缝综合压缩系数,α 为裂缝占系统总体积的比例,β 为溶洞占系统总体积的比例,N_{wo} 为产出水量,N_1 为溶洞 1 储量,N_2 为溶洞 2 储量,p_0 为注水前的油藏压力,W_w 为外溢水体体积。

3)试井曲线

国外学者中,苏联 Barenhlatt 等针对裂缝型油藏,首次提出了双重介质的概念,并给出了相应的渗流模型;随后 Warren 和 Root 也针对裂缝型油藏提出了双孔单渗的数学模型。国内学者刘慈群、葛家理、冯文光等提出了三重介质达西渗流、非达西渗流模型等。总结下来,前人建立的油藏试井模型很少考虑溶洞的尺度、规模及裂缝长度等因素,直接用于油藏动态储量的估算。本书在前人研究的基础上,考虑溶洞体积和裂缝长度等参数,建立几种不同缝洞组合的试井模型,并初步建立利用试井曲线识别缝洞结构和计算动态储量的方法。

通过对试井理论曲线和实际资料的对比分析,初步建立非连续介质和连续介质两大类计 19 个小类的试井模型。利用非连续介质试井模型可以得到溶洞体积和裂缝长度等参数。

在建立试井模型的基础上,分别利用容积法(表 1-5)和物质平衡法计算动态储量。

表 1-5　利用容积法计算动态储量

序号	储集体结构模型	结构模型	储量公式
1	井-洞(仅包含一个大溶洞)	其储量由大溶洞决定,裂缝体积可忽略	$N = S_o \rho \dfrac{V_v}{B_o} / 10^3$
2	洞-缝-井-缝-洞模型 (洞与洞相连)(不考虑裂缝尺度)	由于忽略了裂缝尺度,因此其储量仅由 2 个大溶洞的体积决定	$N = S_o \rho \dfrac{V_{v1} + V_{v2}}{B_o} / 10^3$

续表 1-5

序号	储集体结构模型	结构模型	储量公式
3	多洞（不考虑裂缝尺度）	与洞-缝-井-缝-洞模型（洞与洞相连）类似，由于忽略了裂缝尺度，因此其储量仅由 3 个大溶洞的体积决定	$N = S_o \rho \dfrac{V_{v1} + V_{v2} + V_{v3}}{B_o}/10^3$
4	井-缝-洞（考虑裂缝尺度）	其储量由裂缝系统的体积以及大溶洞的体积决定	$N = S_o \rho \dfrac{V + A_f x_f}{B_o}/10^3$
5	井-洞-缝-洞（考虑裂缝尺度）	其储量由裂缝系统的体积以及 2 个大溶洞的体积决定	$N = S_o \rho \dfrac{V_{v1} + V_{v2} + A_f x_f}{B_o}/10^3$
6	洞-缝-井-缝-洞或井-缝-洞-缝-洞（考虑裂缝尺度）	其储量由 2 条裂缝系统的体积以及 2 个大溶洞的体积决定	$N = S_o \rho \dfrac{V_{v1} + V_{v2} + A_{f1} x_{f1} + A_{f2} x_{f2}}{B_o}/10^3$
7	河道储量	其储量由 2 个填充段的体积以及 3 个大溶洞的体积决定	$N = S_o \rho (x_{v1} + x_{v2} + x_{vw} + x_{f1} \phi + x_{f2} \phi) W \dfrac{h}{B_o}/10^3$

注：V_v，V_{v1}，V_{v2}，V_{v3} 为大溶洞的体积，m^3；A_f，A_{f1}，A_{f2} 为裂缝系统的横截面积，m^2；X_f，X_{f1}，X_{f2} 为裂缝系统或填充段的长度，m；W 为河道的宽度，m；h 为河道的深度，m；x_{v1}，x_{v2}，x_{vw} 为河道溶洞的长度，m；ρ 为流体密度，kg/m^3；ϕ 为裂缝系统或填充段的孔隙度，％，大溶洞的孔隙度近似为 1；S_o 为含油饱和度。

第 2 章
能量指示曲线在碳酸盐岩缝洞型油藏中的指示特征及应用

缝洞型油藏能量指示曲线不同于常规 IPR 曲线（inflow performance relationship curve，即油井流入动态曲线），是指油井井底流压与累积产液量之间的关系曲线。根据理论推导，缝洞型油藏能量指示曲线的形态受油藏类型、动态储量、裂缝导流能力以及不同水侵状况影响。通过对不同形态的能量指示曲线进行求解，可以实现油藏类型、动态储量、水侵状况等缝洞型油藏特征参数计算。

油藏开发现场中能量指示曲线也得到了广泛应用。一方面，运用能量指示曲线的斜率可以快速实现油井动态储量的计算和油井能量的综合判断；另一方面，通过能量指示曲线斜率的变化可以定量地判断油藏动态储量变化和水侵状况变化，指导注水、酸压等措施挖潜以及油井见水预警管控，指导油藏科学开发。

2.1 IPR 曲线在碳酸盐岩缝洞型油藏中的应用局限

IPR 曲线是表示井底流压与产油量关系的曲线。通过积分变换 IPR 曲线关系式，可得到能量指示曲线的理论模型。前人对 IPR 曲线开展了大量的研究，不同的学者对不同条件下的 IPR 曲线有不同的定义。本书主要介绍 8 类 IPR 曲线，并基于 IPR 曲线推导了 8 类能量指示曲线理论模型。

1）Vogel

1968 年，Vogel 对几种类型的溶解气驱油藏进行了经典的数值研究，提出了曲线拟合方程：

$$\frac{q_o}{q_{omax}} = 1 - 0.2\frac{p_{wf}}{\bar{p}_r} - 0.8\left(\frac{p_{wf}}{\bar{p}_r}\right)^2 \tag{2-1}$$

式中 q_o——油井产量；

   q_{omax}——油井最大产量；

   $\bar{p}_r$——油藏压力；

   p_{wf}——井底流压。

假设条件为：① 圆形储层，生产井位于储层中心且完全与储层贯通；② 储层均质多孔且各向含水饱和度相等;③ 忽略重力作用的影响;④ 忽略岩石及流体的压缩性;⑤ 各相压力相等;⑥ 同一时刻各方向的油相饱和度变化率相等。

通过对式(2-1)进行积分变换,可得到能量指示曲线的理论模型:

$$N_p(p) = \int_p^{\bar{p}_r} q_o dp = \left[(\bar{p}_r - p) - \frac{(\bar{p}_r - p)^2}{10\bar{p}_r} - \frac{4}{15} \frac{(\bar{p}_r - p)^3}{\bar{p}_r^2} \right] q_{omax} \quad (2-2)$$

式中 N_p——累积产液量。

相应的能量指示曲线形态如图 2-1 所示。

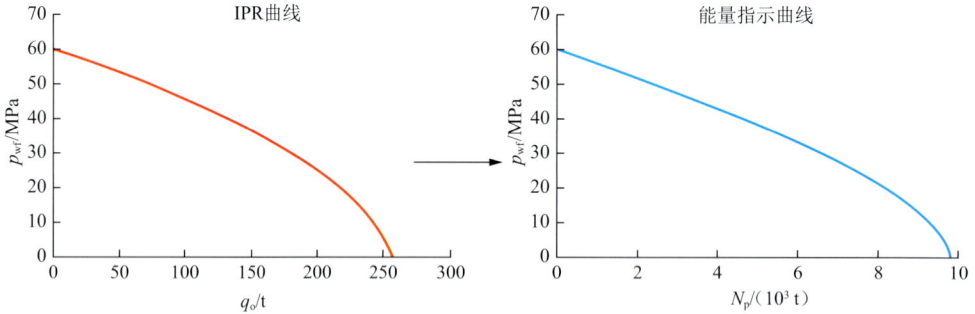

图 2-1 IPR 曲线及能量指示曲线(Vogel)

2) Fetkovich

1973 年,Fetkovich 对 Vogel 方程进行了改善(相关性指数 n 接近于 1):

$$\frac{q_o}{q_{omax}} = \left[1 - \left(\frac{p_{wf}}{\bar{p}_r} \right)^2 \right]^n \quad (2-3)$$

假设条件为:① 流体径向流动且满足达西定律;② 未进行水力压裂施工的井。Fetkovich 方程不适用于生产早期的 IPR 曲线拟合,但对于压降生产后期的拟合效果较好。

通过对式(2-3)进行积分变换,可得到能量指示曲线的理论模型:

$$N_p(p) = \int_p^{\bar{p}_r} q_o dp = \left[\bar{p}_r - p - \frac{(\bar{p}_r - p)^3}{3\bar{p}_r} \right] q_{omax} \quad (2-4)$$

相应的能量指示曲线形态如图 2-2 所示。

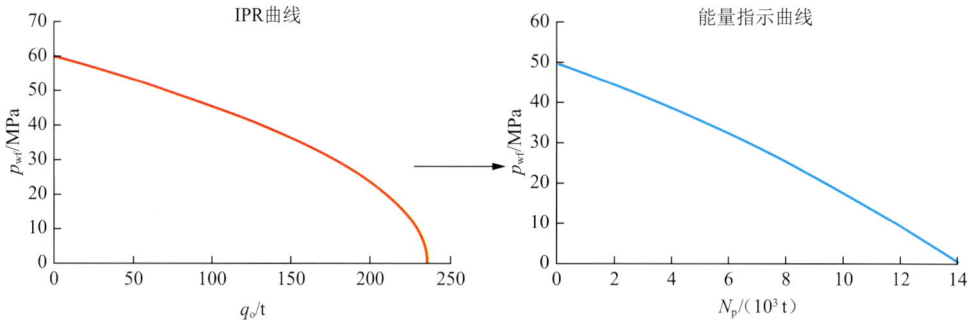

图 2-2 IPR 曲线及能量指示曲线(Fetkovich)

3）Bendakhlia 和 Aziz

1989 年，Bendakhlia 和 Aziz 结合 Vogel 和 Fetkovich 的研究，提出了水平井的 IPR 曲线关系式：

$$\frac{q_o}{q_{omax}} = \left[1 - V\frac{p_{wf}}{\bar{p}_r} - (1-V)\left(\frac{p_{wf}}{\bar{p}_r}\right)^2 \right]^n \tag{2-5}$$

式中　V,n——与采收率相关的参数，且 $0.1 \leqslant V \leqslant 0.4$。

当 $V=0.1,n=1$ 时，式(2-5)变为：

$$\frac{q_o}{q_{omax}} = 1 - 0.1\frac{p_{wf}}{\bar{p}_r} - 0.9\left(\frac{p_{wf}}{\bar{p}_r}\right)^2 \tag{2-6}$$

通过对式(2-6)进行积分变换，可得到能量指示曲线的理论模型：

$$N_p(p) = \int_p^{\bar{p}_r} q_o dp = \left[\bar{p}_r - p - 0.05\frac{(\bar{p}_r - p)^2}{\bar{p}_r} - 0.3\frac{(\bar{p}_r - p)^3}{\bar{p}_r} \right] q_{omax} \tag{2-7}$$

相应的能量指示曲线形态如图 2-3 所示。

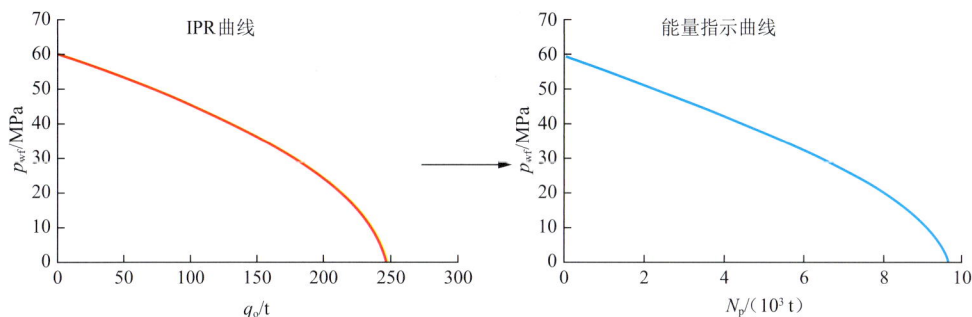

图 2-3　IPR 曲线及能量指示曲线(Bendakhlia and Aziz,$V=0.1,n=1$)

当 $V=0.4,n=1$ 时，式(2-5)变为：

$$\frac{q_o}{q_{omax}} = 1 - 0.4\frac{p_{wf}}{\bar{p}_r} - 0.6\left(\frac{p_{wf}}{\bar{p}_r}\right)^2 \tag{2-8}$$

通过对式(2-8)进行积分变换，可得到能量指示曲线的理论模型：

$$N_p(p) = \int_p^{\bar{p}_r} q_o dp = \left[\bar{p}_r - p - 0.2\frac{(\bar{p}_r - p)^2}{\bar{p}_r} - 0.2\frac{(\bar{p}_r - p)^3}{\bar{p}_r^2} \right] q_{omax} \tag{2-9}$$

相应的能量指示曲线形态如图 2-4 所示。

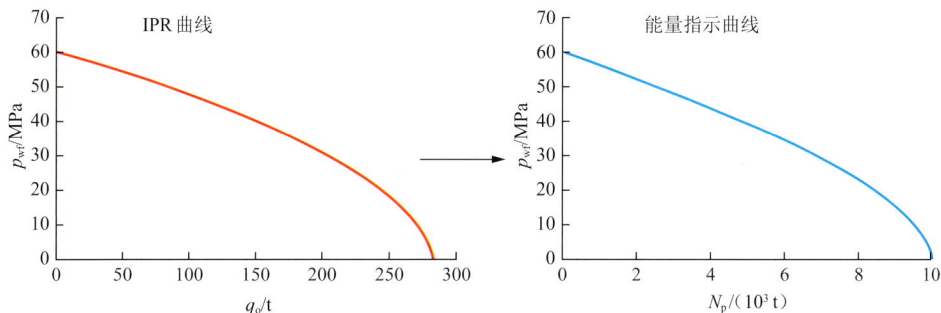

图 2-4　IPR 曲线及能量指示曲线(Bendakhlia and Aziz,$V=0.4,n=1$)

4) Cheng

1990 年，Cheng 提出了一个计算斜井产能的方程：

$$q_o = \left[0.985 - 0.205\,5\,\frac{p_{wf}}{\bar{p}_r} - 1.181\,8 \left(\frac{p_{wf}}{\bar{p}_r} \right)^2 \right] q_{omax} \tag{2-10}$$

假设条件为：① 储层为定边界的长方柱形且生产井位于储层中心；② 储层均质且各向含水饱和度、渗透率及孔隙度均相等；③ 储层中流体为两相流动；④ 忽略储层流体所受毛管压力。

通过对式(2-10)进行积分变换，可得到能量指示曲线的理论模型：

$$N_p(p) = \int_p^{\bar{p}_r} q_o \mathrm{d}p = \left[0.985(\bar{p}_r - p) - 0.102\,75\,\frac{(\bar{p}_r - p)^2}{\bar{p}_r} - \frac{0.393\,933\,(\bar{p}_r - p)^3}{\bar{p}_r^2} \right] q_{omax}$$

$$\tag{2-11}$$

相应的能量指示曲线形态如图 2-5 所示。

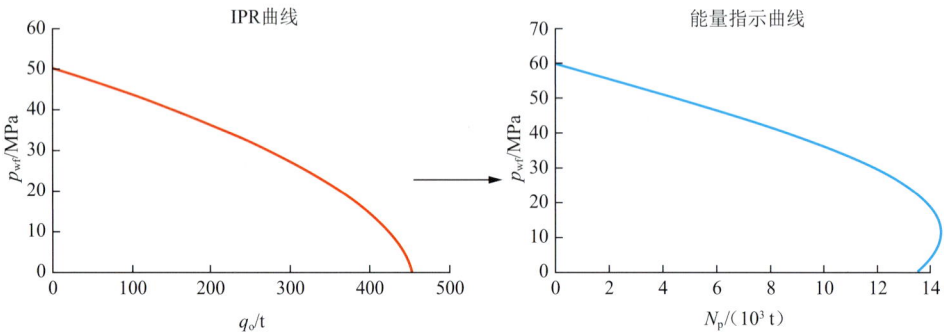

图 2-5　IPR 曲线及能量指示曲线(Cheng)

5) Retnanto 和 Economides

1998 年，Retnanto 和 Economides 提出了一种预测水平井两相流动性能的模型，其经验公式如下：

$$q_o = \left[1 - 0.25\,\frac{p_{wf}}{\bar{p}_r} - 0.75 \left(\frac{p_{wf}}{\bar{p}_r} \right)^n \right] q_{omax} \tag{2-12}$$

其中

$$n = \left[-0.27 + 1.46\,\frac{\bar{p}_r}{p_b} - 0.96 \left(\frac{\bar{p}_r}{p_b} \right)^2 \right] (4 + 1.66 \times 10^{-3} p_b)$$

式中　p_b——泡点压力。

假设条件为：① 储层均质；② 储层具各向同性。

通过对式(2-12)进行积分变换，可得到能量指示曲线的理论模型：

$$N_p(p) = \int_p^{\bar{p}_r} q_o \mathrm{d}p = \left[(\bar{p}_r - p) - \frac{0.125(\bar{p}_r - p)^2}{\bar{p}_r} - \frac{0.75}{n+1}\,\frac{(\bar{p}_r - p)^{n+1}}{\bar{p}_r^n} \right] q_{omax}$$

$$\tag{2-13}$$

其中

$$n = \left[-0.27 + 1.46\,\frac{\bar{p}_r}{p_b} - 0.96 \left(\frac{\bar{p}_r}{p_b} \right)^2 \right] (4 + 1.66 \times 10^{-3} p_b)$$

相应的能量指示曲线形态如图 2-6 所示。

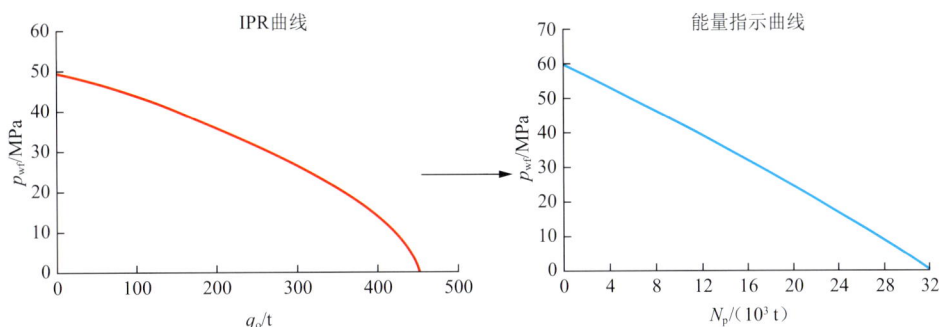

图 2-6　IPR 曲线及能量指示曲线(Retnanto 和 Economides)

6) Wiggin

2005 年,Wiggin 提出了水平井的 IPR 曲线关系式:

$$q_o = \left[1 - 0.453\ 3\ \frac{p_{wf}}{\bar{p}_r} - 0.546\ 7\ \left(\frac{p_{wf}}{\bar{p}_r}\right)^2\right] q_{omax} \tag{2-14}$$

假设条件为:① 储层为定边界的长方柱形,生产井位于储层中心且在水平方向上完全与储层贯通;② 储层恒温,初始压力为泡点压力且无自由气存在;③ 水相不可流动且饱和度恒定;④ 储层与流体间无相互反应;⑤ 水相中无溶解气;⑥ 忽略毛管压力。

通过对式(2-14)进行积分变换,可得到能量指示曲线的理论模型:

$$N_p(p) = \int_p^{\bar{p}_r} q_o \mathrm{d}p = \left[(\bar{p}_r - p) - 0.226\ 5\ \frac{(\bar{p}_r - p)^2}{\bar{p}_r} - 0.182\ 233\ \frac{(\bar{p}_r - p)^3}{\bar{p}_r^2}\right] q_{omax} \tag{2-15}$$

相应的能量指示曲线形态如图 2-7 所示。

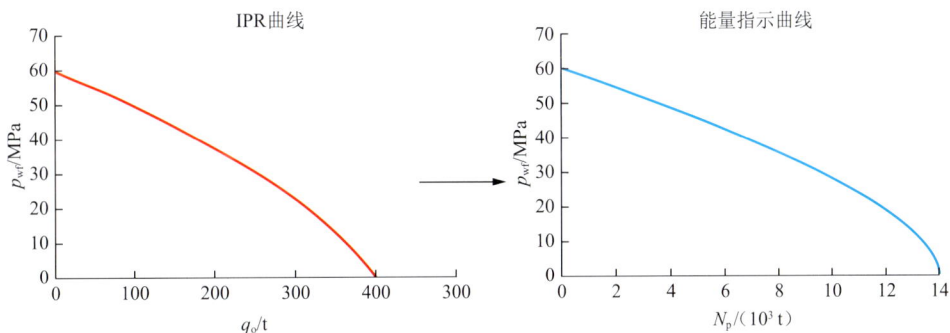

图 2-7　IPR 曲线及能量指示曲线(Wiggin)

7) Fuad Qasem

2012 年,Fuad Qasem 提出了两层油藏交叉流动的 IPR 曲线关系式:

$$q_o = \left[1 - b\ \frac{p_{wf}}{\bar{p}_r} - (1-b)\left(\frac{p_{wf}}{\bar{p}_r}\right)^2\right] q_{omax} \tag{2-16}$$

式中　b——与采收率相关的参数。

假设条件为：① 井底流压恒定；② 存在多个不同非均质程度的储层；③ 储层渗透率变化满足对数正态分布；④ 各储层间存在流体交换。

通过对式(2-16)进行积分变换，可得到能量指示曲线的理论模型：

$$N_p(p) = \int_p^{\bar{p}_r} q_{o\max} = \left[(\bar{p}_r - p) - \frac{b}{2} \frac{(\bar{p}_r - p)^2}{\bar{p}_r} - \frac{1-b}{3} \frac{(\bar{p}_r - p)^3}{\bar{p}_r^2} \right] q_{o\max} \quad (2\text{-}17)$$

相应的能量指示曲线形态如图 2-8 所示。

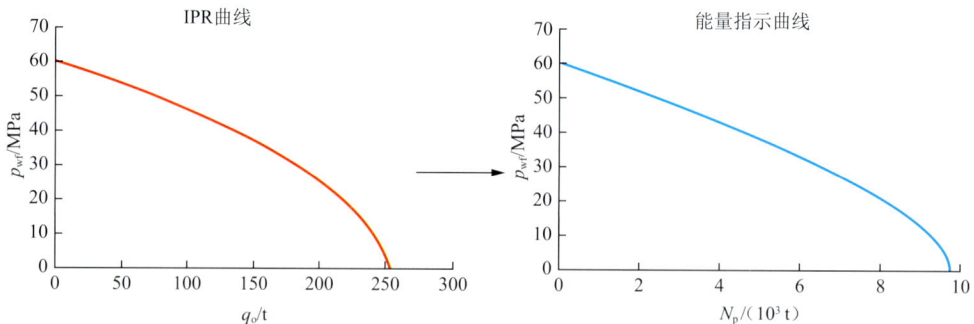

图 2-8　IPR 曲线及能量指示曲线(Fuad Qasem)

8) Jabbar 和 Alnuaim

2013 年，Jabbar 和 Alnuaim 提出了一种新的用于预测具有不同渗透率的多层溶解气驱油藏的水平井流动性能的关系式：

$$q_o = \left[4.653\,9 - 2.942\,2\mathrm{e}^{0.462\,84 p_{wf}/\bar{p}_r} \right] q_{o\max} \quad (2\text{-}18)$$

假设条件为：① 储层具各向异性；② 生产井段为水平井。

通过对式(2-18)进行积分变换，可得到能量指示曲线的理论模型：

$$N_p(p) = \int_p^{\bar{p}_r} q_o \mathrm{d}p = \left[4.653\,9(\bar{p}_r - p) - 6.356\,84\,\bar{p}_r\,\mathrm{e}^{0.462\,84(\bar{p}_r - p)/\bar{p}_r} \right] q_{o\max} \quad (2\text{-}19)$$

相应的能量指示曲线形态如图 2-9 所示。

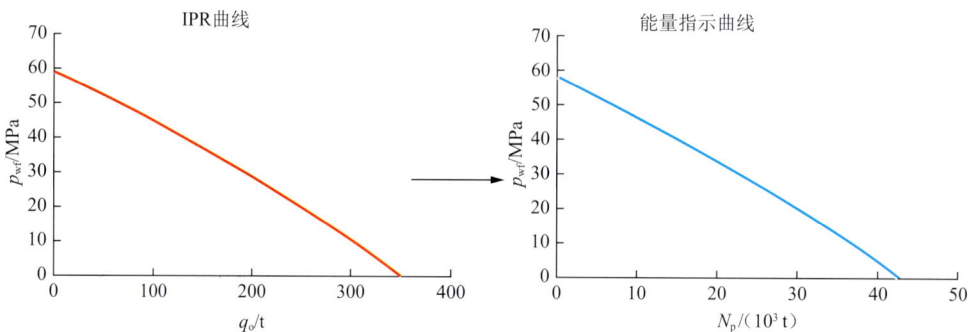

图 2-9　IPR 曲线及能量指示曲线(Jabbar 和 Alnuaim)

以上 8 种类型的能量指示曲线中，有适用于垂直井的，也有适用于水平井和斜井的。通过分析曲线及假设条件可知，基于斜井产能方程推导出的能量指示曲线会出现多解情况，与实际不符；基于均质储层径向流动模型推导出的能量指示曲线呈线性下降的直线。对比塔河油田现场应用曲线发现，基于现有 IPR 曲线的能量指示曲线与生产资料统计的能量指示曲线吻合度低；碳酸盐岩储层非均质性强，缝洞储集体发育，流动类型不明确，在能量指示曲线的推导过程中应修正缝洞储集体复杂性的响应特征。

2.2　能量指示曲线模型的建立

2.2.1　井-洞模型

1）物理模型

该模型由单溶洞系统组成，如图 2-10 所示。

考虑溶洞为无限大储层，油井以定产量生产的情况，并做如下假设：

①　油井产量稳定，不随时间变化；

②　生产前地层中各点压力均匀分布，且压力为 p_i；

③　地层中流体为油水两相，可压缩，流体在溶洞中为管流形态；

④　溶洞体积不变；

⑤　重力及毛管压力的影响忽略不计。

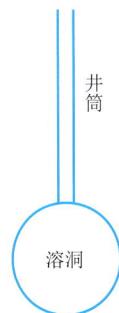

图 2-10　井-洞模型示意图

2）数学模型

溶洞中的油水两相以管流形态流向井底，根据管流方程及物质平衡方程，可得到 t 时刻油水两相产能公式。

对油相，有：

$$B_o q_o = \frac{\pi R_o^4}{8\mu_o L}(p_1 - p_{wf}) \tag{2-20}$$

对水相，有：

$$B_w q_w = \frac{\pi R_w^4}{8\mu_w L}(p_1 - p_{wf}) \tag{2-21}$$

两式相加可得：

$$B_o q_o + B_w q_w = \frac{\pi}{8L}\left(\frac{R_o^4}{\mu_o} + \frac{R_w^4}{\mu_w}\right)(p_1 - p_{wf}) \tag{2-22}$$

式中　　B_o——原油体积系数；

$\quad\quad\quad B_w$——地层水体积系数；

$\quad\quad\quad q_w$——地层水产量；

$\quad\quad\quad L$——裂缝长度；

$\quad\quad\quad R_o$——油向水力半径；

$\quad\quad\quad R_w$——水相水力半径；

$\quad\quad\quad \mu_o$——原油黏度；

$\quad\quad\quad \mu_w$——地层水黏度；

$\quad\quad\quad p_1$——溶洞 1 压力。

物质平衡方程为：

$$B_t N_p = N B_{ti} C_i (p_i - p_1) \tag{2-23}$$

式中　B_t——油水两相综合体积系数；

　　　B_{ti}——油水两相原始综合体积系数；

　　　C_i——油水两相综合压缩系数；

　　　N——石油地质储量；

　　　p_i——原始地层压力。

将式(2-23)代入式(2-22)可得：

$$p_{wf} = p_i - \frac{B_o q_o + B_w q_w}{K} - \frac{B_t}{N B_{ti} C_i} N_p \tag{2-24}$$

其中

$$B_{ti} = S_{wi} B_w + S_{oi} B_o$$
$$N_p = N_o + N_w$$
$$C_i = S_{oi} C_o + S_{wi} C_w$$
$$K = \frac{\pi}{8L}\left(\frac{R_o^4}{\mu_o} + \frac{R_w^4}{\mu_w}\right)$$

式中　S_{oi}——地层原始含油饱和度；

　　　S_{wi}——地层原始含水饱和度；

　　　N_o——累积产油量；

　　　N_w——累积产水量；

　　　C_o——油相压缩系数；

　　　C_w——水相压缩系数。

3）敏感性参数分析

由式(2-24)可以看出，在开发过程中，由于油水的体积系数变化较小，因此 B_t 与 B_{ti} 可近似认为相等，即能量指示曲线呈直线。在其他因素相同的情况下，储量越大，直线段的斜率越大（图2-11）。

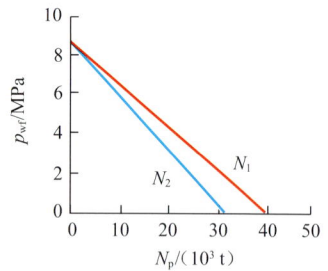

图 2-11　井-洞模型典型曲线特征（$N_1 > N_2$）

2.2.2　井-缝-洞模型

1）物理模型

该模型由裂缝-溶洞系统组成，如图2-12所示。

考虑溶洞为无限大储层，油井以定产量生产的情况，并做如下假设：

① 油井产量稳定，不随时间变化；

② 生产前地层中各点压力均匀分布，且压力为 p_i；

③ 地层中流体为油水两相，可压缩，溶洞为一等势体；

④ 溶洞体积不变，裂缝体积可忽略；

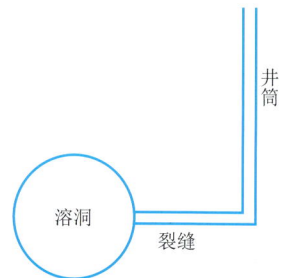

图 2-12　井-缝-洞模型示意图

⑤ 重力及毛管压力的影响忽略不计；

⑥ 流体在裂缝内的流动符合平行平板间层流；

⑦ 裂缝向井筒供液，溶洞不直接向井筒供液。

2）数学模型

溶洞中流体为油水两相，裂缝中流体为平行平板间层流形态，根据层流方程及物质平衡方程，可得到 t 时刻油水两相产能方程如下。

对油相，有：

$$B_o q_o = \frac{b h^3 A_o}{12 \mu_o L}(p_1 - p_{wf}) \tag{2-25}$$

对水相，有：

$$B_w q_w = \frac{b h^3 A_w}{12 \mu_w L}(p_1 - p_{wf}) \tag{2-26}$$

两式相加可得：

$$B_o q_o + B_w q_w = \frac{b h^3}{12 L}\left(\frac{A_o}{\mu_o} + \frac{A_w}{\mu_w}\right)(p_1 - p_{wf}) \tag{2-27}$$

式中　b——裂缝高度；

　　　h——裂缝宽度；

　　　A_o——裂缝内流动界面上油相所占比例；

　　　A_w——裂缝内流动界面上水相所占比例。

物质平衡方程为：

$$B_t N_p = N B_{ti} C_i (p_i - p_1) \tag{2-28}$$

将式（2-28）代入式（2-27）可得：

$$p_{wf} = p_i - \frac{12L}{b h^3 R}(B_o q_o + B_w q_w) - \frac{B_t}{N B_{ti} C_i} N_p \tag{2-29}$$

其中

$$B_{ti} = S_{wi} B_w + S_{oi} B_o$$
$$N_p = N_o + N_w$$
$$C_i = S_{oi} C_o + S_{wi} C_w$$
$$R = \frac{A_o}{\mu_o} + \frac{A_w}{\mu_w}$$

3）敏感性参数分析

由式（2-29）可以看出，在开发过程中，由于油水的体积系数变化较小，因此 B_t 与 B_{ti} 可近似认为相等，即能量指示曲线呈直线，与井-洞模型类似。在其他因素相同的情况下，储量越大，直线段的斜率越大（图 2-13）。该曲线在纵轴上的截距为原始地层压力因裂缝中流动阻力导致的压降，而裂缝中的流动阻力与裂缝的相关参数有关，因此裂缝的相关参数影响了曲线在纵轴上的截距。

由图 2-14 可以看出，裂缝 1 的流动阻力小于裂缝 2 的流动阻力，且裂缝中流动阻力导致的压降在数值上等于 $p_i - \frac{12L}{bh^3 R}(B_o q_o + B_w q_w)$，因此裂缝越长，裂缝中流动阻力导致的压降越大。

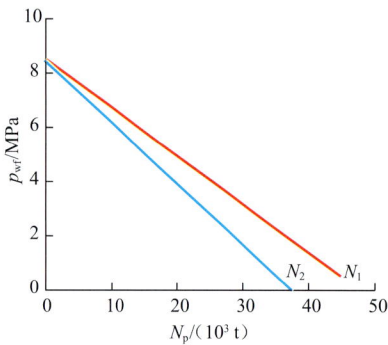

图 2-13　井-缝-洞模型典型曲线特征($N_1 > N_2$)　　　图 2-14　井-缝-洞模型典型曲线特征($N_1 = N_2$)

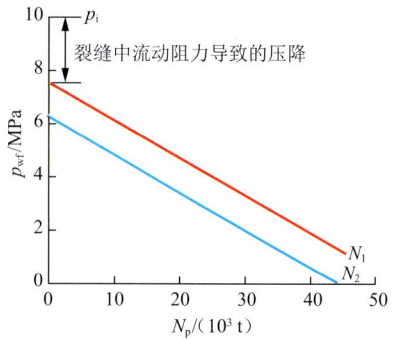

2.2.3　双洞并联模型

1）物理模型

该模型由裂缝-溶洞系统组成，如图 2-15 所示。

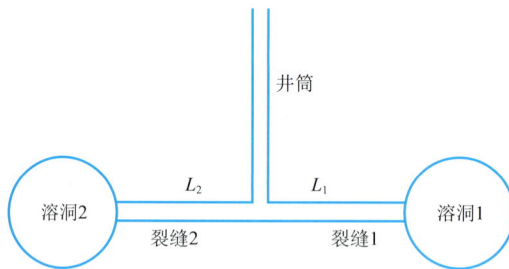

图 2-15　双洞并联模型示意图

考虑溶洞为无限大储层，油井以定产量生产的情况，并做如下假设：

① 油井产量稳定，不随时间变化；

② 生产前地层中各点压力均匀分布，且压力为 p_i；

③ 地层中流体为油水两相，可压缩，溶洞为一等势体；

④ 溶洞体积不变，裂缝体积可忽略；

⑤ 重力及毛管压力的影响忽略不计；

⑥ 流体在裂缝内的流动符合平行平板间层流，且裂缝 1 和裂缝 2 内含水饱和度相同；

⑦ 裂缝向井筒供液，溶洞不直接向井筒供液；

⑧ 溶洞 1 和溶洞 2 内流体性质相同，含水饱和度相等。

2）数学模型

溶洞中流体为油水两相，裂缝中流体为平行平板间层流形态，根据层流方程及物质平衡方程，可得到 t 时刻溶洞 1 和溶洞 2 的产能公式如下。

对溶洞 1，有：

$$B_o q_{o1} = \frac{b_1 h_1^3 A_o}{12 L_1 \mu_o}(p_1 - p_{wf}) \tag{2-30}$$

$$B_w q_{w1} = \frac{b_1 h_1^3 A_w}{12 L_1 \mu_w}(p_1 - p_{wf}) \tag{2-31}$$

两式相加可得：

$$B_o q_{o1} + B_w q_{w1} = \frac{b_1 h_1^3}{12 L_1}\left(\frac{A_o}{\mu_o} + \frac{A_w}{\mu_w}\right)(p_1 - p_{wf})$$

即

$$p_1 = \frac{12 L_1}{b_1 h_1^3 R}(B_o q_{o1} + B_w q_{w1}) + p_{wf} \tag{2-32}$$

其中

$$R = \frac{A_o}{\mu_o} + \frac{A_w}{\mu_w}$$

物质平衡方程为：

$$B_t N_{p1} = N_1 B_{ti} C_i (p_i - p_1) \tag{2-33}$$

将式(2-32)代入式(2-33)可得：

$$B_t N_{p1} = N_1 B_{ti} C_i \left[p_i - \frac{12 L_1}{b_1 h_1^3 R}(B_o q_{o1} + B_w q_{w1}) - p_{wf} \right] \tag{2-34}$$

即

$$p_{wf} = p_i - \frac{12 L_1}{b_1 h_1^3 R}(B_o q_{o1} + B_w q_{w1}) - \frac{B_t}{N_1 B_{ti} C_i} N_{p1} \tag{2-35}$$

同理，对溶洞 2，有：

$$B_t N_{p2} = N_2 B_{ti} C_i \left[p_i - \frac{12 L_2}{b_2 h_2^3 R}(B_o q_{o2} + B_w q_{w2}) - p_{wf} \right] \tag{2-36}$$

式(2-34)、式(2-36)相加可得：

$$B_t N_p = N B_{ti} C_i p_i - N_1 B_{ti} C_i \frac{12 L_1}{b_1 h_1^3 R}(B_o q_{o1} + B_w q_{w1}) -$$
$$N_2 B_{ti} C_i \frac{12 L_2}{b_2 h_2^3 R}(B_o q_{o2} + B_w q_{w2}) - N B_{ti} C_i p_{wf} \tag{2-37}$$

即

$$p_{wf} = p_i - \frac{N_1}{N} \frac{12 L_1}{b_1 h_1^3 R}(B_o q_{o1} + B_w q_{w1}) -$$
$$\frac{N_2}{N} \frac{12 L_2}{b_2 h_2^3 R}(B_o q_{o2} + B_w q_{w2}) - \frac{B_t}{N B_{ti} C_i} N_p \tag{2-38}$$

$$p_{wf} = p_i - \frac{N_1}{N} T_1 - \frac{N_2}{N} T_2 - \frac{B_t}{N B_{ti} C_i} N_p \tag{2-39}$$

其中

$$T_1 = \frac{12 L_1}{b_1 h_1^3 R}(B_o q_{o1} + B_w q_{w1})$$

$$T_2 = \frac{12 L_2}{b_2 h_2^3 R}(B_o q_{o2} + B_w q_{w2})$$

3）敏感性参数分析

由式(2-39)可以看出，在近似认为油水的体积系数不变的条件（即溶洞总体积与储量呈正比）下，井底流压与原始地质储量呈直线关系（图 2-16、图 2-17）。

由图 2-16、图 2-17 可以看出，直线的斜率与 2 个溶洞的总体积 V 有关，而与单个溶洞在总体积中所占比例无关，且溶洞的总体积越大，直线的斜率越大。直线在纵轴上的截距在数值上等于 $p_i - \dfrac{N_1}{N} T_1 - \dfrac{N_2}{N} T_2$，其中 T_1 和 T_2 分别反映了流体在裂缝 1 和裂缝 2 中的流动阻力，即截距为原始地层压力减去裂缝 1 和裂缝 2 中的流动阻力。

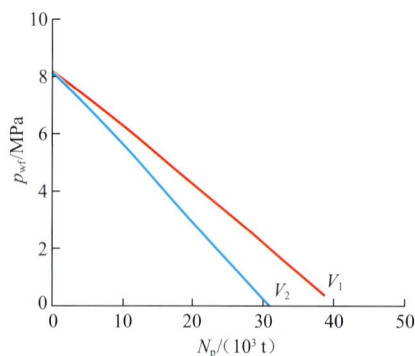

图 2-16　双洞并联模型典型曲线特征($V_1 > V_2$)　　图 2-17　双洞并联模型典型曲线特征($V_1 = V_2$)

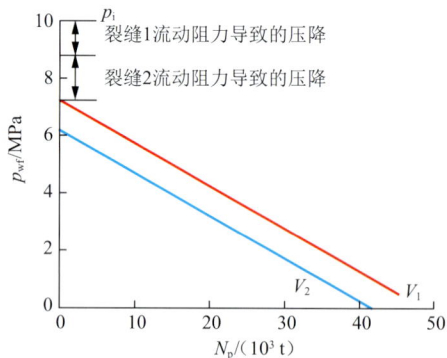

2.2.4　双洞串联模型

1）物理模型

该模型由裂缝-溶洞系统组成，如图 2-18 所示。

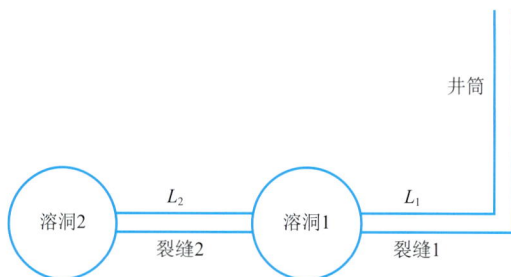

图 2-18　双洞串联模型示意图

考虑溶洞为无限大储层，油井以定产量生产的情况，并做如下假设：

① 油井产量稳定，不随时间变化；
② 生产前地层中各点压力均匀分布，且压力为 p_i；
③ 地层中流体为油水两相，可压缩，溶洞为一等势体；
④ 溶洞体积不变，裂缝体积可忽略；
⑤ 重力及毛管压力的影响忽略不计；

⑥ 流体在裂缝内的流动符合平行平板间层流;

⑦ 裂缝向井筒供液,溶洞不直接向井筒供液;

⑧ 溶洞 1 和溶洞 2 内流体性质相同,含水饱和度相等;

⑨ 当溶洞 1 的压力下降到某一压力值 p' 时,溶洞 2 开始向溶洞 1 供液。

2) 数学模型

溶洞中流体为油水两相,裂缝中流体为平行平板间层流形态。初始阶段,溶洞 1 通过裂缝 1 向井筒供液;当溶洞 1 的压力下降到某一压力值 p' 时,溶洞 2 开始向溶洞 1 供液;当溶洞 1 的压力继续下降至某一压力值 p'_{11} 时,溶洞 1 的弹性能量完全释放。

(1) 初始阶段,溶洞 1 的压力高于 p',溶洞 2 及裂缝 2 系统不参与流动。

对裂缝 1,有:

$$B_o q_{o1} = \frac{b_1 h_1^3 A_o}{12 L_1 \mu_o}(p_1 - p_{wf}) \tag{2-40}$$

$$B_w q_{w1} = \frac{b_1 h_1^3 A_w}{12 L_1 \mu_w}(p_1 - p_{wf}) \tag{2-41}$$

两式相加可得:

$$
\begin{aligned}
B_o q_{o1} + B_w q_{w1} &= \left(\frac{b_1 h_1^3 A_o}{12 L_1 \mu_o} + \frac{b_1 h_1^3 A_w}{12 L_1 \mu_w} \right)(p_1 - p_{wf}) \\
&= \frac{b_1 h_1^3}{12 L_1} \left(\frac{A_o}{\mu_o} + \frac{A_w}{\mu_w} \right)(p_1 - p_{wf})
\end{aligned} \tag{2-42}
$$

即

$$
\begin{aligned}
p_1 &= p_{wf} + \frac{12 L_1 (B_o q_{o1} + B_w q_{w1})}{b_1 h_1^3 \left(\dfrac{A_o}{\mu_o} + \dfrac{A_w}{\mu_w} \right)} \\
&= p_{wf} + \frac{12 L_1 (B_o q_{o1} + B_w q_{w1})}{b_1 h_1^3 R}
\end{aligned} \tag{2-43}
$$

其中

$$R = \frac{A_o}{\mu_o} + \frac{A_w}{\mu_w}$$

物质平衡方程为:

$$B_t N_{p1} = N_1 B_{ti} C_i (p_i - p_1) \tag{2-44}$$

将式(2-43)代入式(2-44)可得:

$$p_{wf} = p_i - \frac{12 L_1 (B_o q_{o1} + B_w q_{w1})}{b_1 h_1^3 R} - \frac{B_t N_{p1}}{N_1 B_{ti} C_i} \tag{2-45}$$

(2) 当溶洞 1 的压力下降到 p' 时,溶洞 2 开始向溶洞 1 供液。

对裂缝 1,有:

$$B_o q_{o1} = \frac{b_1 h_1^3 A_{o1}}{12 L_1 \mu_o}(p_1 - p_{wf}) \tag{2-46}$$

$$B_w q_{w1} = \frac{b_1 h_1^3 A_{w1}}{12 L_1 \mu_w}(p_1 - p_{wf}) \tag{2-47}$$

对裂缝 2,有:

$$B_o q_{o2} = \frac{b_2 h_2^3 A_{o2}}{12 L_2 \mu_o}(p_2 - p_1) \tag{2-48}$$

$$B_w q_{w2} = \frac{b_2 h_2^3 A_{w2}}{12 L_2 \mu_w}(p_2 - p_1) \tag{2-49}$$

式(2-46)、式(2-47)相加可得：

$$B_o q_{o1} + B_w q_{w1} = \frac{b_1 h_1^3}{12 L_1}\left(\frac{A_{o1}}{\mu_o} + \frac{A_{w1}}{\mu_w}\right)(p_1 - p_{wf}) \tag{2-50}$$

即

$$p_1 = \frac{12 L_1 (B_o q_{o1} + B_w q_{w1})}{b_1 h_1^3 \left(\dfrac{A_{o1}}{\mu_o} + \dfrac{A_{w1}}{\mu_w}\right)} + p_{wf} \tag{2-51}$$

式(2-48)、式(2-49)相加可得：

$$B_o q_{o2} + B_w q_{w2} = (p_2 - p_1)\frac{b_2 h_2^3}{12 L_2}\left(\frac{A_{o2}}{\mu_o} + \frac{A_{w2}}{\mu_w}\right) \tag{2-52}$$

即

$$\begin{aligned}
p_2 &= \frac{12 L_2 (B_o q_{o2} + B_w q_{w2})}{b_2 h_2^3 \left(\dfrac{A_{o2}}{\mu_o} + \dfrac{A_{w2}}{\mu_w}\right)} + p_1 \\
&= p_{wf} + \frac{12 L_1 (B_o q_{o1} + B_w q_{w1})}{b_1 h_1^3 \left(\dfrac{A_{o1}}{\mu_o} + \dfrac{A_{w1}}{\mu_w}\right)} + \frac{12 L_2 (B_o q_{o2} + B_w q_{w2})}{b_2 h_2^3 \left(\dfrac{A_{o2}}{\mu_o} + \dfrac{A_{w2}}{\mu_w}\right)}
\end{aligned} \tag{2-53}$$

令

$$T_1 = \frac{12 L_1 (B_o q_{o1} + B_w q_{w1})}{b_1 h_1^3 \left(\dfrac{A_{o1}}{\mu_o} + \dfrac{A_{w1}}{\mu_w}\right)}$$

$$T_2 = \frac{12 L_2 (B_o q_{o2} + B_w q_{w2})}{b_2 h_2^3 \left(\dfrac{A_{o2}}{\mu_o} + \dfrac{A_{w2}}{\mu_w}\right)}$$

可得：

$$p_1 = p_{wf} + T_1, \quad p_2 = p_{wf} + T_1 + T_2 \tag{2-54}$$

物质平衡方程为：

$$B_t N_p = N_1 B_{ti} C_i (p_i - p_1) + N_2 B_{ti} C_i (p_1 - p_2) \tag{2-55}$$

将式(2-54)代入式(2-55)可得：

$$B_t N_p = N_1 B_{ti} C_i (p_i - T_1 - p_{wf}) + N_2 B_{ti} C_i (p_i - T_1 - p_{wf} - T_2) \tag{2-56}$$

整理可得：

$$p_{wf} = p_i - T_1 - \frac{N_2}{N} T_2 - \frac{B_t}{N B_{ti} C_i} N_p \tag{2-57}$$

（3）当溶洞的压力下降至 p_{11}' 时，溶洞 2 的弹性能量完全释放，供液全部来自溶洞 2，此时溶洞 2 的压力为 p_{22}'，油仅从溶洞 2 中采出。

对裂缝 1，有：

$$B_o q_{o1} = \frac{b_1 h_1^3 A_{o1}}{12 L_1 \mu_o}(p_{11}' - p_{wf}) \tag{2-58}$$

$$B_w q_{w1} = \frac{b_1 h_1^3 A_{w1}}{12 L_1 \mu_w}(p_{11}' - p_{wf}) \tag{2-59}$$

两式相加可得:

$$B_{\rm o}q_{\rm o1} + B_{\rm w}q_{\rm w1} = \frac{b_1 h_1^3}{12L_1}\left(\frac{A_{\rm o1}}{\mu_{\rm o}} + \frac{A_{\rm w1}}{\mu_{\rm w}}\right)(p_{11}' - p_{\rm wf})$$

所以:

$$p_{11}' = p_{\rm wf} + \frac{12L_1(B_{\rm o}q_{\rm o1} + B_{\rm w}q_{\rm w1})}{b_1 h_1^3\left(\dfrac{A_{\rm o1}}{\mu_{\rm o}} + \dfrac{A_{\rm w1}}{\mu_{\rm w}}\right)}$$

即

$$p_{11}' = p_{\rm wf} + T_1$$

对裂缝 2,有:

$$B_{\rm o}q_{\rm o2} = \frac{b_2 h_2^3 A_{\rm o2}}{12L_2\mu_{\rm o}}(p_2 - p_{11}') \tag{2-60}$$

$$B_{\rm w}q_{\rm w2} = \frac{b_2 h_2^3 A_{\rm w2}}{12L_2\mu_{\rm w}}(p_2 - p_{11}') \tag{2-61}$$

两式相加可得:

$$B_{\rm o}q_{\rm o2} + B_{\rm w}q_{\rm w2} = \frac{b_2 h_2^3}{12L_2}\left(\frac{A_{\rm o2}}{\mu_{\rm o}} + \frac{A_{\rm w2}}{\mu_{\rm w}}\right)(p_2 - p_{11}')$$

所以:

$$\begin{aligned} p_2 &= \frac{12L_2(B_{\rm o}q_{\rm o2} + B_{\rm w}q_{\rm w2})}{b_2 h_2^3\left(\dfrac{A_{\rm o2}}{\mu_{\rm o}} + \dfrac{A_{\rm w2}}{\mu_{\rm w}}\right)} + p_{11}' \\ &= p_{\rm wf} + \frac{12L_1(B_{\rm o}q_{\rm o1} + B_{\rm w}q_{\rm w1})}{b_1 h_1^3\left(\dfrac{A_{\rm o1}}{\mu_{\rm o}} + \dfrac{A_{\rm w1}}{\mu_{\rm w}}\right)} + \frac{12L_2(B_{\rm o}q_{\rm o2} + B_{\rm w}q_{\rm w2})}{b_2 h_2^3\left(\dfrac{A_{\rm o2}}{\mu_{\rm o}} + \dfrac{A_{\rm w2}}{\mu_{\rm w}}\right)} \end{aligned}$$

即

$$p_2 = p_{\rm wf} + T_1 + T_2 \tag{2-62}$$

物质平衡方程为:

$$B_{\rm t}N_{\rm p} = N_2 B_{\rm ti}C_{\rm i}(p_{22}' - p_2) + N' \tag{2-63}$$

将式(2-62)代入式(2-63)可得:

$$B_{\rm t}N_{\rm p} = N_2 B_{\rm ti}C_{\rm i}(p_{22}' - p_{\rm wf} - T_1 - T_2) + N'$$

化简可得:

$$p_{\rm wf} = p_{22}' - T_2 - T_1 + \frac{N'}{N_2 B_{\rm ti}C_{\rm i}} - \frac{B_{\rm t}}{N_2 B_{\rm ti}C_{\rm i}}N_{\rm p} \tag{2-64}$$

式中　N'——溶洞 2 弹性能量完全释放时溶洞 1 和溶洞 2 的累积产液量。

3)敏感性参数分析

双洞串联模型的能量指示曲线如图 2-19 所示。

由图 2-19 可以看出,双洞串联模型能量指示曲线根据溶洞中流动阶段的不同,明显分为 3 种不同的曲线形态。最初仅溶洞 1 供液,溶洞 2 内流体不流动,此时直线段的斜率反映了溶洞 1 的体积;随着溶洞 1 的压力下降,溶洞 2 开始向溶洞 1 供液,直线段的斜率变小,此时直线段的斜率是溶洞 1 和溶洞 2 总体积的反映;随着溶洞 1 的压力继续下降,油井产量全部来自溶洞 2 的供液,即到达第 3 个阶段,此时直线段的斜率反映了溶洞 2 的体积。

由以上 3 个阶段可以看出,在溶洞 1 和溶洞 2 总体积不变的情况下,溶洞 1 和溶洞 2

体积的大小在能量指示曲线上能够确切地反映出来,如图 2-20 所示。

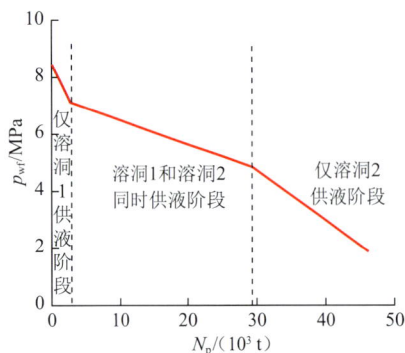

图 2-19　双洞串联模型典型曲线不同阶段划分

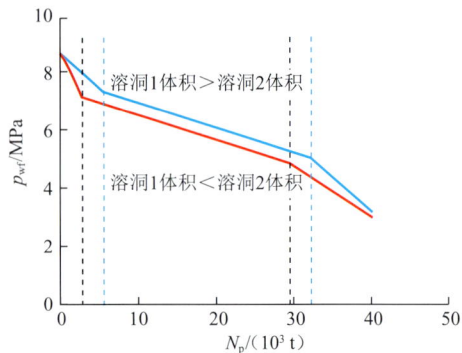

图 2-20　双洞串联模型典型曲线特征

由图 2-20 可以看出,在溶洞 1 和溶洞 2 总体积不变的情况下,若溶洞 1 的体积大于溶洞 2 的体积,则表现出第 1 个阶段直线段的斜率大于第 3 个阶段直线段的斜率,且第 1 个阶段持续时间较长。但是在第 2 个阶段,溶洞 1 和溶洞 2 的相对体积大小并不会对此阶段直线段的斜率产生影响。

2.3　能量指示曲线在油田开发中的应用

结合缝洞型油藏开发实践,建立了 4 类典型能量指示曲线,见表 2-1。其中直线下降型能量指示曲线反映了典型的未沟通底水的封闭缝洞体开采特征;两段式能量指示曲线(第二段斜率小于第一段斜率)反映了缝洞体结构发生变化,动用储量有损失的缝洞体开采特征;两段式能量指示曲线(第二段斜率大于第一段斜率)反映了生产过程中沟通新的缝洞体或邻井注采受效;多段式能量指示曲线反映了开发过程中随着井底流压和生产压差的变化逐步动用井周多套缝洞系统。

表 2-1　塔河油田缝洞型油藏能量指示曲线示意图汇总表

曲线类型	缝洞结构	对应概念模型
	定容溶洞型	
	充填、垮塌串联溶洞	

曲线形态	缝洞结构	对应概念模型
	裂缝网络型	
	裂缝-孔洞型	

注:K 为斜率。

能量指示曲线在油田现场得到广泛应用,其主要作用体现在 3 个方面(表 2-2):一是通过初期斜率来计算动态储量;二是通过斜率变化判断并定量评价储量损失状况,指导措施挖潜;三是根据斜率走缓趋势定量分析水侵状况,确定合理的工作制度。

表 2-2　典型能量指示曲线及应用表

曲线形态	表征含义	应　用
	未沟通底水的封闭缝洞体	斜率大小反映储量规模,用于油井动态储量计算
	动用储量有损失(储层垮塌、裂缝闭合等)	指导注水或储层改造措施,恢复储量动用
	强底水逐步水侵	判断水侵状况,指导油井合理产能确定

2.3.1　动态储量的计算

根据能量指示曲线理论,在弹性驱阶段,近似认为油水体积系数不变的情况下,井底流压与累积产液量基本呈直线关系,根据直线的斜率可以计算得到单井的动态储量。下面以塔河油田钻遇典型缝洞结构的生产井 TH10144 为例，介绍利用能量指示曲线计算动态储量的方法。

TH10144 井位于塔河油田阿克库勒凸起西部斜坡部位，处于东西向断裂带附近。物探资料表明，TH10144 井地震剖面（图 2-21）显示一间房组顶面（T_7^4）以下地震反射波具串珠状反射特征，而其平均振幅变化率图（图 2-22）显示 T_7^4 以下 0～40 ms 范围内平均振幅变化率较大，为典型的缝洞储集体反射特征。钻完井资料显示 TH10144 井揭示奥陶系中一下统一间房组，完钻后在循环过程中发现钻井液漏失，可能钻遇裂缝储层。其漏失量较小（仅为 2 m³），后通过酸压改造储层，沟通溶洞储集体。

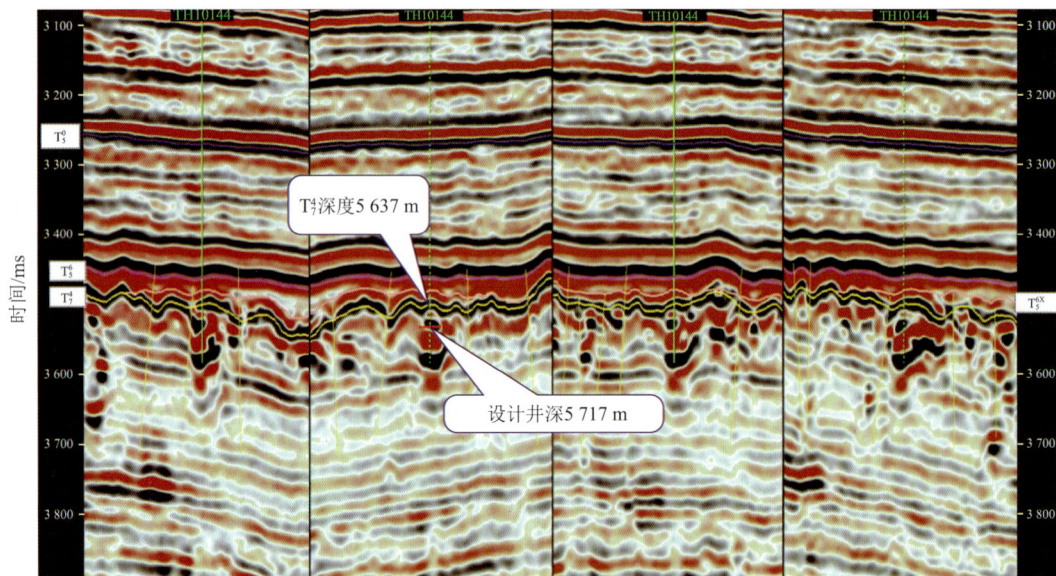

图 2-21　TH10144 井米字形地震剖面

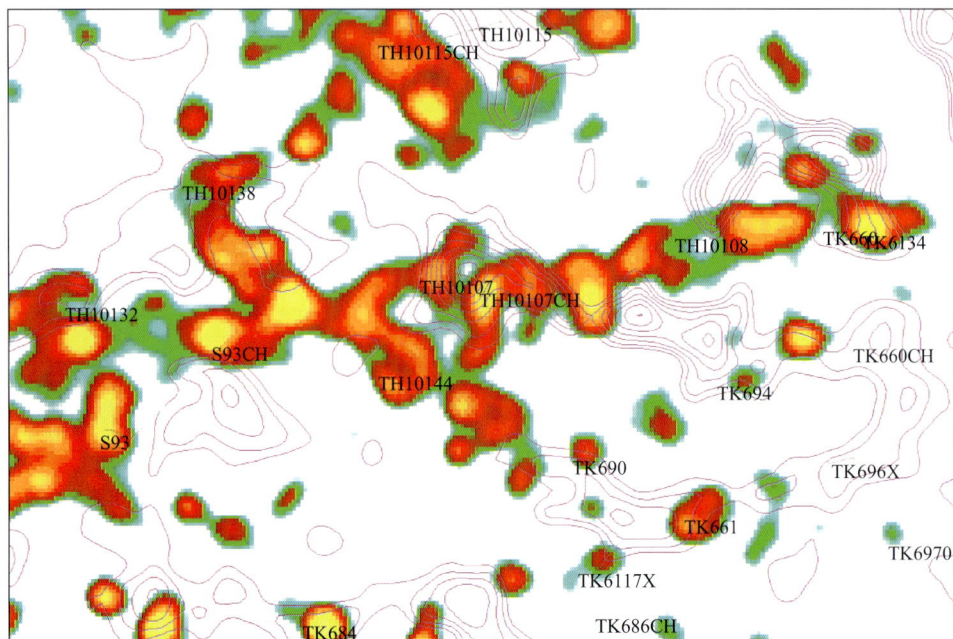

图 2-22　TH10144 井 T_7^4 以下 0~40 ms 平均振幅变化率图

TH10144 井的生产特征为典型定容型缝洞储集体开发特征(图 2-23)。该井投产后无水采油期短,且无水采油期内油压和产量迅速下降,之后油压基本稳定在较低水平。开采初期该井通过关井恢复地层压力,产量有所上升,油压也略有上升,随后产量逐渐下降,油井波动产水。开采中后期油井总共进行了 4 轮注水,其中第 1 轮注水量较小,油压基本不变,产量有所上升,但稳产时间较短;后 3 轮注水累积注入量较大,有明显的油压上升,但随后迅速下降。第 2 轮注水后产量维持时间长,第 3 轮注水后达到控水效果,注水效果较好,而第 4 轮注水后出现水窜,注水效果较差。从生产特征分析,该井在生产过程中实施了多种生产措施,油井的动态可采储量随着生产措施发生改变,有必要采用能量指示曲线认识该井能量变化特征,进一步计算并分析动态可采储量。

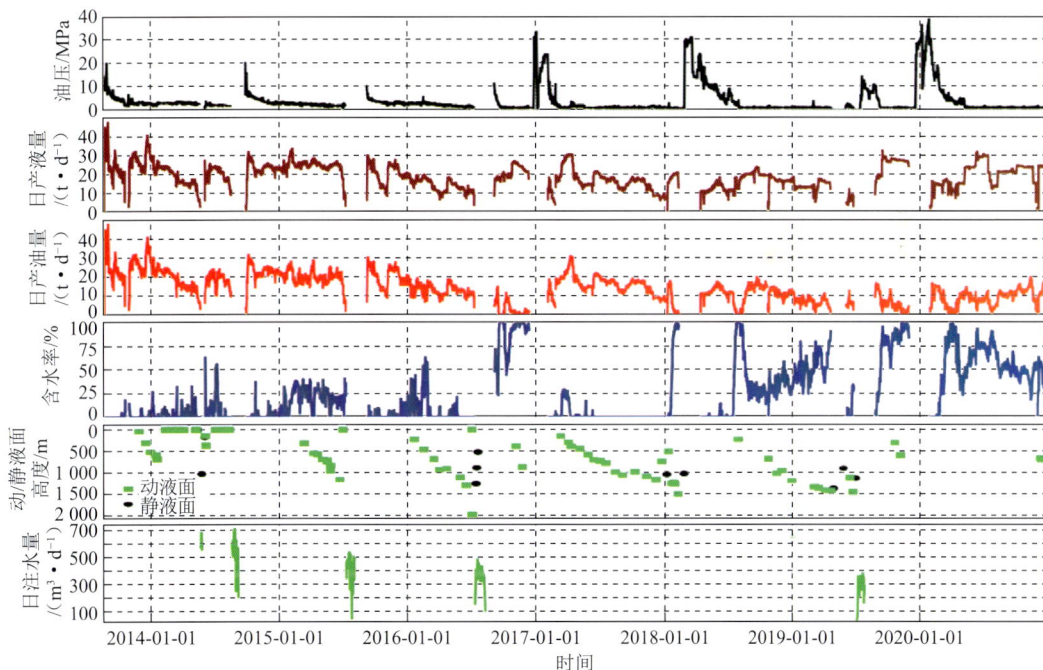

图 2-23 TH10144 井开发曲线

该井的能量指示曲线如图 2-24 所示。根据相关资料可得,该井地层原油体积系数为 1.075 2,油水两相综合压缩系数为 $7.19 \times 10^{-4} \ MPa^{-1}$,能量指示曲线斜率为 $-0.004 7$,取塔河十区原始地层含水饱和度为 30%,原油密度为 $1.027 8 \ g/cm^3$。由曲线形态判断该井属于井-洞模型,选取储量计算公式 $N = \dfrac{B_t}{B_{ti} C_i} \dfrac{1}{K}$,可得:

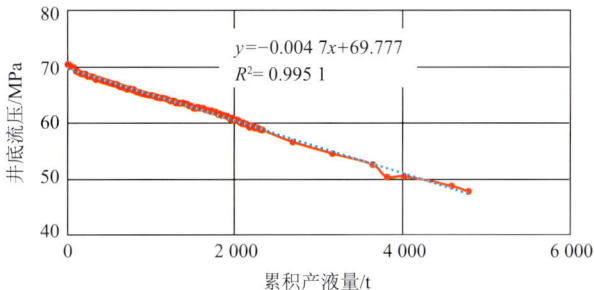

$$y = -0.004\,7x + 69.777$$
$$R^2 = 0.995\,1$$

图 2-24 TH10144 井能量指示曲线

$$\frac{1}{NC_i} = 0.004\ 7$$

据此计算得到 $N = 29.6 \times 10^4$ m³,进而计算得到该井的动态储量为 21.29×10^4 t。

截至 2020 年 12 月底,TH10144 井累计产油 3.17×10^4 t,按照动态储量 21.29×10^4 t 计算得到油井采出程度 14.89%,与塔河油田缝洞型油藏平均标定采收率 15.7% 接近,说明运用能量指示曲线计算动态储量的方法可行。

根据以上方法共计算 25 口井(表 2-3),其中动态储量最小为 2.21×10^4 t,最大为 445.86×10^4 t;采出程度最小为 2.3%,最大为 52.9%。

表 2-3 能量指示曲线估算动态储量

序 号	井 号	曲线斜率	累积产油量/(10^4 t)	动态储量/(10^4 t)	采出程度/%
1	TH10144	−0.004 7	3.17	21.29	14.89
2	TH12201	−0.000 1	14.5	445.86	3.3
3	AD19	−0.000 7	6.7	108.934	6.2
4	AD23CH	−0.008	2	11.57	17.3
5	AD26	−0.013	1.5	4.87	30.8
6	TH10124	−0.005 2	1.9	16.975	11.2
7	TH10203	−0.007 1	4	12.432	32.2
8	TH10233CH	−0.002 9	3	30.436	9.9
9	TH10262	−0.031 4	1.2	2.814	42.6
10	TH10327CH2	−0.024 4	1.4	3.619	38.7
11	TH10353H	−0.022 6	1	3.906	25.6
12	TH10356	−0.010 9	2.6	8.099	32.1
13	TH12126	−0.001 9	3.4	48.873 5	7.0
14	TH12125H	−0.009 2	1.5	10.094 5	14.9
15	TH12163	−0.004	3.4	23.211 5	14.6
16	TH12224CH	−0.037 8	1.3	2.457	52.9
17	TH10254XCH	−0.016	1.4	6.251	22.4
18	TH12409	−0.000 6	3.6	154.765	2.3
19	TH12249	−0.003 6	0.6	25.792	2.3
20	TH12166	−0.006 8	1.6	13.65	11.7
21	TH12368CH	−0.042	1.1	2.21	49.8
22	TH12352	−0.020 6	1.7	4.5	37.8
23	TH12330	−0.003 7	8.5	25.1	33.9
24	TH12305	−0.002 1	6.5	44.22	14.7
25	TH12269	−0.018 5	2	5.02	39.8
平 均			3.1	41.5	7.5

依据能量指示曲线计算油井动态储量的公式推导过程可知,该方法只在封闭型弹性驱油藏或者弹性驱阶段适用。如果在底水驱动油藏中应用该方法,则会因为将底水能量错误地计算为弹性能量而导致储量计算结果明显偏大。因此,在计算油井动态储量时必须选择仅为弹性驱的油井或者选择油井的弹性驱阶段进行计算。对于典型的非弹性驱油藏,由于该方法无法计算水侵量,并不适用,在实际应用中需要特别注意。

2.3.2　储集体结构的判断

塔河油田碳酸盐岩缝洞型油藏缝洞组合模式多种多样。对于不同的缝洞连通情况,能量指示曲线表现出不同的形态特征。一般来说,当近井连通的储集体为裂缝系统时,能量指示曲线呈线性下降且斜率较大的直线;当近井连通的储集体为溶洞系统时,能量指示曲线呈平台状或斜率较小的近似平台状直线;当近井连通的储集体为 2 套不同的储集系统时,能量指示曲线呈 2 段斜率不同的直线(该情况也可能是某套储集体衰竭生产的反映)。显然,具体的储集体连通情况应结合地质资料、钻完井资料以及生产动态资料等具体分析。例如,塔河八区 T701CH 井的能量指示曲线如图 2-25 所示。

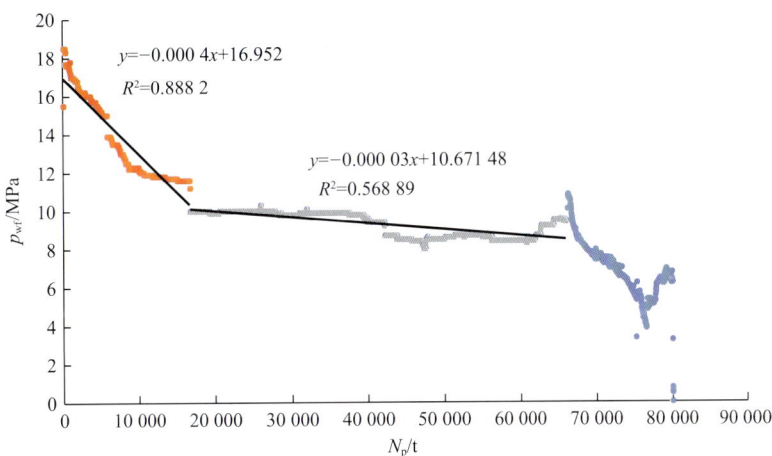

图 2-25　塔河八区 T701CH 井自喷阶段能量指示曲线

由图 2-25 可以看出,曲线可分为三大部分:第一部分曲线呈斜率较大的直线;第二部分曲线呈平台状的直线;第三部分曲线呈斜率较大的直线。直观分析认为,该井连通 3 套储集体,但通过进一步分析发现该井只连通 2 套储集体,连接方式为井-缝-洞。第一部分曲线的特征反映出该井当时是裂缝系统生产,待压力下降到一定程度后,波及与裂缝相连的溶洞系统,使曲线呈现出第二部分的特征;因为第一部分曲线的斜率与第三部分曲线的斜率近似相等,所以可以认为第三部分曲线是储集体衰竭生产的反映,溶洞供液能力显著下降。结合该油井的钻井、酸压以及生产曲线进一步证实该井的储集体结构符合井-缝-洞模型。

2.3.3 油井能量类型和生产阶段划分

根据能量指示曲线类型能够对油井进行分类,可以将高产井进一步细分为强能量井、中等能量井和弱能量井,并确定油井投产初期的合理产能,如图 2-26 所示。

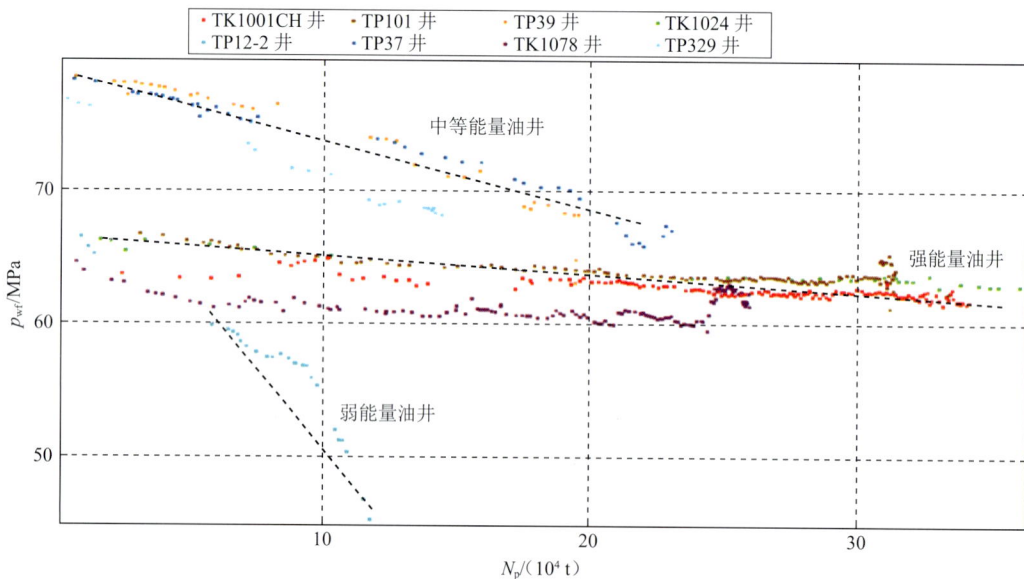

图 2-26 能量指示曲线划分油井能量类型图

对于同一口油井,可以运用能量指示曲线识别水侵状况。如图 2-27 所示,对于 TP101 井,结合开发时间,可以划分为弹性驱阶段、弹性驱＋水驱阶段、完全水驱阶段 3 个不同阶段。

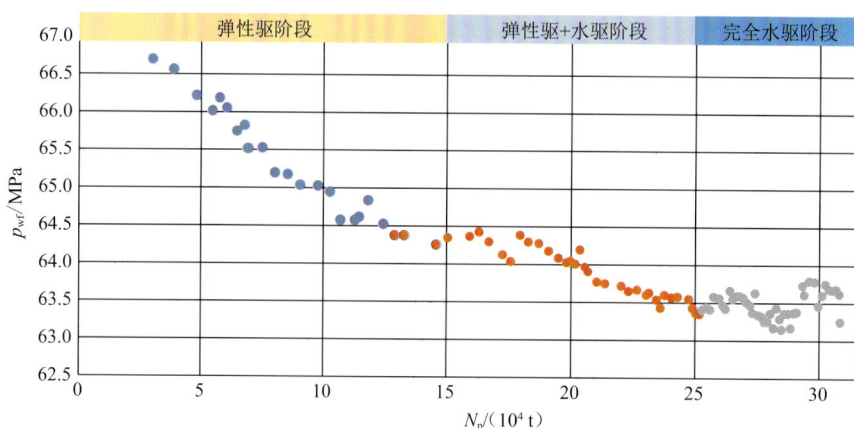

图 2-27 TP101 井能量指示曲线及相应生产阶段划分图

基于能量指示曲线的油井生产阶段划分情况,判断水侵状况,形成以"控制底水均衡抬升、避免窜进、延长油井无水采油期"为目标的油井分段控制管理方法,即在弹性驱阶段适当放大生产压差,充分释放产能;在弹性驱＋水驱阶段合理控制液量,减缓水侵速度;在完全水驱阶段调整流势,抑制水侵突破。

　　例如,对于典型井 TH10423X 井(图 2-28),利用能量指示曲线划分生产阶段,判断水侵状况,并通过"分阶段差异化管控",实现了油井累积采油量高达 52×10^4 t 后仍可低含水生产。

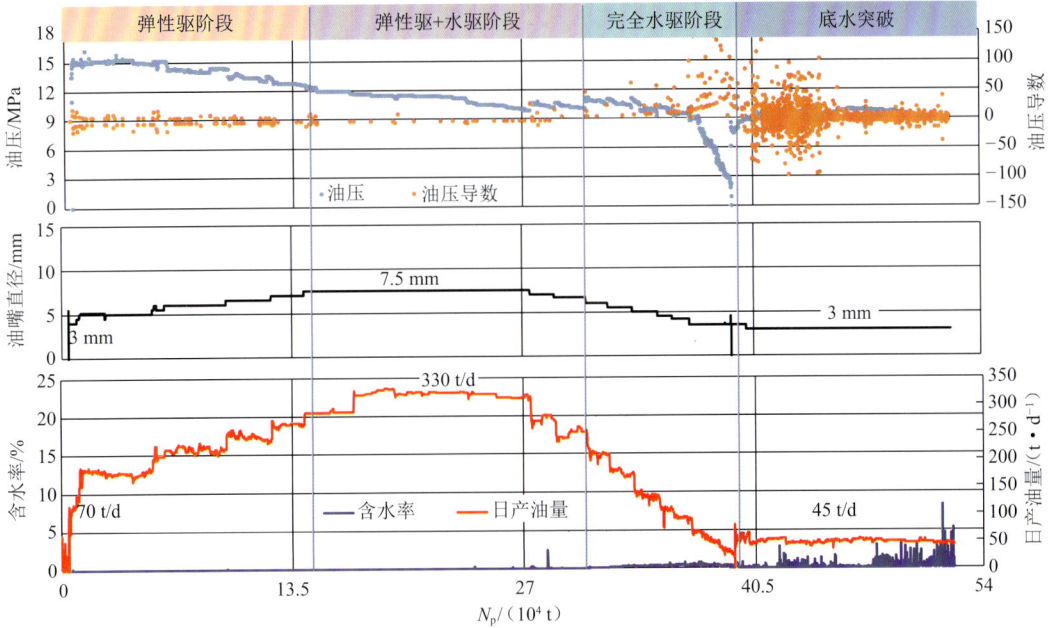

图 2-28　TH10423X 井分阶段生产曲线

第 3 章
注水指示曲线在碳酸盐岩缝洞型
油藏中的指示特征及应用

碳酸盐岩缝洞型油藏开发不同于常规均质油藏,衰竭开采过程中通常由于能量下降和裂缝通道的差异性造成剩余油难以动用,因此常采用注水开发以提高采收率。储层中复杂的裂缝网络以及溶洞体分布不仅使该类油藏开发过程中的压力波及和储量动用呈现明显的阶段性,也使注水过程中的动态监测数据出现明显波动,通常表现为注入水进入第二套(或第三套)储集体时注入压力明显变化。在注水开发过程中,充分剖析注水工作制度参数变化所指示的储集体静态结构信息和注入水波及情况,建立注水指示曲线,可为注水开发阶段的开发地质评价和提高采收率分析奠定基础。

3.1 注水指示曲线理论基础及特征

3.1.1 常规砂岩油藏注水指示曲线

1)注水指示曲线的基本形状

注水是保持油层压力,实现油田高产稳产和改善油田开发效果的有效方法。针对砂岩油藏,注水指示曲线是水井的注入压力 p 与日注水量 q 的关系曲线,常见的曲线类型如图 3-1 所示。指示曲线的形状主要取决于地层条件和井下配水工具的工作状况。通过对实测指示曲线的形状及斜率变化的分析,就可以掌握油层吸水能力的变化,分析井下配水工具的工作状况。

(1)直线型指示曲线。

第一种为直线递增式指示曲线(图中线 1)。它表示油层注入压力与日注水量呈正比关系,这种曲线最为常见。

第二种为垂直式指示曲线(图中线 2)。出现这种指示曲线的原因有:一是油层渗透性

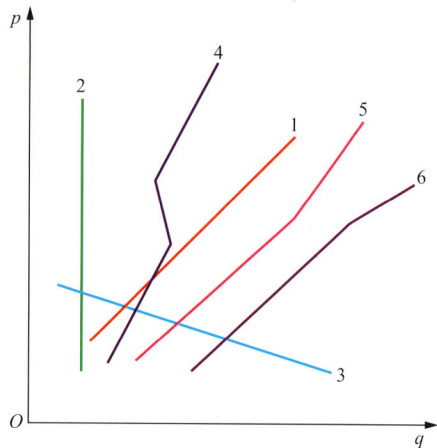

图 3-1 注水指示曲线的常见类型

较差,虽然泵压增加,但日注水量并没有增加;二是仪表不灵或测试有误差;三是井下管柱有问题,如水嘴堵死,或者是储层吸水能力强,在水嘴直径变化较小(不大于 2 mm)的情况下,随着注入压力增大,嘴损也相应增加,导致日注水量无法增加。

第三种为直线递减式指示曲线(图中线 3)。出现这种曲线的原因是仪表设备等有问题,因此不能应用。

(2)折线型指示曲线。

第四种为曲拐式指示曲线(图中线 4)。出现这种曲线的原因是仪表设备等有问题,导致测量的压力或日注水量数据不真实,违背基本规律,因此也不能应用。

第五种为上翘式指示曲线(图中线 5)。除与仪表设备有关的因素外,出现上翘的原因主要有以下 3 个方面:一是水嘴直径(一般小于 2.0 mm)较小,油层吸水特别差的情况下,注入压力越高,嘴损越大,日注水量增加缓慢;二是与油层性质有关,即当油层条件差、连通性不好或不连通时,注入水不易扩散,使油层压力逐渐升高,日注水量的增值逐渐减小,造成指示曲线上翘;三是注入水与储层深部流体不配伍,导致储层受污染,渗流能力变差,造成指示曲线上翘。

第六种为下折式指示曲线(图中线 6)。该曲线表示在注入压力升高到一定程度时,有新油层开始吸水,或者油层产生微小裂缝,致使油层日注水量增大。因此,这种曲线为正常指示曲线。

综上所述,直线递增式和折线式(上翘式和下折式)是常见的,反映了注水时井下和油层的客观情况。而垂直式、曲拐式、直线递减式则主要受仪表设备的影响,不能反映注水时井下和油层的客观情况。

2)注水指示曲线形状的变化

正确的注水指示曲线可以反映油层吸水能力的大小,随着注水时间的推进,储层物性、储层压力、流体性质及分布等参数都可能发生变化,不同时间注水指示曲线的相态并不完全相同,因而通过对比不同时间内所测得的注水指示曲线,可以大致了解油层吸水能力的变化。

(1)注水指示曲线右移,斜率变小。

这种变化说明油层吸水能力增强,吸水指数增大,如图 3-2 所示。

产生原因:一是油井见水后,阻力减小,引起吸水能力增大;二是采取了增产措施,导致吸水指数增大。

(2)注水指示曲线左移,斜率变大。

这种变化说明油层吸水能力减弱,吸水指数变小,如图 3-3 所示。

产生原因:一是地层深部吸水能力变差,注入水不能向深部扩散;二是地层堵塞。

(3)注水指示曲线平行上移。

如图 3-4 所示,由于曲线平行上移,斜率未变,故吸水指数未发生变化,但同一注入量所需的注入压力增大。曲线平行上移是由地层压力增高导致的。

产生原因:一是注水见效(注入水使地层压力升高);二是注采比偏大。

(4)注水指示曲线平行下移。

如图 3-5 所示,由于曲线平行下移,斜率未变,故吸水指数未发生变化,但同一注入量所需的注入压力减小。曲线平行下移是由地层压力降低导致的。

产生原因:地层亏空使即注采比偏小,即注入量小于采出的液量,从而导致地层压力下降。

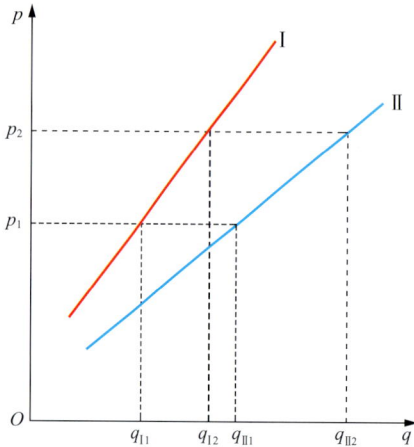

图 3-2　注水指示曲线的变化 1

（Ⅰ为先测的曲线，Ⅱ为过一段时间
所测得的曲线，下同）

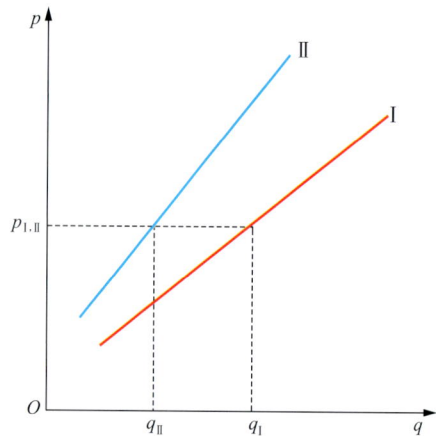

图 3-3　注水指示曲线的变化 2

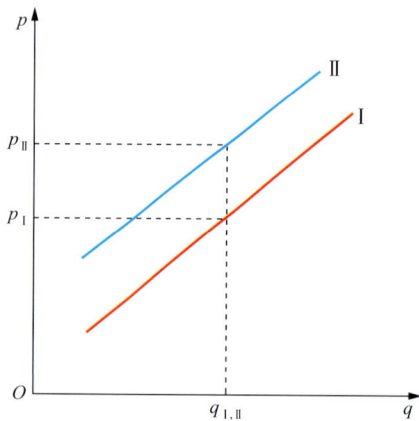

图 3-4　注水指示曲线的变化 3

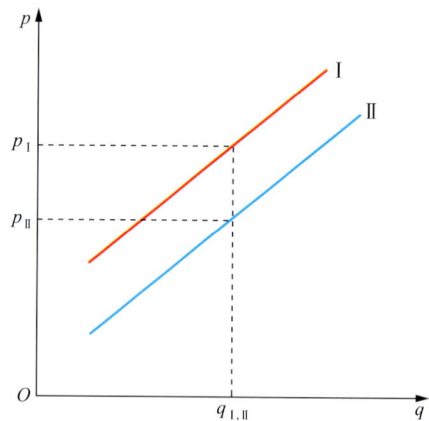

图 3-5　注水指示曲线的变化 4

3.1.2　碳酸盐岩油藏注水指示曲线

1）理论基础

砂岩油藏的注水指示曲线是注入压力和日注水量的关系曲线，而碳酸盐岩油藏的注水指示曲线是注入压力和累积注水量的关系曲线，二者理论基础不同。砂岩油藏的注水指示曲线基于达西渗流理论，通过注入压力随日注水量的变化反映储层吸水能力的变化，而碳酸盐岩油藏的注水指示曲线基于缝洞型油藏储罐模型中原油的压缩理论，通过储层压力随累积注水量的变化反映注水波及范围内的原油体积和流动阻力变化。碳酸盐岩油藏储罐模型如图 3-6 所示，可将油藏看作一个岩石和流体均质的储容器，在这一储容器中物质守恒。

将图 3-6 所示油藏模型简化成物理模型，如图 3-7 所示。

图 3-6　注水过程中原油体积的变化

p_0, p 分别为注水前、后的油藏压力；V_o, V'_o 分别为注水前、后的原油体积；N_{wi} 为累积注水量

井底在高温高压条件下，注入水相对地下原油为刚性，因此原油被压缩的体积 ΔV 等于注入水的体积 N_{wi}，即

$$\Delta V = V_o - V'_o = N_{wi} \tag{3-1}$$

式中　V_o——注水前的原油体积，m^3；

　　　V'_o——注水后的原油体积，m^3。

根据原油压缩系数的定义，可得：

$$C_o = \frac{1}{\Delta p} \frac{\Delta V}{V_o} = \frac{1}{\Delta p} \frac{N_{wi}}{V_o} \tag{3-2}$$

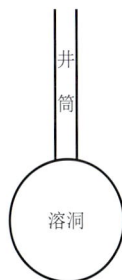

图 3-7　井-洞模型

式中　C_o——原油压缩系数，MPa^{-1}；

　　　N_{wi}——累积注水量，10^4 t。

当井筒充满水后，井口压力变化与井底流压同步，两者之间的压差为注水前后的压差 Δp：

$$\Delta p = p - p_0 \tag{3-3}$$

式中　p——注水后的油藏压力，MPa；

　　　p_0——注水前的油藏压力，MPa。

由式(3-1)～式(3-3)可得：

$$p = \frac{N_{wi}}{C_o V_o} + p_0 \tag{3-4}$$

在温度和压力一定的情况下，C_o 可视为常数，油藏中注水前的原油体积 V_o 在每轮注水时均为确定值，因此在定容的储集体中，井底压力 p 与累积注水量 N_{wi} 呈线性关系。又因为注水过程中井筒充满水，液柱压力不变，井口压力与井底压力同步变化，所以井口压力与累积注水量 N_{wi} 也呈线性关系，其斜率与 V_o 相关。

大量的实例结合理论推导表明，式(3-4)是有应用价值的：① 根据注水指示曲线的斜率是关于地层原油体积的函数，可以估算注水井动用原油体积的大小；② 根据注水指示曲线的截距可以明确注水前液面位置，判断注水时机的合理性；③ 根据注水指示曲线是否存在两段式或多段式特征，可以判断远井是否存在多套储集体。

2）曲线特征

不同的油藏模型有不同的注水指示曲线，下面以典型的井-洞、井-缝-洞和井-洞-缝-洞 3 种油藏模型为例，介绍注水指示曲线的特征。

（1）井-洞模型。

井-洞模型的条件设定：封闭定容油藏；油井钻遇溶洞；将整个储集体简化为溶洞，不考虑裂缝的储集性能；油藏驱动能量来自注入水和原油的弹性能量；不忽略地层水的弹性能量，但溶洞储层中岩石的弹性能量可以忽略；油藏压力变化与井底流压变化一致。该模型的表达式如下：

$$p = \frac{N_{wi}B_w}{NB_{oi}(RC_w + C_o)} + p_0 \qquad (3-5)$$

式中　N_{wi}——累积注水量，m^3；

　　　N——石油地质储量，m^3；

　　　B_w——地层水体积系数；

　　　B_{oi}——原油原始体积系数；

　　　R——地下溶洞内水油比；

　　　C_w——地层水压缩系数，MPa^{-1}。

考虑地层水的压缩系数时，溶洞的弹性能量增加，吸水能力变强，注水指示曲线斜率降低（图 3-8）。

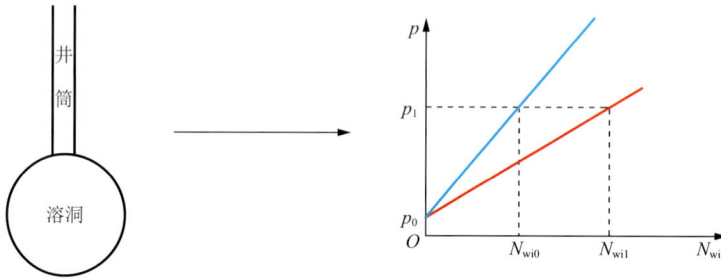

图 3-8　井-洞模型注水指示曲线（考虑地层水的压缩系数影响）

（蓝色线、红色线分别为不考虑、考虑地层水的压缩系数时的注水指示曲线）

考虑溶洞水油比时，溶洞体积相应增加，吸水能力变强，注水指示曲线斜率降低（图 3-9）。

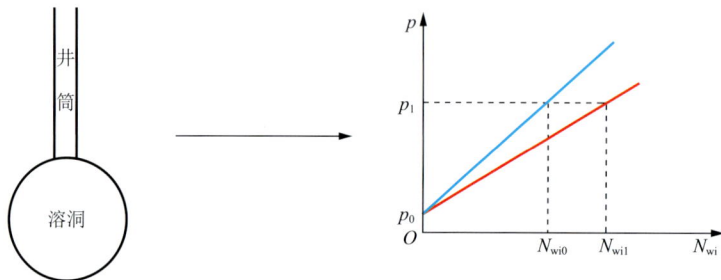

图 3-9　井-洞模型注水指示曲线（考虑水油比影响）

（蓝色线、红色线分别为不考虑、考虑水油比时的注水指示曲线）

（2）井-缝-洞模型。

井-缝-洞模型的条件设定：相对于井-洞模型，裂缝储集体中的流体所占比例较高，裂缝的储集性能以及裂缝的弹性能量不可忽略；需要分别考虑裂缝与溶洞储集体注入水后压力的变化情况。该模型的表达式如下：

$$p = \frac{N_{wi}B_w}{NB_{oi}[\alpha C_{cf} + (1-\alpha)RC_w + C_o]} + p_0 \qquad (3-6)$$

式中 α——裂缝占系统总体积的比例；

C_{cf}——裂缝综合压缩系数，MPa^{-1}。

式(3-6)为裂缝与溶洞双重介质对应的注水指示曲线表达式，曲线的斜率不仅与原油地质储量有关，还与裂缝与溶洞中储量比例大小、溶洞中水油比等参数有关。

考虑裂缝综合压缩系数的影响时，该模型的变化图版如图3-10所示。由图可知，随着裂缝所占比例的增加，地层弹性能量增加，吸水能力变强，注水指示曲线斜率减小。

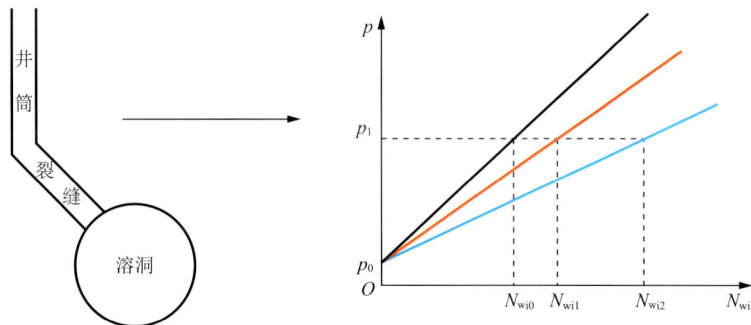

图 3-10   井-缝-洞模型注水指示曲线(考虑裂缝综合压缩系数影响)

（3）井-洞-缝-洞模型。

井-洞-缝-洞模型的条件设定：双溶洞模型，裂缝只起导流作用，溶洞为主要的储集体，忽略裂缝的储集性能。该模型的表达式如下：

$$p = \begin{cases} \dfrac{N_{wi}}{N_1 B_{oi} C_o} + p_0 & N_{wi} \leqslant N_{wo} \\[3mm] \dfrac{N_{wi} - N_{wo}}{N_1 B_{oi} C_o + N_2 B_{oi} C_o} + \dfrac{N_{wo}}{N_1 B_{oi} C_o} + p_0 & N_{wi} > N_{wo} \end{cases} \tag{3-7}$$

式中 N_{wo}——产出水量，m^3；

N_1——溶洞 1 储量，m^3；

N_2——溶洞 2 储量，m^3。

该模型中增加了溶洞 2，其注水指示曲线变化图版如图 3-11 所示。由图可知，注入水波及第 2 个溶洞后，地层体积变大，弹性能量增加，吸水能力变强，注水指示曲线斜率减小。

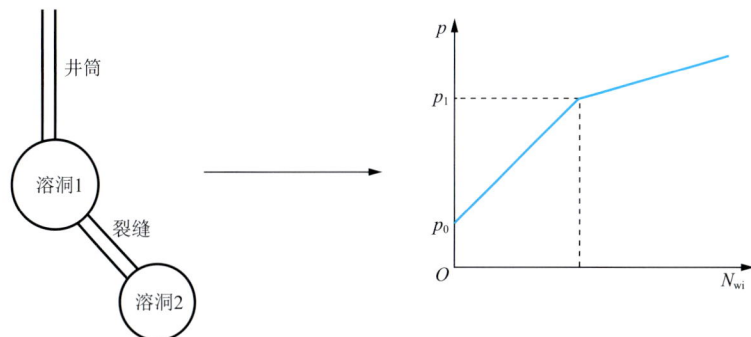

图 3-11   井-洞-缝-洞模型注水指示曲线(考虑溶洞 2 的体积)

3.2 注水指示曲线模型的建立

3.2.1 单缝与双溶洞组合模型

1）单缝与双溶洞组合模型注水指示曲线推导

模型假设：封闭定容油藏，油井钻遇溶洞，连接方式为井-洞-缝-洞（故也可称为井-洞-缝-洞模型），单井控制储集体；溶洞为刚性储集体，考虑水、油、裂缝系统的压缩系数，储集体中有水，注入水后整个储集系统瞬时快速达到稳定，油藏压力变化与油井井口压力变化近似相同。

分别考虑裂缝与溶洞储集体注入水后压力的变化情况。根据假设可知，注入水后整个储集系统瞬时快速达到稳定。在井-缝-洞模型的基础上增加 1 个溶洞的连接（图 3-12），设裂缝部分所占总体积的比例为 α，溶洞 1 部分所占总体积的比例为 β，同时考虑流体水和储层岩石的弹性能量。

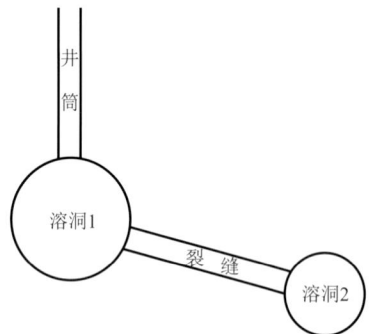

图 3-12　单缝与双溶洞组合模型

当 $N_{wi} \leqslant N_{wo}$ 时，注入水尚未波及溶洞 2，只是注入第 1 套缝洞系统，此时符合井-缝-洞模型的条件，其表达式如下：

$$p = \frac{N_{wi} B_w}{N B_{oi}(\alpha + \beta)(\alpha C_{cf} + \beta R_1 C_w + C_o)} + p_0 \tag{3-8}$$

式中　R_1——溶洞 1 的水油比。

当 $N_{wi} > N_{wo}$ 时，注入水波及溶洞 2，此时需要考虑第 1 套缝洞系统对其的影响。

对于裂缝系统，原始地层条件下裂缝的孔隙体积为 V_{pf}，原油体积为 V_{of}，地层水体积为 V_{wf}，则：

$$V_{pf} = V_{of} + V_{wf} \tag{3-9}$$

其中，V_{of} 和 V_{wf} 与裂缝含油饱和度 S_{of} 满足以下关系：

$$S_{of} = \frac{V_{of}}{V_{of} + V_{wf}} \tag{3-10}$$

当油藏注入一定的水量（N_{wi}）后，油藏压力上升值 $\Delta p = p - p_0$。对于封闭油藏，油藏孔隙体积会因为压力上升而增加，而油藏中的束缚水体积会因为压力上升而下降。

裂缝部分孔隙体积的增加量 ΔV_{pf} 为：

$$\Delta V_{pf} = V_{pf} C_{pf} \Delta p \tag{3-11}$$

式中　C_{pf}——裂缝系统岩石的压缩系数，MPa^{-1}。

根据压缩系数的定义，裂缝部分地层水的变化量 ΔV_{wf} 为：

$$\Delta V_{wf} = V_{wf} C_w \Delta p \tag{3-12}$$

裂缝体积的增加和裂缝中地层水体积的减少都将使裂缝部分原油体积增加。裂缝系统由于压力上升，裂缝中原油体积变为：

$$V_{cf} = V_{cif} + V_{pf} + \Delta V_{wf} \tag{3-13}$$

式中　V_{cf}——油藏中裂缝部分原油体积，m^3；

　　　V_{cif}——地层中裂缝部分原油原始体积，m^3。

将式(3-11)和式(3-12)代入式(3-13)可得：

$$V_{cf} = V_{cif} + V_{pf} C_{pf} \Delta p + V_{wf} C_w \Delta p \tag{3-14}$$

裂缝部分孔隙体积为：

$$V_{pf} = \frac{1}{1 - S_w} V_{cif} \tag{3-15}$$

式中　S_w——含水饱和度。

裂缝部分地层水体积为：

$$V_{wf} = \frac{S_w}{1 - S_w} V_{cif} \tag{3-16}$$

将式(3-15)和式(3-16)代入式(3-14)，得到裂缝部分原油体积 V_{cf} 与压力之间的关系式：

$$V_{cf} = V_{cif} \left(1 + \frac{C_{cf} + S_w C_w}{1 - S_w} \Delta p \right) = V_{cif} (1 + C_{cf} \Delta p) \tag{3-17}$$

对于溶洞系统，当油藏注入一定的水量(N_{wi})并波及溶洞 2 后，油藏压力从原始地层压力 p_0 上升到目前的地层压力 p，油藏压力上升值 $\Delta p = p - p_0$。

溶洞 1 地层水的压缩量 ΔV_{wr1} 为：

$$\Delta V_{wr1} = V_{wir1} C_w \Delta p \tag{3-18}$$

溶洞 2 地层水的压缩量 ΔV_{wr2} 为：

$$\Delta V_{wr2} = V_{wir2} C_w \Delta p \tag{3-19}$$

所以，溶洞系统地层水的压缩量为：

$$\Delta V_{wr} = V_{wir1} C_w \Delta p + V_{wir2} C_w \Delta p \tag{3-20}$$

式中　V_{wir1}——溶洞 1 地层水原始体积，m^3；

　　　V_{wir2}——溶洞 2 地层水原始体积，m^3。

溶洞系统压力上升到 p 时原油体积 V_{cr} 为：

$$V_{cr} = V_{cir1} + V_{cir2} + \Delta V_{wr} \tag{3-21}$$

式中　V_{cir1}——地层中溶洞 1 原油原始体积，m^3；

　　　V_{cir2}——地层中溶洞 2 原油原始体积，m^3。

将式(3-20)代入式(3-21)可得：

$$V_{cr} = V_{cir1} + V_{cir2} + V_{wir1} C_w \Delta p + V_{wir2} C_w \Delta p \tag{3-22}$$

由溶洞水油比 R 的定义可知：

$$V_{wir} = R V_{cir} \tag{3-23}$$

将式(3-23)代入式(3-22)可得：

$$\begin{aligned} V_{cr} &= V_{cir1} + V_{cir2} + R_1 V_{cir1} C_w \Delta p + R_2 V_{cir2} C_w \Delta p \\ &= V_{cir1} (1 + R_1 C_w \Delta p) + V_{cir2} (1 + R_2 C_w \Delta p) \end{aligned} \tag{3-24}$$

对于裂缝和溶洞整个系统，原油体积 V_c 与压力的变化关系为：

$$V_c = V_{cf} + V_{cr} = V_{cif}(1 + C_{cf}\Delta p) + V_{cir1}(1 + R_1 C_w \Delta p) + V_{cir2}(1 + R_2 C_w \Delta p)$$
$$= (V_{cif} + V_{cir1} + V_{cir2}) + V_{cif}C_{cf}\Delta p + V_{cir1}R_1 C_w \Delta p + V_{cir2}R_2 C_w \Delta p$$
$$= V_{ci} + V_{cif}C_{cf}\Delta p + V_{cir1}R_1 C_w \Delta p + V_{cir2}R_2 C_w \Delta p \tag{3-25}$$

式中　V_{ci}——地层中裂缝和溶洞原油原始体积，m^3。

由于裂缝部分所占总体积的比例为 α，溶洞 1 部分所占总体积的比例为 β，所以上式还可以写成：

$$V_c = V_{ci} + \alpha V_{ci}C_{cf}\Delta p + \beta V_{ci}R_1 C_w \Delta p + (1 - \alpha - \beta)V_{ci}R_2 C_w \Delta p$$
$$= V_{ci}\{1 + [\alpha C_{cf} + \beta R_1 C_w + (1 - \alpha - \beta)R_2 C_w]\Delta p\} \tag{3-26}$$

注入溶洞 2 的水占据的体积为 $(N_{wi} - N_{wo})B_w$，所以注入水后油藏中原油占据的体积为：

$$V_o = V_c - (N_{wi} - N_{wo})B_w$$
$$= V_{ci}\{1 + [\alpha C_{cf} + \beta R_1 C_w + (1 - \alpha - \beta)R_2 C_w]\Delta p\} - (N_{wi} - N_{wo})B_w \tag{3-27}$$

式（3-27）为封闭油藏开发过程中的原油体积计算公式。由该式可以看出，油藏中原油占据的体积随注入水的增多而不断减小。

假设原油占据的体积为：

$$V_{oi} = V_{ci} \tag{3-28}$$

将地下体积换算至地面体积，可得：

$$N = \frac{V_{oi}}{B_{oi}} = \frac{V_o}{B_o} \tag{3-29}$$

根据物质平衡原理，可得：

$$NB_o = V_o = V_{ci}\{1 + [\alpha C_{cf} + \beta R_1 C_w + (1 - \alpha - \beta)R_2 C_w]\Delta p\} - (N_{wi} - N_{wo})B_w$$

因此：

$$(N_{wi} - N_{wo})B_w = NB_{oi}\{1 + [\alpha C_{cf} + \beta R_1 C_w + (1 - \alpha - \beta)R_2 C_w]\Delta p\} - NB_o$$
$$= NB_{oi}[\alpha C_{cf} + \beta R_1 C_w + (1 - \alpha - \beta)R_2 C_w]\Delta p + N(B_{oi} - B_o) \tag{3-30}$$

由原油压缩系数的定义可知：

$$C_o = \frac{B_{oi} - B_o}{B_{oi}\Delta p} \tag{3-31}$$

将式（3-31）代入式（3-30）可得：

$$(N_{wi} - N_{wo})B_w = NB_{oi}\{1 + [\alpha C_{cf} + \beta R_1 C_w + (1 - \alpha - \beta)R_2 C_w]\Delta p\} - NB_o$$
$$= NB_{oi}[\alpha C_{cf} + \beta R_1 C_w + (1 - \alpha - \beta)R_2 C_w]\Delta p + NB_{oi}C_o\Delta p$$
$$= NB_{oi}[\alpha C_{cf} + \beta R_1 C_w + (1 - \alpha - \beta)R_2 C_w + C_o]\Delta p \tag{3-32}$$

从而得到：

$$\Delta p = \frac{(N_{wi} - N_{wo})B_w}{NB_{oi}[\alpha C_{cf} + \beta R_1 C_w + (1 - \alpha - \beta)R_2 C_w + C_o]} \tag{3-33}$$

将式（3-33）转换成压力形式为：

$$\Delta p = p - p_0 - \frac{N_{wo}B_w}{NB_{oi}(\alpha + \beta)(\alpha C_{cf} + \beta R_1 C_w + C_o)} \tag{3-34}$$

式中，$\dfrac{N_{wo}B_w}{NB_{oi}(\alpha + \beta)(\alpha C_{cf} + \beta R_1 C_w + C_o)}$ 为溶洞 1 对溶洞 2 压力的影响，进而得到：

$$p = \frac{(N_{wi} - N_{wo})B_w}{NB_{oi}[\alpha C_{cf} + \beta R_1 C_w + (1 - \alpha - \beta)R_2 C_w + C_o]} +$$

$$\frac{N_{\mathrm{wo}}B_{\mathrm{w}}}{NB_{\mathrm{oi}}(\alpha+\beta)(\alpha C_{\mathrm{cf}}+\beta R_1 C_{\mathrm{w}}+C_{\mathrm{o}})}+p_0$$

上式为注入水波及溶洞 2 时压力与累积注水量的关系式。结合式(3-8),单缝与双溶洞组合模型注水指示曲线的完整表达式可写成分段函数,即

$$p=\begin{cases}\dfrac{N_{\mathrm{wi}}B_{\mathrm{w}}}{NB_{\mathrm{oi}}(\alpha+\beta)(\alpha C_{\mathrm{cf}}+\beta R_1 C_{\mathrm{w}}+C_{\mathrm{o}})}+p_0 & N_{\mathrm{wi}}\leqslant N_{\mathrm{wo}}\\[3mm]\dfrac{(N_{\mathrm{wi}}-N_{\mathrm{wo}})B_{\mathrm{w}}}{NB_{\mathrm{oi}}[\alpha C_{\mathrm{cf}}+\beta R_1 C_{\mathrm{w}}+(1-\alpha-\beta)R_2 C_{\mathrm{w}}+C_{\mathrm{o}}]}+\\[3mm]\dfrac{N_{\mathrm{wo}}B_{\mathrm{w}}}{NB_{\mathrm{oi}}(\alpha+\beta)(\alpha C_{\mathrm{cf}}+\beta R_1 C_{\mathrm{w}}+C_{\mathrm{o}})}+p_0 & N_{\mathrm{wi}}>N_{\mathrm{wo}}\end{cases}\tag{3-35}$$

2) 单缝与双溶洞组合模型的参数敏感性分析

为了分析不同参数对单缝与双溶洞模型注水指示曲线的影响,采用改变 1 个参数而固定其他参数的方式,绘制相应曲线,并通过对曲线形态与斜率等的分析,实现参数的敏感性评价。

(1) 溶洞 1 体积敏感性分析。

根据式(3-35),固定其他参数,改变溶洞 1 的体积大小,得到溶洞 1 体积 V_1 的敏感性分析曲线,如图 3-13 所示。

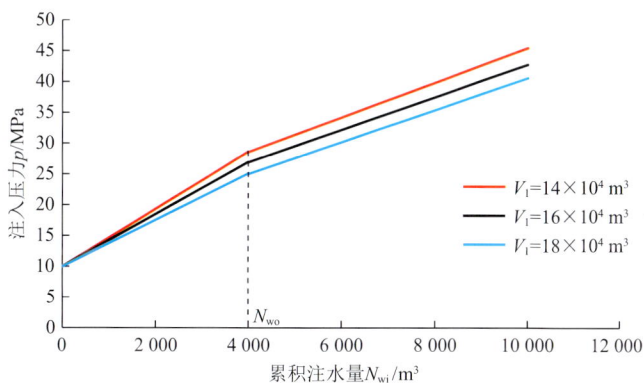

图 3-13　溶洞 1 体积敏感性分析曲线

关键参数的取值为:$B_{\mathrm{w}}=0.98$,$B_{\mathrm{oi}}=1.15$,$N_{\mathrm{wo}}=4\,000\ \mathrm{m}^3$,$R_1=0.1$,$R_2=0.2$,$C_{\mathrm{w}}=4\times10^{-4}\ \mathrm{MPa}^{-1}$,$C_{\mathrm{o}}=10\times10^{-4}\ \mathrm{MPa}^{-1}$,$C_{\mathrm{cf}}=14\times10^{-4}\ \mathrm{MPa}^{-1}$,$V_{\mathrm{cf}}=2\times10^4\ \mathrm{m}^3$,$V_2=10\times10^4\ \mathrm{m}^3$。

由图 3-13 可以看出,当累积注水量小于 N_{wo} 时,注入水尚未波及溶洞 2,随着溶洞 1 体积的增大,地层弹性能量增大,造成吸水量增大,曲线斜率减小;当累积注水量大于 N_{wo} 时,注入水波及溶洞 2,因为溶洞 2 的体积不变,曲线形态主要受溶洞 1 体积变化的影响,随着溶洞 1 体积的增大,第 2 阶段曲线的斜率减小。

(2) 溶洞 2 体积敏感性分析。

固定其他参数,改变溶洞 2 的体积大小,得到溶洞 2 体积 V_2 的敏感性分析曲线,如图 3-14 所示。

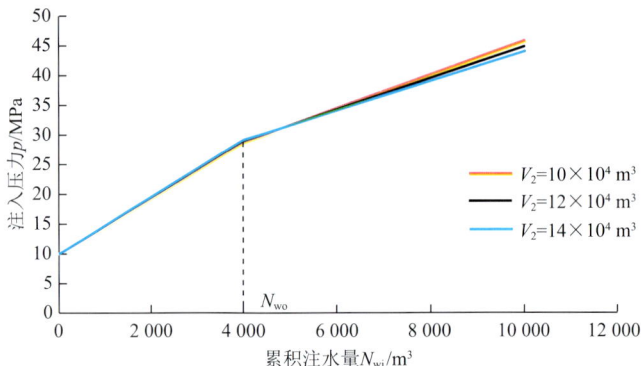

图 3-14　溶洞 2 体积敏感性分析曲线

关键参数的取值为：$B_w = 0.98$，$B_{oi} = 1.15$，$N_{wo} = 4\,000$ m³，$R_1 = 0.1$，$R_2 = 0.2$，$C_w = 4 \times 10^{-4}$ MPa⁻¹，$C_o = 10 \times 10^{-4}$ MPa⁻¹，$C_{cf} = 14 \times 10^{-4}$ MPa⁻¹，$V_{cf} = 2 \times 10^4$ m³，$V_1 = 14 \times 10^4$ m³。

由图 3-14 可以看出，在溶洞 1 的原始条件相同的情况下，当累积注水量小于 N_{wo} 时，注入水尚未波及溶洞 2，曲线反映溶洞 1 的特征，不同溶洞 2 体积对应的曲线重叠成一条直线；当累积注水量大于 N_{wo} 时，曲线同时反映 2 个溶洞的特征，理论上溶洞 2 的体积越大，第 2 阶段水更容易注入，地层吸水量变大，曲线斜率减小，但是从第 2 阶段不同曲线斜率减小的幅度和斜率大小来看，并不是很明显。

对比图 3-13 和图 3-14 中溶洞 1 和溶洞 2 体积大小对注水指示曲线的影响可以发现，虽然溶洞 1 和溶洞 2 的体积变化量均为 2×10^4 m³，但是影响的程度不一样。溶洞 1 的曲线斜率幅度的变化比溶洞 2 的曲线斜率幅度的变化明显，说明溶洞 1 的体积对此模型的注水指示曲线变化影响更大。这是因为第 1 阶段曲线仅受溶洞 1 体积的影响，此时改变溶洞 1 的体积对系统总体积的改变影响较大，导致斜率出现大幅度的改变；第 2 阶段曲线斜率受溶洞 1 和溶洞 2 弹性能量的共同作用影响，此时改变溶洞 2 的体积对系统总体积的改变影响较小，导致斜率变化不明显。

（3）裂缝体积敏感性分析。

固定与油井直接沟通的第 1 个溶洞储集体和间接沟通的第 2 个溶洞储集体的体积，改变2 个溶洞之间连接的裂缝的体积大小，得到裂缝体积 V_f 敏感性分析曲线，如图 3-15 所示。

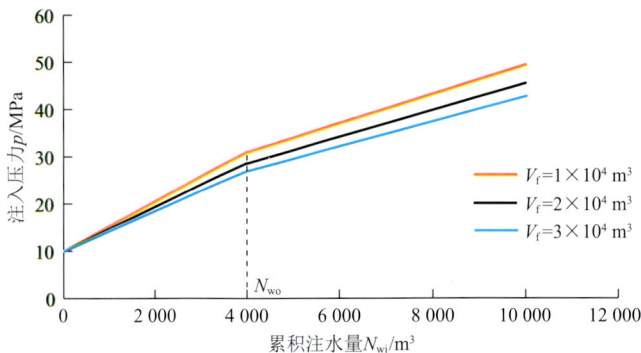

图 3-15　裂缝体积敏感性分析曲线

关键参数的取值为：$B_w=0.98$，$B_{oi}=1.15$，$N_{wo}=4\,000$ m^3，$R_1=0.1$，$R_2=0.2$，$C_w=4\times10^{-4}$ MPa^{-1}，$C_o=10\times10^{-4}$ MPa^{-1}，$C_{cf}=14\times10^{-4}$ MPa^{-1}，$V_1=14\times10^4$ m^3，$V_2=10\times10^4$ m^3。

由图 3-15 可以看出，当累积注水量小于 N_{wo} 时，随着裂缝体积的增大，曲线斜率减小，地层吸水量相应增大，裂缝系统由于自身的可压缩性，其综合弹性压缩系数比溶洞大；当累积注水量大于 N_{wo} 时，随着裂缝体积的增大，地层弹性能量相应增大，水更容易注入，地层吸水量增大，曲线斜率减小。从曲线的斜率变化可以看出，裂缝体积对模型各阶段均有影响，因此在曲线分析过程中，裂缝体积不能忽略。

（4）波及溶洞 2 最小注水量敏感性分析。

波及溶洞 2 最小注水量 N_{wo} 敏感性分析曲线如图 3-16 所示。

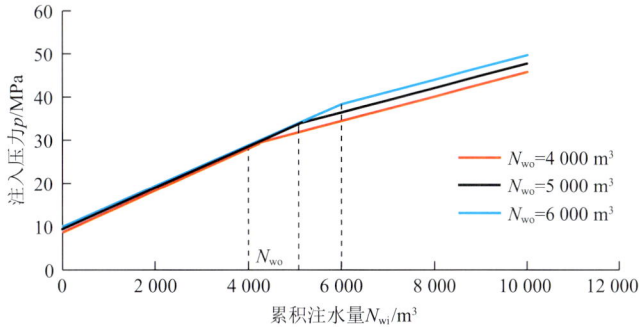

图 3-16　波及溶洞 2 最小注水量敏感性分析曲线

关键参数的取值为：$B_w=0.98$，$B_{oi}=1.15$，$R_1=0.1$，$R_2=0.2$，$C_w=4\times10^{-4}$ MPa^{-1}，$C_o=10\times10^{-4}$ MPa^{-1}，$C_{cf}=14\times10^{-4}$ MPa^{-1}，$V_1=14\times10^4$ m^3，$V_2=10\times10^4$ m^3，$V_{cf}=2\times10^4$ m^3。

由图 3-16 可以看出，波及溶洞 2 最小注水量 N_{wo} 越大，曲线出现拐点时对应的压力越大，但对注水指示曲线的斜率没有影响，说明当 N_{wo} 增大时，吸水量不变，地层弹性能量增大，压力升高。

（5）溶洞 1 水油比参数敏感性分析。

溶洞 1 水油比 R_1 敏感性分析曲线如图 3-17 所示。

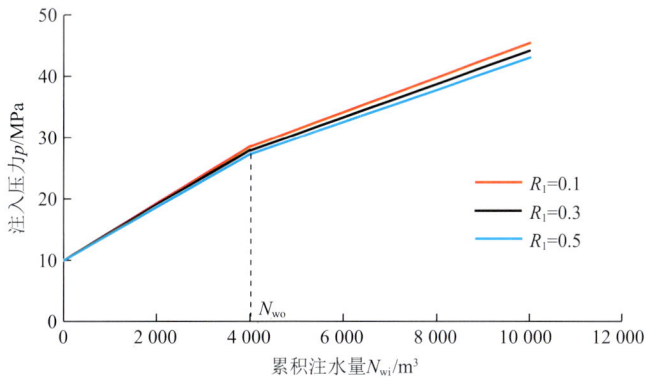

图 3-17　溶洞 1 水油比敏感性分析曲线

关键参数的取值为：$B_w = 0.98$，$B_{oi} = 1.15$，$R_2 = 0.2$，$C_w = 4 \times 10^{-4}$ MPa^{-1}，$C_o = 10 \times 10^{-4}$ MPa^{-1}，$C_{cf} = 14 \times 10^{-4}$ MPa^{-1}，$V_1 = 14 \times 10^4$ m^3，$V_2 = 10 \times 10^4$ m^3，$V_{cf} = 2 \times 10^4$ m^3。

由图 3-17 可以看出，当累积注水量小于 N_{wo} 时，随着溶洞 1 水油比的增大，曲线斜率减小，地层吸水量相应变大，但是变化不明显；当累积注水量大于 N_{wo} 时，随着溶洞 1 水油比的增大，地层弹性能量相应增大，水比较容易注入，地层吸水量变大，曲线斜率减小。

对比图 3-17 和图 3-13，可以直观地看出，同样是溶洞 1 参数的变化，溶洞 1 体积与水油比 2 个参数影响的程度不一样，溶洞 1 体积对注水指示曲线的影响比溶洞 1 水油比对注水指示曲线的影响大，溶洞 1 体积变化对应的曲线斜率幅度的变化比溶洞 1 水油比对应的曲线斜率幅度的变化明显，2 个参数对注水的 2 个阶段都有影响。

将水油比变化范围扩大，可绘制如图 3-18 所示的溶洞 1 水油比图版。图 3-18 中不同水油比对应的曲线不同，但曲线变化幅度近似，可以用于估算真实的水油比。

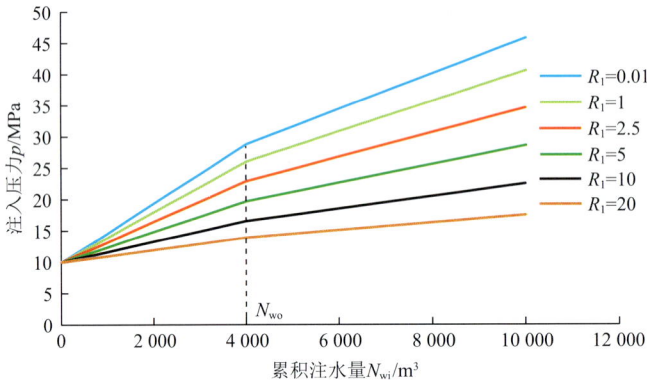

图 3-18　溶洞 1 水油比图版

（6）溶洞 2 水油比敏感性分析。

溶洞 2 水油比 R_2 敏感性分析曲线如图 3-19 所示。

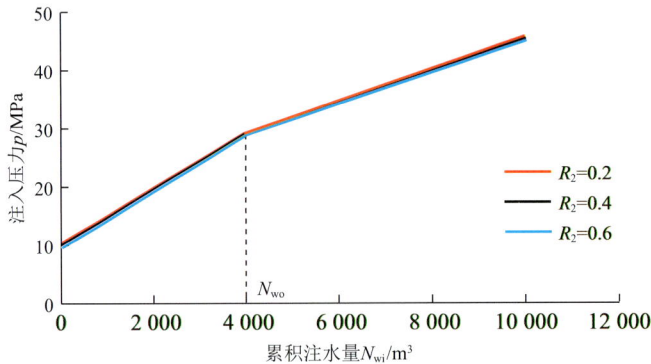

图 3-19　溶洞 2 水油比敏感性分析曲线

关键参数的取值为：$B_w = 0.98$，$B_{oi} = 1.15$，$R_1 = 0.1$，$C_w = 4 \times 10^{-4}$ MPa^{-1}，$C_o = 10 \times 10^{-4}$ MPa^{-1}，$C_{cf} = 14 \times 10^{-4}$ MPa^{-1}，$V_1 = 14 \times 10^4$ m^3，$V_2 = 10 \times 10^4$ m^3，$V_{cf} = 2 \times 10^4$ m^3。

由图 3-19 可以看出，当累积注水量小于 N_{wo} 时，不同溶洞 2 水油比对应的曲线相同；当累积注水量大于 N_{wo} 时，随着溶洞 2 水油比的增大，地层弹性能量稍微增大，注水指示曲线的变化不是很明显。这表明溶洞 2 水油比的大小对模型各阶段的影响比较小。

对比图 3-17 和图 3-19 中溶洞 1 水油比和溶洞 2 水油比对注水指示曲线的影响可以发现，虽然两图中水油比的变化量都是 0.2，但是影响的程度不同，图 3-17 中曲线斜率幅度的变化比图 3-19 中曲线斜率幅度的变化明显，说明溶洞 1 的水油比比溶洞 2 的水油比对此模型的注水指示曲线影响大，前者对注水的整个过程都有影响，后者仅对第 2 阶段有影响。

（7）溶洞 1 和 2 体积占比敏感性分析。

在保持整个模型的缝洞系统的总体积 V 不变的情况下，固定溶洞 2 体积占总体积的比例，改变裂缝体积、溶洞 1 体积占总体积的比例，得到溶洞 1 和溶洞 2 体积占比敏感性分析曲线，如图 3-20 所示。

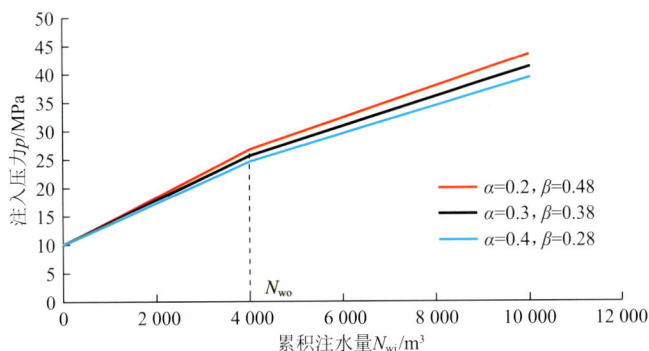

图 3-20　溶洞 1 和 2 体积占比敏感性分析曲线

关键参数的取值为：$B_{w} = 0.98$，$B_{oi} = 1.15$，$N_{wo} = 4\ 000\ m^3$，$R_1 = 0.1$，$R_2 = 0.2$，$C_w = 4 \times 10^{-4}\ MPa^{-1}$，$C_o = 10 \times 10^{-4}\ MPa^{-1}$，$C_{cf} = 9 \times 10^{-4}\ MPa^{-1}$，$V = 25 \times 10^4\ m^3$。

由图 3-20 可以看出，当累积注水量小于 N_{wo} 时，随着裂缝体积占总体积的比例 α 的增大，溶洞 1 体积占总体积的比例 β 相应减小，注水指示曲线第 1 阶段斜率逐渐减小，地层弹性能量增加，吸水量增加；当累积注水量大于 N_{wo} 时，虽然溶洞 2 体积不变，但是受裂缝和溶洞 1 体积的共同作用，注水指示曲线第 2 阶段同样满足随着 α 的增大，β 逐渐减小，曲线斜率变小，地层弹性能量增加，吸水量增加。

3）纯油条件下单缝与双溶洞组合模型注水指示曲线推导

模型假设：封闭定容油藏，油井钻遇溶洞，连接方式为井-洞-缝-洞，单井控制储集体；溶洞为刚性储集体，考虑油、裂缝系统的压缩系数，储集体中没有水，注入水后整个储集系统瞬时快速达到稳定，油藏压力变化与油井井口压力变化近似相同。

分别考虑裂缝与溶洞储集体注入水后压力的变化情况。根据假设可知，注入水后整个储集系统瞬时快速达到稳定。在井-缝-洞模型的基础上增加 1 个溶洞的连接（图 3-12），设裂缝部分所占总体积的比例为 α，溶洞 1 部分所占总体积的比例为 β，考虑储层岩石的弹性能量。

当 $N_{wi} \leqslant N_{wo}$ 时，注入水尚未波及溶洞 2，只是注入第 1 套缝洞系统，此时符合井-缝-洞模型的条件，其表达式如下：

$$p = \frac{N_{wi}}{NB_{oi}(\alpha + \beta)(\alpha C_{cf} + C_o)} + p_0 \tag{3-36}$$

当 $N_{wi} > N_{wo}$ 时，注入水波及溶洞 2，此时需要考虑第 1 套缝洞系统对其的影响。

对于裂缝系统，原始地层条件下裂缝的体积为 V_{pf}，原油体积为 V_{of}，则：

$$V_{pf} = V_{of} \tag{3-37}$$

当油藏注入一定的水量（N_{wi}）后，油藏压力上升值 $\Delta p = p - p_i$。对于封闭油藏，油藏孔隙体积会因为压力上升而增加。

裂缝部分孔隙体积的增加量 ΔV_{pf} 为：

$$\Delta V_{pf} = V_{pf} C_{pf} \Delta p \tag{3-38}$$

裂缝体积的增加造成裂缝部分油藏体积的变化。裂缝系统由于压力上升，裂缝中原油体积变为：

$$V_{cf} = V_{cif} + \Delta V_{pf} \tag{3-39}$$

将式（3-38）代入式（3-39）可得：

$$V_{cf} = V_{cif} + V_{pf} C_{pf} \Delta p \tag{3-40}$$

对于双溶洞系统，当油藏注入一定的水量（N_{wi}）并波及溶洞 2 后，油藏压力从原始地层压力 p_0 上升到目前的地层压力 p，油藏压力上升值 $\Delta p = p - p_0$。

由于油藏溶洞岩石为刚性储集体，则溶洞系统压力上升到 p 时原油体积 V_{cr} 为：

$$V_{cr} = V_{cir1} + V_{cir2} \tag{3-41}$$

对于裂缝和溶洞整个系统，原油体积 V_c 与压力的变化关系为：

$$V_c = V_{cf} + V_{cr} = V_{cif} + V_{pf} C_{pf} \Delta p + V_{cir1} + V_{cir2}$$
$$= (V_{cif} + V_{cir1} + V_{cir2}) + V_{pf} C_{pf} \Delta p = V_{ci} + V_{pf} C_{pf} \Delta p \tag{3-42}$$

由于裂缝部分所占总体积的比例为 α，溶洞 1 部分所占总体积的比例为 β，所以上式还可以写成：

$$V_c = V_{ci} + \alpha V_{ci} C_{pf} \Delta p \tag{3-43}$$

注入溶洞 2 的水占据的体积为 $N_{wi} - N_{wo}$，所以注入水后油藏中原油占据的体积为：

$$V_o = V_c - (N_{wi} - N_{wo}) = V_{ci} + \alpha V_{ci} C_{pf} \Delta p - (N_{wi} - N_{wo}) \tag{3-44}$$

式（3-44）为封闭油藏开发过程中的原油体积计算公式。由该式可以看出，油藏中原油占据的体积随注入水的增多而不断减小。

假设原油占据的体积为：

$$V_{oi} = V_{ci} \tag{3-45}$$

将地下体积换算至地面体积，可得：

$$N = \frac{V_{oi}}{B_{oi}} = \frac{V_o}{B_o} \tag{3-46}$$

根据物质平衡原理，可得：

$$NB_o = V_o = V_{ci} + \alpha V_{ci} C_{pf} \Delta p - (N_{wi} - N_{wo})$$
$$N_{wi} - N_{wo} = N(B_{oi} - B_o) + NB_{oi} \alpha C_{pf} \Delta p \tag{3-47}$$

由原油压缩系数的定义可知：

$$C_o = \frac{B_{oi} - B_o}{B_{oi} \Delta p} \tag{3-48}$$

将式（3-48）代入式（3-47）可得：

$$N_{wi} - N_{wo} = NB_{oi} \alpha C_{pf} \Delta p + NB_{oi} C_o \Delta p = NB_{oi} (\alpha C_{pf} + C_o) \Delta p \tag{3-49}$$

从而得到：

$$\Delta p = \frac{N_{wi} - N_{wo}}{NB_{oi}(\alpha C_{pf} + C_o)} \quad\quad (3\text{-}50)$$

将式(3-50)转换成压力形式为：

$$\Delta p = p - p_0 - \frac{N_{wo}}{NB_{oi}(\alpha + \beta)(\alpha C_{pf} + C_o)} \quad\quad (3\text{-}51)$$

式中，$\dfrac{N_{wo}}{NB_{oi}(\alpha + \beta)(\alpha C_{pf} + C_o)}$ 为溶洞 1 对溶洞 2 压力的影响，进而得到：

$$p = \frac{N_{wi} - N_{wo}}{NB_{oi}(\alpha C_{pf} + C_o)} + \frac{N_{wo}}{NB_{oi}(\alpha + \beta)(\alpha C_{pf} + C_o)} + p_0$$

上式为注入水波及溶洞 2 时压力与累积注水量的关系式。结合式(3-36)，纯油条件下单缝与双溶洞组合模型注水指示曲线的完整表达式可写成分段函数，即

$$p = \begin{cases} \dfrac{N_{wi}}{NB_{oi}(\alpha + \beta)(\alpha C_{pf} + C_o)} + p_0 & N_{wi} \leqslant N_{wo} \\[4mm] \dfrac{N_{wi} - N_{wo}}{NB_{oi}(\alpha C_{pf} + C_o)} + \dfrac{N_{wo}}{NB_{oi}(\alpha + \beta)(\alpha C_{pf} + C_o)} + p_0 & N_{wi} > N_{wo} \end{cases} \quad (3\text{-}52)$$

3.2.2　双缝与双溶洞串联组合模型

1）双缝与双溶洞串联组合模型注水指示曲线推导

模型假设：封闭定容油藏；油井钻遇裂缝，连接方式为井-缝-洞-缝-洞，单井控制储集体；溶洞为刚性储集体，考虑水、油、裂缝系统的压缩系数，储集体中有水，注入水后整个储集系统瞬时快速达到稳定，油藏压力变化与油井井口压力变化近似相同。

相比于单缝与双溶洞组合模型，此模型增加了一套缝洞系统，且油井钻遇裂缝，连接双溶洞（图 3-21）。根据假设可知，注入水后整个储集系统瞬时快速达到稳定。设裂缝 1 部分所占总体积的比例为 α，溶洞 1 部分所占总体积的比例为 β，2 个裂缝系统的体积比 $\dfrac{V_{cif2}}{V_{cif1}} = \lambda$，所以溶洞 2 部分所占总体积的比例为 $1 - \alpha - \beta - \alpha\lambda$，同时考虑流体水和储层岩石的弹性能量。

当 $N_{wi} \leqslant N_{wo}$ 时，注入水尚未波及第 2 套缝洞系统，只是注入第 1 套缝洞系统，此时符合井-缝-洞模型的条件，其表达式与式(3-8)相同，即

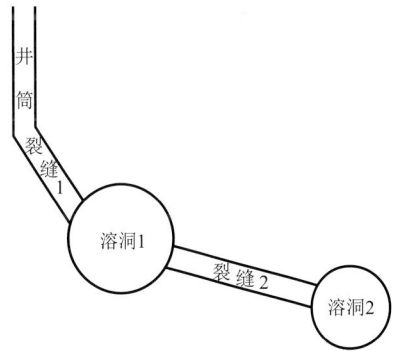

图 3-21　双缝与双溶洞串联组合模型

$$p = \frac{N_{wi}B_w}{NB_{oi}(\alpha + \beta)(\alpha C_{cf} + \beta R_1 C_w + C_o)} + p_0$$

当 $N_{wi} > N_{wo}$ 时，注入水波及第 2 套缝洞系统，此时需要考虑第 1 套缝洞系统对其的影响。

对于裂缝系统，虽然此模型中 2 套缝洞结构位于不同的空间，但注入水后整个储集系统瞬时快速达到稳定，即缝洞系统的总体积变化量为 2 套缝洞结构体积变化量之和，据此

可推导裂缝系统的体积变化公式。

原始地层条件下裂缝的体积为 V_{pf}，原油体积为 V_{of}，地层水体积为 V_{wf}，则：

$$V_{pf} = V_{of} + V_{wf} \tag{3-53}$$

其中，V_{of} 和 V_{wf} 与裂缝含油饱和度 S_{of} 满足以下关系：

$$S_{of} = \frac{V_{of}}{V_{cf} + V_{wf}} \tag{3-54}$$

当油藏注入一定的水量（N_{wi}）后，油藏压力上升值 $\Delta p = p - p_0$。对于封闭油藏，油藏孔隙体积会因为压力上升而增加，而油藏中的束缚水体积会因为压力上升而下降。

裂缝 1 和 2 部分孔隙体积的增加量 ΔV_{pf1} 和 ΔV_{pf2} 为：

$$\Delta V_{pf1} = V_{pf1} C_{pf} \Delta p \tag{3-55}$$

$$\Delta V_{pf2} = V_{pf2} C_{pf} \Delta p \tag{3-56}$$

裂缝 1 和 2 部分地层水的压缩量 ΔV_{wf1} 和 ΔV_{wf2} 为：

$$\Delta V_{wf1} = V_{wf1} C_w \Delta p \tag{3-57}$$

$$\Delta V_{wf2} = V_{wf2} C_w \Delta p \tag{3-58}$$

裂缝孔隙体积的增加和地层水体积的减少都将使裂缝部分原油体积增大。裂缝系统压力上升到 P 时各部分原油体积 V_{cf1} 和 V_{cf2} 为：

$$V_{cf1} = V_{cif1} + \Delta V_{pf1} + \Delta V_{wf1} \tag{3-59}$$

$$V_{cf2} = V_{cif2} + \Delta V_{pf2} + \Delta V_{wf2} \tag{3-60}$$

式中　V_{cif1}——地层中裂缝 1 部分原油原始体积，m^3；

　　　V_{cif2}——地层中裂缝 2 部分原油原始体积，m^3。

将式(3-55)、式(3-57)代入式(3-59)，将式(3-56)、式(3-58)代入式(3-60)，相加可得：

$$V_{cf} = V_{cif1} + V_{cif2} + V_{pf1} C_{pf} \Delta p + V_{wf1} C_w \Delta p + V_{pf2} C_{pf} \Delta p + V_{wf2} C_w \Delta p \tag{3-61}$$

裂缝 1 和 2 部分孔隙体积为：

$$V_{pf1} = \frac{V_{cif1}}{1 - S_{w1}} \tag{3-62}$$

$$V_{pf2} = \frac{V_{cif2}}{1 - S_{w2}} \tag{3-63}$$

式中　S_{w1}——裂缝 1 含水饱和度；

　　　S_{w2}——裂缝 2 含水饱和度。

裂缝 1 和 2 部分地层水体积为：

$$V_{wf1} = \frac{S_{w1}}{1 - S_{w1}} V_{cif1} \tag{3-64}$$

$$V_{wf2} = \frac{S_{w2}}{1 - S_{w2}} V_{cif2} \tag{3-65}$$

因为以上公式是以裂缝体积变化为基础推导的，所以根据推导结果，裂缝 1 部分原油体积与压力之间的关系式为：

$$V_{cf1} = V_{cif1} \left(1 + \frac{C_{pf} + S_{w1} C_w}{1 - S_{w1}} \Delta p \right) = V_{cif1} (1 + C_{cf1} \Delta p) \tag{3-66}$$

裂缝 2 部分原油体积与压力之间的关系式为：

$$V_{cf2} = V_{cif2} \left(1 + \frac{C_{pf} + S_{w2} C_w}{1 - S_{w2}} \Delta p \right) = V_{cif2} (1 + C_{cf2} \Delta p) \tag{3-67}$$

故裂缝部分原油体积与压力之间的关系式为：

$$V_{cf} = V_{cif1}(1 + C_{cf1}\Delta p) + V_{cif2}(1 + C_{cf2}\Delta p)\tag{3-68}$$

式中　C_{cf1}——裂缝 1 体积压缩系数，MPa^{-1}；

　　　C_{cf2}——裂缝 2 体积压缩系数，MPa^{-1}。

对于溶洞系统，原始地层条件下溶洞的体积为 V_{pr}，原油体积为 V_{or}，地层水体积为 V_{wr}，则：

$$V_{pr} = V_{or} + V_{wr}\tag{3-69}$$

由于油藏溶洞岩石为刚性储集体，溶洞 1 和 2 部分地层水的压缩量 ΔV_{wr1} 和 ΔV_{wr2} 为：

$$\Delta V_{wr1} = V_{wir1}C_w\Delta p\tag{3-70}$$

$$\Delta V_{wr2} = V_{wir2}C_w\Delta p\tag{3-71}$$

溶洞系统压力上升到 p 时原油体积 V_{cr} 为：

$$V_{cr} = V_{cir} + \Delta V_{wr1} + \Delta V_{wr2}\tag{3-72}$$

将式(3-70)、式(3-71)代入式(3-72)可得：

$$V_{cr} = V_{cir} + V_{wir1}C_w\Delta p + V_{wir2}C_w\Delta p\tag{3-73}$$

由溶洞水油比 R 的定义可知：

$$V_{wir} = RV_{cir}\tag{3-74}$$

因为以上公式是以溶洞系统体积变化为基础推导的，所以根据推导结果，溶洞 1 部分原油体积与压力之间的关系式为：

$$V_{cr1} = V_{cir1}(1 + R_1C_w\Delta p)\tag{3-75}$$

溶洞 2 部分原油体积与压力之间的关系式为：

$$V_{cr2} = V_{cir2}(1 + R_2C_w\Delta p)\tag{3-76}$$

故溶洞部分原油体积与压力之间的关系式为：

$$V_{cr} = V_{cir1}(1 + R_1C_w\Delta p) + V_{cir2}(1 + R_2C_w\Delta p)\tag{3-77}$$

通过以上分析可以得出，裂缝和溶洞整个系统的原油体积 V_c 与压力之间的关系式为：

$$\begin{aligned}V_c &= V_{cf} + V_{cr} = V_{cif1}(1 + C_{cf1}\Delta p) + V_{cif2}(1 + C_{cf2}\Delta p) +\\&\quad V_{cir1}(1 + R_1C_w\Delta p) + V_{cir2}(1 + R_2C_w\Delta p)\\&= V_{ci} + V_{cif1}C_{cf1}\Delta p + \lambda V_{cif1}C_{cf2}\Delta p + V_{cir1}R_1C_w\Delta p + V_{cir2}R_2C_w\Delta p\end{aligned}\tag{3-78}$$

根据假设条件，上式还可以进一步写成：

$$\begin{aligned}V_c &= V_{ci} + \alpha V_{ci}C_{cf1}\Delta p + \lambda\alpha V_{ci}C_{cf2}\Delta p +\\&\quad \beta V_{ci}R_1C_w\Delta p + (1 - \alpha - \beta - \alpha\lambda)V_{ci}R_2C_w\Delta p\end{aligned}\tag{3-79}$$

由于注入水占据的体积为 $(N_{wi} - N_{wo})B_w$，则注入水后油藏中原油体积 V_o 为：

$$\begin{aligned}V_o &= V_c - (N_{wi} - N_{wo})B_w\\&= V_{ci}\{1 + [\alpha C_{cf1} + \lambda\alpha C_{cf2} + \beta R_1C_w + (1 - \alpha - \beta - \alpha\lambda)R_2C_w]\Delta p\} -\\&\quad (N_{wi} - N_{wo})B_w\end{aligned}\tag{3-80}$$

式(3-80)即此模型对应的封闭油藏开发过程中原油体积的计算公式。由该式可以看出，油藏原油随注入水的增多而不断减少。

假设原油占据的体积为：

$$V_{oi} = V_{ci}\tag{3-81}$$

将地下体积换算至地面体积,可得:

$$N = \frac{V_{oi}}{B_{oi}} = \frac{V_{ci}}{B_{oi}} \tag{3-82}$$

根据物质平衡原理,可得:

$$
\begin{aligned}
N &= \frac{V_o}{B_o} \\
&= \frac{V_{ci}\{1 + [\alpha C_{cf1} + \lambda\alpha C_{cf2} + \beta R_1 C_w + (1-\alpha-\beta-\alpha\lambda)R_2 C_w]\Delta p\} - (N_{wi} - N_{wo})B_w}{B_o}
\end{aligned}
$$

$$
\begin{aligned}
NB_o + (N_{wi} - N_{wo})B_w &= NB_{oi}\{1 + [\alpha C_{cf1} + \lambda\alpha C_{cf2} + \beta R_1 C_w + (1-\alpha-\beta-\alpha\lambda)R_2 C_w]\Delta p\} \\
(N_{wi} - N_{wo})B_w &= NB_{oi}[\alpha C_{cf1} + \lambda\alpha C_{cf2} + \beta R_1 C_w + \\
&\quad (1-\alpha-\beta-\alpha\lambda)R_2 C_w]\Delta p + N(B_{oi} - B_o)
\end{aligned} \tag{3-83}
$$

由原油压缩系数的定义可知:

$$C_o = \frac{B_{oi} - B_o}{B_{oi}\Delta p} \tag{3-84}$$

将式(3-84)代入式(3-83)可得:

$$
\begin{aligned}
(N_{wi} - N_{wo})B_w &= NB_{oi}[\alpha C_{cf1} + \lambda\alpha C_{cf2} + \beta R_1 C_w + \\
&\quad (1-\alpha-\beta-\alpha\lambda)R_2 C_w]\Delta p + NB_{oi}C_o\Delta p \\
&= NB_{oi}[\alpha C_{cf1} + \lambda\alpha C_{cf2} + \beta R_1 C_w + (1-\alpha-\beta-\alpha\lambda)R_2 C_w + C_o]\Delta p
\end{aligned} \tag{3-85}
$$

再进行移项化简,可得:

$$\Delta p = \frac{(N_{wi} - N_{wo})B_w}{NB_{oi}[\alpha C_{cf1} + \lambda\alpha C_{cf2} + \beta R_1 C_w + (1-\alpha-\beta-\alpha\lambda)R_2 C_w + C_o]} \tag{3-86}$$

将式(3-86)转换成压力形式为:

$$\Delta p = p - p_0 - \frac{N_{wo}B_w}{NB_{oi}(\alpha+\beta)(\alpha C_{cf} + \beta R_1 C_w + C_o)}$$

进而得到:

$$
\begin{aligned}
p &= \frac{(N_{wi} - N_{wo})B_w}{NB_{oi}[\alpha C_{cf1} + \lambda\alpha C_{cf2} + \beta R_1 C_w + (1-\alpha-\beta-\alpha\lambda)R_2 C_w + C_o]} + \\
&\quad \frac{N_{wo}B_w}{NB_{oi}(\alpha+\beta)(\alpha C_{cf} + \beta R_1 C_w + C_o)} + p_0
\end{aligned} \tag{3-87}
$$

式(3-87)即双缝与双溶洞串联组合模型的注水指示曲线表达式,可以看出,曲线斜率不仅与原油地质储量有关,还与裂缝与溶洞中的储量比例大小、溶洞水油比等参数有关。该模型考虑的因素较为全面,因此在实际运用模型时也需要提供更为详细的参数,这些参数取值可以适当结合试井解释结果。式(3-87)还可写成如下分段函数:

$$
p = \begin{cases}
\dfrac{N_{wi}B_w}{NB_{oi}(\alpha+\beta)(\alpha C_{cf} + \beta R_1 C_w + C_o)} + p_0 & N_{wi} \leqslant N_{wo} \\[4mm]
\dfrac{(N_{wi} - N_{wo})B_w}{NB_{oi}[\alpha C_{cf1} + \lambda\alpha C_{cf2} + \beta R_1 C_w + (1-\alpha-\beta-\alpha\lambda)R_2 C_w + C_o]} + \\[2mm]
\dfrac{N_{wo}B_w}{NB_{oi}(\alpha+\beta)(\alpha C_{cf} + \beta R_1 C_w + C_o)} + p_0 & N_{wi} > N_{wo}
\end{cases} \tag{3-88}
$$

2）双缝与双溶洞串联组合模型的参数敏感性分析

为了分析不同参数对双缝与双溶洞串联组合模型注水指示曲线的影响，采用改变 1 个参数而固定其他参数的方式，绘制相应曲线，并通过对曲线形态与斜率等的分析，实现参数的敏感性评价。

（1）溶洞 1 体积敏感性分析。

根据式（3-88），固定其他参数，改变溶洞 1 的体积大小，得到溶洞 1 体积 V_1 敏感性分析曲线，如图 3-22 所示。

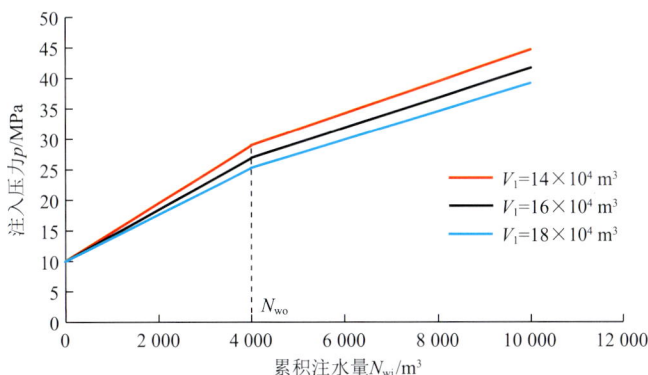

图 3-22　溶洞 1 体积敏感性分析曲线

关键参数的取值为：$B_w = 0.98$，$B_{oi} = 1.15$，$N_{wo} = 4\ 000\ m^3$，$R_1 = 0.1$，$R_2 = 0.2$，$C_w = 4 \times 10^{-4}\ MPa^{-1}$，$C_o = 10 \times 10^{-4}\ MPa^{-1}$，$C_{cf1} = C_{cf2} = 14 \times 10^{-4}\ MPa^{-1}$，$V_{cf1} = 2 \times 10^4\ m^3$，$V_{cf2} = 1 \times 10^4\ m^3$，$V_2 = 10 \times 10^4\ m^3$。

由图 3-22 可以看出，当累积注水量小于 N_{wo} 时，注入水未波及溶洞 2，此时随着溶洞 1 体积的增大，地层弹性能量增大，造成吸水量越大，曲线斜率减小；当累积注水量大于 N_{wo} 时，注入水波及溶洞 2，此时由于溶洞 2 的体积不变，曲线形态主要受溶洞 1 体积变化的影响，且曲线的变化趋势仍然满足随着溶洞 1 体积的增大，曲线斜率减小。

（2）溶洞 2 体积敏感性分析。

固定其他参数，改变溶洞 2 的体积大小，得到溶洞 2 体积 V_2 敏感性分析曲线，如图 3-23 所示。

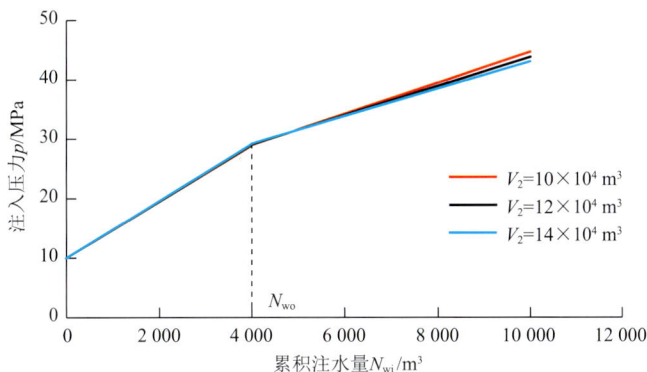

图 3-23　溶洞 2 体积参数敏感性分析

关键参数的取值为：$B_w = 0.98$，$B_{oi} = 1.15$，$N_{wo} = 4\ 000\ m^3$，$R_1 = 0.1$，$R_2 = 0.2$，$C_w = 4 \times 10^{-4}\ MPa^{-1}$，$C_o = 10 \times 10^{-4}\ MPa^{-1}$，$C_{cf1} = C_{cf2} = 14 \times 10^{-4}\ MPa^{-1}$，$V_{cf1} = 2 \times 10^4\ m^3$，$V_{cf2} = 1 \times 10^4\ m^3$，$V_1 = 14 \times 10^4\ m^3$。

由图 3-23 可以看出，当累积注水量小于 N_{wo} 时，不同溶洞 2 体积对应的曲线重叠成一条直线；当累积注水量大于 N_{wo} 时，理论上溶洞 2 的体积越大，即使裂缝 2 的体积不变，地层弹性能量也相应增加，水更容易注入，地层吸水量变大，曲线斜率减小。但是从第 2 阶段不同曲线斜率减小的幅度和斜率大小来看，并不是很明显。同时还可以看出，溶洞 2 体积的大小对整个系统的影响比较小，对第 1 阶段没有影响。

对比图 3-22 和图 3-23 中溶洞 1 和溶洞 2 体积大小对注水指示曲线的影响可以发现，虽然溶洞 1 和溶洞 2 的体积变化量都是 $2 \times 10^4\ m^3$，但是影响的程度不一样。与单缝与双溶洞组合模型类似，在裂缝体积不变的情况下，改变溶洞 1 体积的曲线斜率幅度的变化比改变溶洞 2 体积的曲线斜率幅度的变化明显。

（3）裂缝 1 体积敏感性分析。

双缝与双溶洞串联组合模型中包括 2 个裂缝，固定与井筒直接连接的裂缝 2 的体积，改变 2 个溶洞之间连接的裂缝 1 的体积大小，得到裂缝 1 体积 V_{cf1} 敏感性分析曲线，如图 3-24 所示。

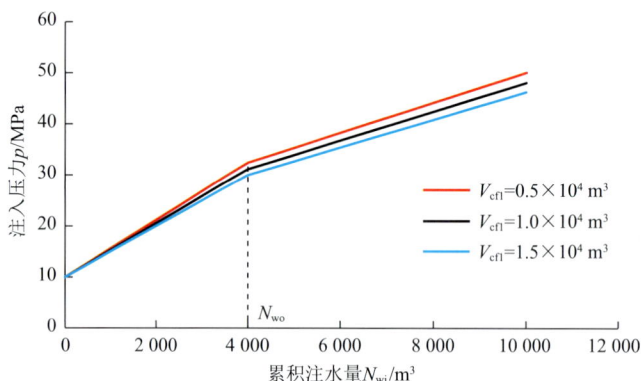

图 3-24　裂缝 1 体积敏感性分析曲线

关键参数的取值为：$B_w = 0.98$，$B_{oi} = 1.15$，$N_{wo} = 4\ 000\ m^3$，$R_1 = 0.1$，$R_2 = 0.2$，$C_w = 4 \times 10^{-4}\ MPa^{-1}$，$C_o = 10 \times 10^{-4}\ MPa^{-1}$，$C_{cf1} = C_{cf2} = 14 \times 10^{-4}\ MPa^{-1}$，$V_{cf2} = 1 \times 10^4\ m^3$，$V_1 = 14 \times 10^4\ m^3$，$V_2 = 10 \times 10^4\ m^3$。

由图 3-24 可以看出，当累积注水量小于 N_{wo} 时，随着裂缝 1 体积的增大，曲线斜率减小，地层吸水量相应增大；当累积注水量大于 N_{wo} 时，随着裂缝 1 体积的增大，地层弹性能量相应增大，水更容易注入，地层吸水量增大，曲线斜率减小。在整个模型系统中，裂缝 1 的体积影响着整个曲线形态，故裂缝 1 体积不可忽略。

（4）裂缝 2 体积敏感性分析。

裂缝 2 体积敏感性分析曲线如图 3-25 所示。

关键参数的取值为：$B_w = 0.98$，$B_{oi} = 1.15$，$N_{wo} = 4\ 000\ m^3$，$R_1 = 0.1$，$R_2 = 0.2$，$C_w = 4 \times 10^{-4}\ MPa^{-1}$，$C_o = 10 \times 10^{-4}\ MPa^{-1}$，$C_{cf1} = C_{cf2} = 14 \times 10^{-4}\ MPa^{-1}$，$V_{cf1} = 2 \times 10^4\ m^3$，$V_1 = 14 \times 10^4\ m^3$，$V_2 = 10 \times 10^4\ m^3$。

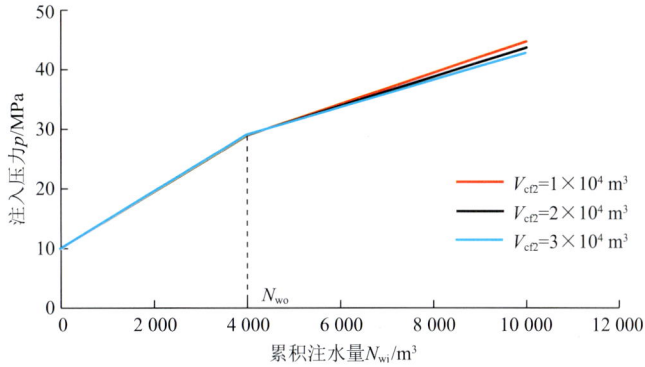

图 3-25　裂缝 2 体积敏感性分析曲线

由图 3-25 可以看出，当累积注水量小于 N_{wo} 时，不同裂缝 2 体积对应的曲线重叠成一条直线；当累积注水量大于 N_{wo} 时，随着裂缝 2 体积的增大，弹性能量相应增大，水更容易注入，地层吸水量变大，曲线斜率减小。

（5）波及溶洞 2 最小注水量敏感性分析。

波及溶洞 2 最小注水量 N_{wo} 敏感性分析曲线如图 3-26 所示。

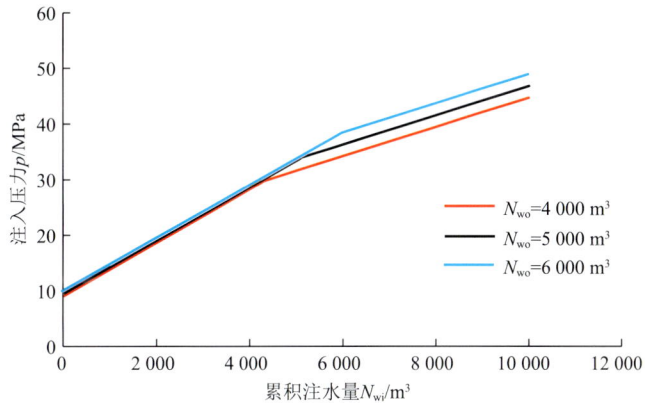

图 3-26　波及溶洞 2 最小注水量敏感性分析曲线

关键参数的取值为：$B_w = 0.98$，$B_{oi} = 1.15$，$R_1 = 0.1$，$R_2 = 0.2$，$C_w = 4 \times 10^{-4}$ MPa^{-1}，$C_o = 10 \times 10^{-4}$ MPa^{-1}，$C_{cf1} = C_{cf2} = 14 \times 10^{-4}$ MPa^{-1}，$V_{cf1} = 2 \times 10^4$ m^3，$V_{cf2} = 1 \times 10^4$ m^3，$V_1 = 14 \times 10^4$ m^3，$V_2 = 10 \times 10^4$ m^3。

由图 3-26 可以看出，波及溶洞 2 最小注水量越大，曲线出现拐点时对应的压力越大，但对注水指示曲线的斜率没有影响，说明当 N_{wo} 增大时，吸水量不变，地层弹性能量增大，压力升高。

（6）溶洞 1 水油比敏感性分析。

溶洞 1 水油比敏感性分析曲线如图 3-27 所示。

关键参数的取值为：$B_w = 0.98$，$B_{oi} = 1.15$，$N_{wo} = 4\ 000$ m^3，$R_2 = 0.2$，$C_w = 4 \times 10^{-4}$ MPa^{-1}，$C_o = 10 \times 10^{-4}$ MPa^{-1}，$C_{cf1} = C_{cf2} = 14 \times 10^{-4}$ MPa^{-1}，$V_{cf1} = 2 \times 10^4$ m^3，$V_{cf2} = 1 \times 10^4$ m^3，$V_1 = 14 \times 10^4$ m^3，$V_2 = 10 \times 10^4$ m^3。

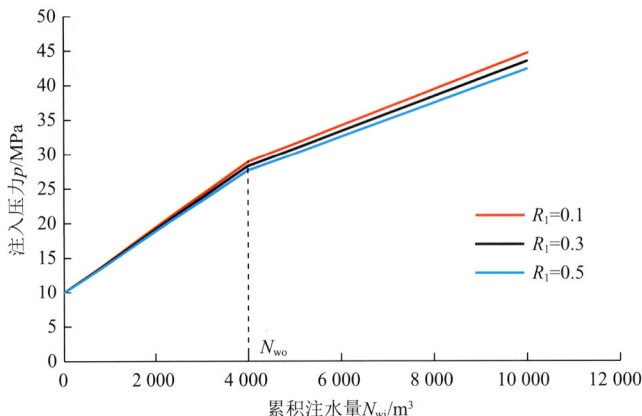

图 3-27 溶洞 1 水油比敏感性分析曲线

由图 3-27 可以看出,当累积注水量小于 N_{wo} 时,随着溶洞 1 水油比的增大,曲线斜率减小,地层吸水量相应变大,但是变化不明显;当累积注水量大于 N_{wo} 时,随着溶洞 1 水油比的增大,地层弹性能量相应增大,水比较容易注入,地层吸水量变大,曲线斜率减小。

(7) 溶洞 2 水油比敏感性分析。

溶洞 2 水油比敏感性分析曲线如图 3-28 所示。

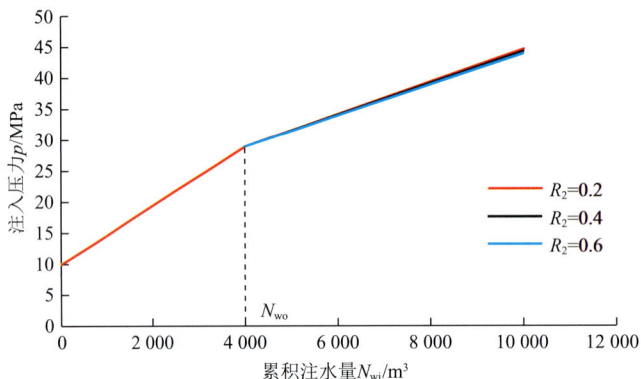

图 3-28 溶洞 2 水油比敏感性分析曲线

关键参数的取值为:$B_w = 0.98$,$B_{oi} = 1.15$,$N_{wo} = 4\ 000\ m^3$,$R_1 = 0.1$,$C_w = 4 \times 10^{-4}\ MPa^{-1}$,$C_o = 10 \times 10^{-4}\ MPa^{-1}$,$C_{cf1} = C_{cf2} = 14 \times 10^{-4}\ MPa^{-1}$,$V_{cf1} = 2 \times 10^4\ m^3$,$V_{cf2} = 1 \times 10^4\ m^3$,$V_1 = 14 \times 10^4\ m^3$,$V_2 = 10 \times 10^4\ m^3$。

由图 3-28 可以看出,当累积注水量小于 N_{wo} 时,不同溶洞 2 水油比对应的曲线重叠成一条直线;当累积注水量大于 N_{wo} 时,随着溶洞 2 水油比的增大,地层弹性能量稍微增大,注水指示曲线的变化不是很明显。可见,溶洞 2 水油比的大小对整个系统基本没有影响。

对比图 3-27 和图 3-28 中溶洞 1 水油比和溶洞 2 水油比对注水指示曲线的影响可以发现,虽然两图中水油比的变化量都是 0.2,但是影响的程度不一样。图 3-27 中曲线斜率幅度的变化比图 3-28 中曲线斜率幅度的变化明显,说明溶洞 1 的水油比比溶洞 2 的水油比对此模型的注水指示曲线影响大,前者对注水的整个过程都有影响,后者对注水指示曲线基本没有影响或影响较小。

将水油比变化范围扩大,可绘制如图 3-29 和图 3-30 所示的溶洞 1、溶洞 2 水油比图版。图版中不同水油比对应的曲线变化幅度差异较大,可用此图版估算真实的水油比。

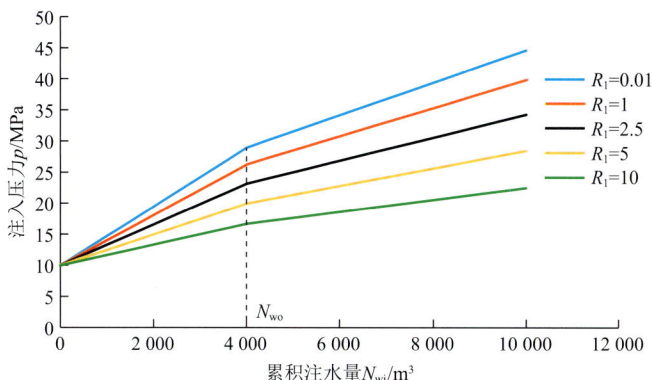

图 3-29　溶洞 1 水油比图版

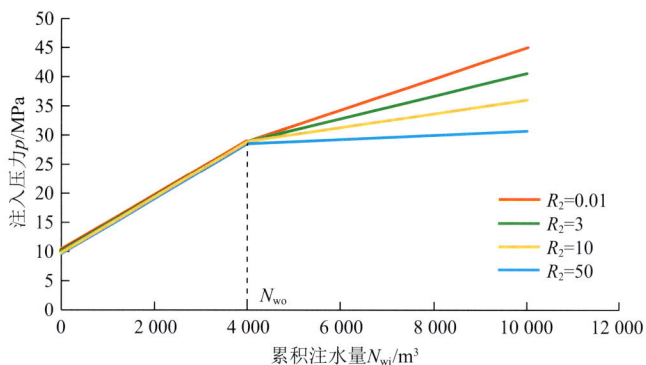

图 3-30　溶洞 2 水油比图版

此外,对比图 3-23、图 3-25 和图 3-28 可以发现,同样是第 2 套缝洞系统参数的变化,溶洞 2 体积、裂缝 2 体积和溶洞 2 水油比 3 个参数对注水指示曲线形态的影响程度既有相似之处,又存在差异。相似之处在于 3 个参数的变化都对曲线的第 1 阶段没有影响;差异主要表现在对曲线第 2 阶段的影响程度上,即裂缝 2 体积变化的影响大于溶洞 2 体积变化的影响,溶洞 2 水油比变化的影响最小。

3)纯油条件下双缝与双溶洞串联组合模型注水指示曲线推导

模型假设:封闭定容油藏,油井钻遇裂缝,连接方式为井-缝-洞-缝-洞,单井控制储集体;溶洞为刚性储集体,考虑油、裂缝系统的压缩系数,储集体中没有水,注入水后整个储集系统瞬时快速达到稳定,油藏压力变化与油井井口压力变化近似相同。

根据假设可知,注入水后整个储集系统瞬时快速达到稳定。设裂缝 1 部分所占总体积的比例为 α,溶洞 1 部分所占总体积的比例为 β,两个裂缝系统的体积比 $\dfrac{V_{\mathrm{cif2}}}{V_{\mathrm{cif1}}}=\lambda$,所以溶洞 2 部分所占总体积的比例为 $1-\alpha-\beta-\alpha\lambda$,考虑储层岩石的弹性能量。

当 $N_{\mathrm{wi}}\leqslant N_{\mathrm{wo}}$ 时,注入水尚未波及第 2 套缝洞系统,只是注入第 1 套缝洞系统,此时符合井-缝-洞模型的条件,其表达式与式(3-36)相同,即

$$p = \frac{N_{wi}}{NB_{oi}(\alpha + \beta)(\alpha C_{cf} + C_o)} + p_0$$

当 $N_{wi} > N_{wo}$ 时，注入水波及第 2 套缝洞系统，此时需要考虑第 1 套缝洞系统对其的影响。

对于裂缝系统，虽然此模型中 2 套缝洞结构位于不同的空间，但注入水后整个储集系统瞬时快速达到稳定，即缝洞系统的总体积变化量为 2 套缝洞结构体积变化量之和，据此可推导裂缝系统的体积变化公式。

原始地层条件下裂缝的体积为 V_{pf}，原油体积为 V_{of}，则：

$$V_{pf} = V_{of} \tag{3-89}$$

当油藏注入一定的水量（N_{wi}）后，油藏压力上升值 $\Delta p = p - p_0$。对于封闭油藏，油藏孔隙体积会因为压力上升而增加。

裂缝 1 和 2 部分孔隙体积的增加量 ΔV_{pf1} 和 ΔV_{pf2} 为：

$$\Delta V_{pf1} = V_{pf1} C_{pf} \Delta p \tag{3-90}$$

$$\Delta V_{pf2} = V_{pf2} C_{pf} \Delta p \tag{3-91}$$

裂缝孔隙体积的增加将使裂缝部分原油体积增大。裂缝系统压力上升到 p 时各部分原油体积 V_{cf1} 和 V_{cf2} 为：

$$V_{cf1} = V_{cif1} + \Delta V_{pf1} \tag{3-92}$$

$$V_{cf2} = V_{cif2} + \Delta V_{pf2} \tag{3-93}$$

将式（3-90）代入式（3-92），将式（3-91）代入式（3-93），相加可得：

$$V_{cf} = V_{cif1} + V_{pf1} C_{pf} \Delta p + V_{cif2} + V_{pf2} C_{pf} \Delta p \tag{3-94}$$

对于溶洞系统，原始地层条件下溶洞的体积为 V_{pr}，原油体积为 V_{or}，则：

$$V_{pr} = V_{or} \tag{3-95}$$

由于油藏溶洞岩石为刚性储集体，则当溶洞系统压力上升到 p 时原油体积为：

$$V_{cr} = V_{cir1} + V_{cir2} \tag{3-96}$$

对于裂缝和溶洞整个系统，原油体积 V_c 与压力的变化关系式为：

$$
\begin{aligned}
V_c &= V_{cf} + V_{cr} \\
&= V_{cif1} + V_{pf1} C_{pf} \Delta p + V_{cif2} + V_{pf2} C_{pf} \Delta p + V_{cir1} + V_{cir2} \\
&= (V_{cif1} + V_{cif2} + V_{cir1} + V_{cir2}) + V_{pf1} C_{pf} \Delta p + V_{pf2} C_{pf} \Delta p \\
&= V_{ci} + V_{pf1} C_{pf} \Delta p + V_{pf2} C_{pf} \Delta p
\end{aligned}
\tag{3-97}
$$

根据假设条件，上式还可以进一步写成：

$$V_c = V_{ci} + \alpha V_{ci} C_{pf} \Delta p + \lambda \alpha V_{ci} C_{pf} \Delta p \tag{3-98}$$

由于注入水占据的体积为 $N_{wi} - N_{wo}$，则注入水后油藏中原油体积为：

$$
\begin{aligned}
V_o &= V_c - (N_{wi} - N_{wo}) \\
&= V_{ci} + \alpha V_{ci} C_{pf} \Delta p + \lambda \alpha V_{ci} C_{pf} \Delta p - (N_{wi} - N_{wo}) \\
&= V_{ci}(1 + \alpha C_{pf} \Delta p + \lambda \alpha C_{pf} \Delta p) - (N_{wi} - N_{wo})
\end{aligned}
\tag{3-99}
$$

式（3-99）即此模型对应的封闭油藏开发过程中的原油体积计算公式。由该式可以看出，油藏原油随注入水的增多而不断减少。

假设原油占据的体积为：

$$V_{oi} = V_{ci} \tag{3-100}$$

将地下体积换算至地面体积，可得：

$$N = \frac{V_{oi}}{B_{oi}} = \frac{V_{ci}}{B_{oi}} \tag{3-101}$$

根据物质平衡原理，可得：

$$N = \frac{V_o}{B_o} = \frac{V_{ci}(1 + \alpha C_{pf} \Delta p + \lambda \alpha C_{pf} \Delta p) - (N_{wi} - N_{wo})}{B_o}$$

$$NB_o + (N_{wi} - N_{wo}) = NB_{oi}(1 + \alpha C_{pf} \Delta p + \lambda \alpha C_{pf} \Delta p)$$

$$N_{wi} - N_{wo} = NB_{oi}(1 + \alpha C_{pf} \Delta p + \lambda \alpha C_{pf} \Delta p) + N(B_{oi} - B_o) \tag{3-102}$$

由原油压缩系数的定义可知：

$$C_o = \frac{B_{oi} - B_o}{B_{oi} \Delta p} \tag{3-103}$$

将式（3-103）代入式（3-102）可得：

$$N_{wi} - N_{wo} = NB_{oi}(\alpha C_{pf} \Delta p + \lambda \alpha C_{pf} \Delta p) + NB_{oi} C_o \Delta p$$

$$= NB_{oi}(\alpha C_{pf} + \lambda \alpha C_{pf} \Delta p + C_o) \Delta p \tag{3-104}$$

再进行移项化简，可得：

$$\Delta p = \frac{N_{wi} - N_{wo}}{NB_{oi}(\alpha C_{pf} + \lambda \alpha C_{pf} \Delta p + C_o)} \tag{3-105}$$

将式（3-105）转换成压力形式为：

$$\Delta p = p - p_0 - \frac{N_{wo}}{NB_{oi}(\alpha + \beta)(\alpha C_{pf} + C_o)}$$

进而得到：

$$p = \frac{N_{wi} - N_{wo}}{NB_{oi}(\alpha C_{pf} + \lambda \alpha C_{pf} \Delta p + C_o)} + \frac{N_{wo}}{NB_{oi}(\alpha + \beta)(\alpha C_{pf} + C_o)} + p_0 \tag{3-106}$$

式（3-106）即纯油条件下双缝与双溶洞串联组合模型注水指示曲线的表达式，可以看出，曲线斜率不仅与原油地质储量有关，还与裂缝与溶洞中的储量比例大小、溶洞水油比等参数有关。该模型考虑的因素较为全面，因此在实际运用模型时也需要提供更为详细的参数，这些参数取值可以适当结合试井解释结果。式（3-106）还可写成如下分段函数：

$$p = \begin{cases} \dfrac{N_{wi}}{NB_{oi}(\alpha + \beta)(\alpha C_{pf} + C_o)} + p_0 & N_{wi} \leqslant N_{wo} \\[3mm] \dfrac{N_{wi} - N_{wo}}{NB_{oi}(\alpha C_{pf} + \lambda \alpha C_{pf} \Delta p + C_o)} + \dfrac{N_{wo}}{NB_{oi}(\alpha + \beta)(\alpha C_{pf} + C_o)} + p_0 & N_{wi} > N_{wo} \end{cases}$$

$$\tag{3-107}$$

3.2.3　双缝与双溶洞并联组合模型

1）双缝与双溶洞并联组合模型注水指示曲线推导

模型假设：封闭定容油藏，油井钻遇裂缝，2 个缝洞储集体都连接着同一口井，且单井控制储集体；溶洞为刚性储集体，考虑水、油、裂缝系统的压缩系数，储集体中有水，注入水后整个储集系统瞬时快速达到稳定，油藏压力变化与油井井口压力变化近似相同。

此模型中油井钻遇 2 套不同方向的裂缝，且这 2 套裂缝又分别连接着不同的溶洞，可以看成是 2 套独立的缝洞系统连接着一口油井(图 3-31)。根据假设可知,注入水后整个储集系统瞬时快速达到稳定。设裂缝 1 部分所占总体积的比例为 α,溶洞 1 部分所占总体积的比例为 β,2 个裂缝系统的体积比 $\dfrac{V_{cif2}}{V_{cif1}} = \lambda$,所以溶洞 2 部分所占总体积的比例为 $1-\alpha-\beta-\alpha\lambda$,同时考虑流体水和储层岩石的弹性能量。另外,假设注入 2 套缝洞系统的累积注水量分别为 N_{w1} 和 N_{w2}。因为此模型是 2 套独立的缝洞系统,只是共用一套注水系统,根据上文假设条件,现以第 1 套缝洞系统为例推导其表达式。

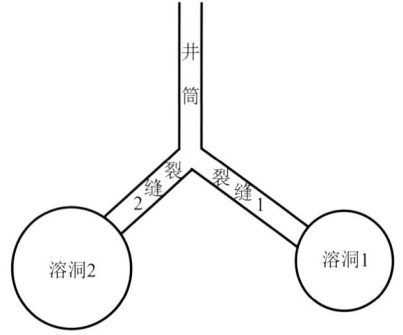

图 3-31 双缝与双溶洞并联组合模型

对于裂缝系统,原始地层条件下裂缝的体积为 V_{pf},原油体积为 V_{of},地层水体积为 V_{wf},则:

$$V_{pf} = V_{of} + V_{wf} \tag{3-108}$$

其中,裂缝含油饱和度 S_{of} 与 V_{of} 和 V_{wf} 满足以下关系:

$$S_{of} = \frac{V_{of}}{V_{of} + V_{wf}} \tag{3-109}$$

当油藏注入一定的水量(N_{wi})后,油藏压力上升值 $\Delta p = p - p_0$。对于封闭油藏,油藏孔隙体积会因为压力上升而增加,而油藏中的束缚水体积会因为压力上升而下降。

裂缝部分孔隙体积的增加量 ΔV_{pf1} 为:

$$\Delta V_{pf1} = V_{pf1} C_{pf} \Delta p_1 \tag{3-110}$$

裂缝部分地层水的压缩量 ΔV_{wf1} 为:

$$\Delta V_{wf1} = V_{wf1} C_w \Delta p_1 \tag{3-111}$$

裂缝体积的增加和裂缝中地层水体积的减小都将使裂缝部分原油体积增加。裂缝系统压力上升到 p 时原油体积 V_{cf1} 为:

$$V_{cf1} = V_{cif1} + \Delta V_{pf1} + \Delta V_{wf1} \tag{3-112}$$

将式(3-110)和式(3-111)代入式(3-112)可得:

$$V_{cf1} = V_{cif1} + V_{pf1} C_{pf} \Delta p_1 + V_{wf1} C_w \Delta p_1 \tag{3-113}$$

裂缝部分孔隙体积为:

$$V_{pf1} = \frac{V_{cif1}}{1 - S_{w1}} \tag{3-114}$$

裂缝部分地层水体积为:

$$V_{wf1} = \frac{S_{w1}}{1 - S_{w1}} V_{cif1} \tag{3-115}$$

将式(3-114)和式(3-115)代入式(3-113),可得裂缝部分原油体积与压力之间的关系式:

$$V_{cf1} = V_{cif1} \left(1 + \frac{C_{pf} + S_{w1} C_w}{1 - S_{w1}}\right) = V_{cif1} (1 + C_{cf1} \Delta p_1) \tag{3-116}$$

对于溶洞系统,原始地层条件下溶洞的体积为 V_{pr},原油体积为 V_{or},地层水体积为 V_{wr},则:

$$V_{pr} = V_{or} + V_{wr} \tag{3-117}$$

当油藏注入一定的水量(N_{wi})后,油藏压力上升值 $\Delta p = p - p_0$。对于封闭溶洞,由于油藏溶洞岩石为刚性储集体,溶洞部分地层水的压缩量 ΔV_{wr1} 为:

$$\Delta V_{wr1} = V_{wir1} C_w \Delta p_1 \tag{3-118}$$

溶洞系统压力上升到 p 时原油体积为:

$$V_{cr1} = V_{cir1} + \Delta V_{wr1} \tag{3-119}$$

将式(3-118)代入式(3-119)可得:

$$V_{cr1} = V_{cir1} + V_{wir1} C_w \Delta p_1 \tag{3-120}$$

由溶洞水油比的定义可知:

$$V_{wir1} = R_1 V_{cir1} \tag{3-121}$$

将式(3-121)代入式(3-120)可得溶洞原油体积随压力的变化关系式为:

$$V_{cr1} = V_{cir1}(1 + R_1 C_w \Delta p_1) \tag{3-122}$$

此公式是以溶洞系统体积变化为基础推导的。

对于第 1 套缝洞系统,通过以上分析可以得出,整个系统的原油体积与压力的变化关系式为:

$$\begin{aligned} V_{c1} &= V_{cf1} + V_{cr1} \\ &= V_{cif1}(1 + C_{cf1} \Delta p_1) + V_{cir1}(1 + R_1 C_w \Delta p_1) \\ &= (V_{cif1} + V_{cir1}) + V_{cif1} C_{cf1} \Delta p_1 + V_{cir1} R_1 C_w \Delta p_1 \\ &= V_{ci1} + V_{cif1} C_{cf1} \Delta p_1 + V_{cir1} R_1 C_w \Delta p_1 \end{aligned} \tag{3-123}$$

由于裂缝 1 部分所占总体积的比例为 α,溶洞 1 部分所占总体积的比例为 β,所以上式还可以写成:

$$\begin{aligned} V_{c1} &= V_{ci1} + \alpha V_{ci1} C_{cf1} \Delta p_1 + \beta V_{ci1} R_1 C_w \Delta p_1 \\ &= V_{ci1}[1 + (\alpha C_{cf1} \Delta p_1 + \beta R_1 C_w \Delta p_1)] \end{aligned} \tag{3-124}$$

由于注入溶洞 1 中的水占据的体积为 $N_{w1} B_w$,所以注入水后油藏中原油占据的体积为:

$$V_{o1} = V_{c1} - N_{w1} B_w = V_{ci1}[1 + (\alpha C_{cf1} \Delta p_1 + \beta R_1 C_w \Delta p_1)] - N_{w1} B_w \tag{3-125}$$

式(3-125)即此模型对应的封闭油藏开发过程中的原油体积计算公式。由该式可以看出,油藏原油随注入水的增多而不断减少。

假设原油占据的体积为:

$$V_{oi} = V_{ci} \tag{3-126}$$

将地下体积换算至地面体积,可得:

$$N = \frac{V_{oi}}{B_{oi}} = \frac{V_{o1}}{B_o} \tag{3-127}$$

根据物质平衡原理,可得:

$$\begin{aligned} N_1 B_o &= V_{o1} = V_{ci1}[1 + (\alpha C_{cf1} + \beta R_1 C_w) \Delta p_1] - N_{w1} B_w \\ N_{w1} B_w &= N_1 B_{oi}[1 + (\alpha C_{cf1} + \beta R_1 C_w) \Delta p_1] - N_1 B_o \\ &= N_1 B_{oi}(\alpha C_{cf1} + \beta R_1 C_w) \Delta p_1 + N_1(B_{oi} - B_o) \end{aligned} \tag{3-128}$$

由此式可以看出,N_{w1} 与 Δp_1 呈线性关系。

由原油压缩系数的定义可知:

$$C_o = \frac{B_{oi} - B_o}{B_{oi} \Delta p} \tag{3-129}$$

将式(3-129)代入式(3-128)可得：

$$N_{w1} B_w = N_1 B_{oi} (\alpha C_{cf1} + \beta R_1 C_w) \Delta p_1 + N_1 B_{oi} C_o \Delta p$$
$$= N_1 B_{oi} (\alpha C_{cf1} + \beta R_1 C_w + C_o) \Delta p_1 \tag{3-130}$$

进而得到：

$$\Delta p_1 = \frac{N_{w1} B_w}{N_1 B_{oi} (\alpha C_{cf1} + \beta R_1 C_w + C_o)} \tag{3-131}$$

式(3-131)即双缝与双溶洞并联组合模型中第 1 套缝洞系统的压差与累积注水量的关系表达式。因为此模型中 2 套缝洞系统相互独立，只受共同的注水量影响，推导过程相似，由此可得第 2 套缝洞系统的压差与累积注水量的关系表达式：

$$\Delta p_2 = \frac{N_{w2} B_w}{N_2 B_{oi} [\alpha \lambda C_{cf2} + (1 - \alpha - \beta - \alpha \lambda) R_2 C_w + C_o]} \tag{3-132}$$

此时并联的 2 套缝洞系统连接在一口井上，所以整个系统的总压差为：

$$\Delta p = \Delta p_1 + \Delta p_2 \tag{3-133}$$

即

$$\Delta p = \frac{N_{w1} B_w}{N_1 B_{oi} (\alpha C_{cf1} + \beta R_1 C_w + C_o)} + $$
$$\frac{N_{w2} B_w}{N_2 B_{oi} [\alpha \lambda C_{cf2} + (1 - \alpha - \beta - \alpha \lambda) R_2 C_w + C_o]} \tag{3-134}$$

由 $\Delta p = p - p_0$ 可得：

$$p = \frac{N_{w1} B_w}{N_1 B_{oi} (\alpha C_{cf1} + \beta R_1 C_w + C_o)} + $$
$$\frac{N_{w2} B_w}{N_2 B_{oi} [\alpha \lambda C_{cf2} + (1 - \alpha - \beta - \alpha \lambda) R_2 C_w + C_o]} + p_0 \tag{3-135}$$

当 N_{w1} 和 N_{w2} 满足一定关系时，此公式还可以做进一步的化简。

假设

$$\mu = \frac{N_{w1}}{N_{w2}} \tag{3-136}$$

又由于

$$N_{w1} + N_{w2} = N_{wi} \tag{3-137}$$

联立式(3-136)和式(3-137)求解，可得：

$$N_{w1} = \frac{\mu}{1 + \mu} N_{wi} \tag{3-138}$$

$$N_{w2} = \frac{1}{1 + \mu} N_{wi} \tag{3-139}$$

将式(3-138)、式(3-139)代入式(3-135)并化简可得：

$$p = \frac{\dfrac{\mu}{1 + \mu} N_{wi} B_w}{N_1 B_{oi} (\alpha C_{cf1} + \beta R_1 C_w + C_o)} + $$
$$\frac{\dfrac{1}{1 + \mu} N_{wi} B_w}{N_2 B_{oi} [\alpha \lambda C_{cf2} + (1 - \alpha - \beta - \alpha \lambda) R_2 C_w + C_o]} + p_0$$
$$= \frac{N_{wi} B_w}{1 + \mu} \left\{ \frac{\mu}{N_1 B_{oi} (\alpha C_{cf1} + \beta R_1 C_w + C_o)} + \right.$$

$$\frac{1}{N_2 B_{oi} \left[\alpha \lambda C_{cf2} + (1 - \alpha - \beta - \alpha \lambda) R_2 C_w + C_o \right]} \bigg\} + p_0 \tag{3-140}$$

式(3-140)即双缝与双溶洞并联组合模型注水指示曲线的表达式。

2）双缝与双溶洞并联组合模型的参数敏感性分析

为了分析不同参数对双缝与双溶洞并联组合模型注水指示曲线的影响，仍然采用改变1个参数而固定其他参数的方式，绘制相应曲线，并通过对曲线形态与斜率等的分析，实现参数的敏感性评价。

（1）溶洞 1 体积敏感性分析。

溶洞 1 体积敏感性分析曲线如图 3-32 所示。

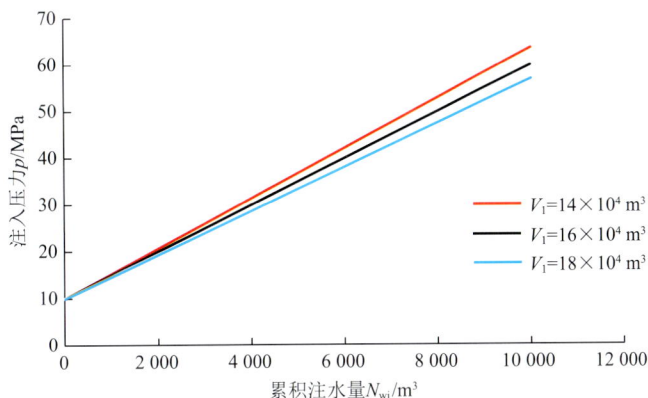

图 3-32　溶洞 1 体积敏感性分析曲线

关键参数的取值为：$B_w = 0.98$，$B_{oi} = 1.15$，$N_{wo} = 4\,000$ m³，$R_1 = 0.1$，$R_2 = 0.2$，$C_w = 4 \times 10^{-4}$ MPa^{-1}，$C_o = 10 \times 10^{-4}$ MPa^{-1}，$C_{cf1} = C_{cf2} = 14 \times 10^{-4}$ MPa^{-1}，$V_{cf1} = 2 \times 10^4$ m³，$V_{cf2} = 1 \times 10^4$ m³，$V_2 = 10 \times 10^4$ m³，$\mu = 3$。

由图 3-32 可以看出，随着溶洞 1 体积的增大，地层弹性能量增大，造成吸水量增大，注水指示曲线斜率减小。

（2）溶洞 2 体积敏感性分析。

溶洞 2 体积敏感性分析曲线如图 3-33 所示。

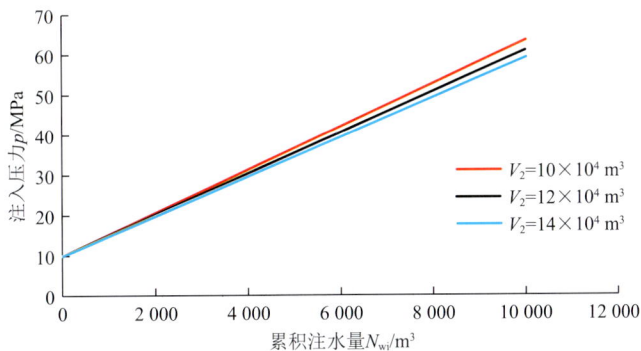

图 3-33　溶洞 2 体积敏感性分析曲线

关键参数的取值为：$B_w = 0.98$，$B_{oi} = 1.15$，$N_{wo} = 4\,000$ m³，$R_1 = 0.1$，$R_2 = 0.2$，$C_w = 4 \times 10^{-4}$ MPa^{-1}，$C_o = 10 \times 10^{-4}$ MPa^{-1}，$C_{cf1} = C_{cf2} = 14 \times 10^{-4}$ MPa^{-1}，$V_{cf1} = 2 \times 10^4$ m³，$V_{cf2} =$

1×10^4 m³，$V_1 = 14 \times 10^4$ m³，$\mu = 3$。

由图 3-33 可以看出，随着溶洞 2 体积的增大，地层弹性能量增大，造成吸水量增大，注水指示曲线斜率减小。

对比图 3-32 和图 3-33 可以直观地看出，溶洞 1 和 2 体积对曲线的影响程度相差无几，只是溶洞体积大的影响更大。

类似地，对溶洞 2 和溶洞 1 体积比 τ 进行敏感性分析，结果如图 3-34 所示。可以看出，两溶洞体积比越大，注水指示曲线斜率越小。

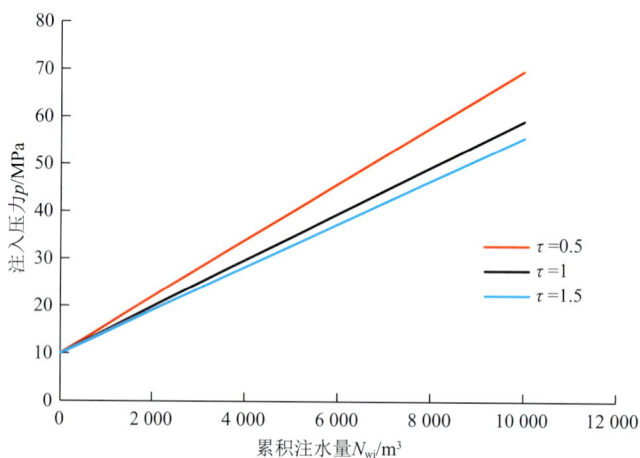

图 3-34　溶洞 2 与溶洞 1 体积比敏感性分析曲线

（3）溶洞 1 水油比敏感性分析。

溶洞 1 水油比敏感性分析曲线如图 3-35 所示。

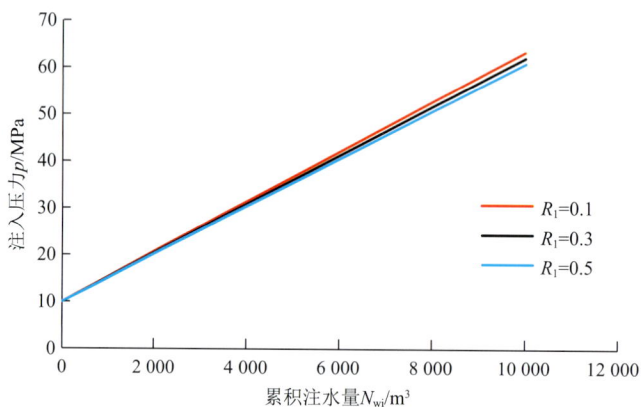

图 3-35　溶洞 1 水油比敏感性分析曲线

关键参数的取值为：$B_w = 0.98$，$B_{oi} = 1.15$，$N_{wo} = 4\,000$ m³，$R_2 = 0.2$，$C_w = 4 \times 10^{-4}$ MPa^{-1}，$C_o = 10 \times 10^{-4}$ MPa^{-1}，$C_{cf1} = C_{cf2} = 14 \times 10^{-4}$ MPa^{-1}，$V_{cf1} = 2 \times 10^4$ m³，$V_{cf2} = 1 \times 10^4$ m³，$V_1 = 14 \times 10^4$ m³，$V_2 = 10 \times 10^4$ m³，$\mu = 3$。

由图 3-35 可以看出，当溶洞的水油比在比较小的范围内变化时，其对注水指示曲线的影响比较小；随着溶洞 1 的水油比增大，地层弹性能量略有增加，造成吸水量增大，注水指示曲线斜率减小。由于此模型中 2 套缝洞系统并联，溶洞 2 的水油比敏感性分析曲线和溶洞 1 的水油比敏感性分析曲线相似,在此不再赘述。

将水油比变化范围扩大,可绘制如图 3-36 所示的溶洞 1 的水油比图版。图版中不同水油比对应的曲线变化趋势相似,但斜率差异较大,可用此图版估算真实的水油比,进而计算可采储量。

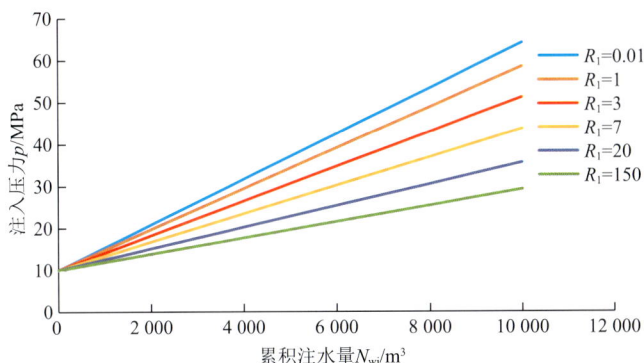

图 3-36　溶洞 1 水油比图版

3) 纯油条件下双缝与双溶洞并联组合模型注水指示曲线推导

模型假设:封闭定容油藏,油井钻遇裂缝,2 个缝洞储集体都连接着同一口井,且单井控制储集体;溶洞为刚性储集体,考虑油、裂缝系统的压缩系数,储集体中没有水的存在,注入水后整个储集系统瞬时快速达到稳定,油藏压力变化与油井井口压力变化近似相同。

此模型是油井钻遇 2 套不同方向的裂缝,且这 2 套裂缝又都连接着不同的溶洞,可以看成是 2 套独立的缝洞系统连接着一口油井。根据假设可知,注入水后整个储集系统瞬时快速达到稳定。设裂缝 1 部分所占总体积的比例为 α,溶洞 1 部分所占总体积的比例为 β,2 个裂缝系统的体积比 $V_{cif2}/V_{cif1}=\lambda$,所以溶洞 2 部分所占总体积的比例为 $1-\alpha-\beta-\alpha\lambda$,考虑储层岩石的弹性能量。另外,假设注入 2 套缝洞系统的累积注水量分别为 N_{w1} 和 N_{w2}。因为此模型是 2 套独立的缝洞系统,只是共用了一套注水系统,根据上文假设条件,现以第 1 套缝洞系统为例推导其表达式。

对于裂缝系统,原始地层条件下裂缝的体积为 V_{pf},原油体积为 V_{of},则:

$$V_{pf} = V_{of} \tag{3-141}$$

当油藏注入一定的水量(N_{wi})后,油藏压力上升值 $\Delta p = p - p_0$。对于封闭油藏,油藏孔隙体积会因为压力上升而增加。

裂缝部分孔隙体积的增加量 ΔV_{pf1} 为:

$$\Delta V_{pf1} = V_{pf1} C_{pf} \Delta p_1 \tag{3-142}$$

裂缝体积的增加将使裂缝部分原油体积增加。裂缝系统压力上升到 p 时原油体积为:

$$V_{cf1} = V_{cif1} + \Delta V_{pf1} \tag{3-143}$$

将式(3-142)代入式(3-143)可得:

$$V_{cf1} = V_{cif1} + V_{pf1} C_{pf} \Delta p_1 \tag{3-144}$$

对于溶洞系统,原始地层条件下溶洞的体积为 V_{pr},原油体积为 V_{or},则:

$$V_{pr} = V_{or} \tag{3-145}$$

当油藏注入一定的水量(N_{wi})后,油藏压力上升值 $\Delta p = p - p_0$。对于封闭溶洞,由于油藏溶洞岩石为刚性储集体,溶洞系统压力上升到 p 时原油体积为:

$$V_{cr1} = V_{cir1} \tag{3-146}$$

此公式是以溶洞系统体积变化为基础推导的。

对于第 1 套缝洞系统,通过以上分析可以得出,整个系统的原油体积与压力的变化关系式为:

$$\begin{aligned}
V_{c1} &= V_{cf1} + V_{cr1} = V_{cif1} + V_{pf1} C_{pf} \Delta p_1 + V_{cir1} \\
&= (V_{cif1} + V_{cir1}) + V_{pf1} C_{pf} \Delta p_1 \\
&= V_{ci1} + V_{pf1} C_{pf} \Delta p_1
\end{aligned} \tag{3-147}$$

由于裂缝 1 部分所占总体积的比例为 α,溶洞 1 部分所占总体积的比例为 β,所以上式还可以写成:

$$V_{c1} = V_{ci1} + \alpha V_{ci1} C_{pf} \Delta p_1 = V_{ci1} (1 + \alpha C_{pf} \Delta p_1) \tag{3-148}$$

由于注入溶洞 1 中的水占据的体积为 N_{w1},所以注入水后油藏中原油占据的体积为:

$$V_{o1} = V_{c1} - N_{w1} = V_{ci1} (1 + \alpha C_{pf} \Delta p_1) - N_{w1} \tag{3-149}$$

式(3-149)即此模型对应的封闭油藏开发过程中的原油体积计算公式。由该式可以看出,油藏原油随注入水的增多而不断减少。

假设原油占据的体积为:

$$V_{oi} = V_{ci} \tag{3-150}$$

将地下体积换算至地面体积,可得:

$$N = \frac{V_{oi}}{B_{oi}} = \frac{V_{o1}}{B_o} \tag{3-151}$$

根据物质平衡原理,可得:

$$N_1 B = V_{o1} = V_{ci1} (1 + \alpha C_{pf} \Delta p_1) - N_{w1}$$
$$N_{w1} = N_1 B_{oi} \alpha C_{pf} \Delta p_1 + N_1 (B_{oi} - B_o) \tag{3-152}$$

由此式可以看出,N_{w1} 与 Δp_1 呈线性关系。

由原油压缩系数的定义可知:

$$C_o = \frac{B_{oi} - B_o}{B_{oi} \Delta p} \tag{3-153}$$

将式(3-153)代入式(3-152)可得:

$$N_{w1} = N_1 B_{oi} \alpha C_{pf} \Delta p_1 + N_1 B_{oi} C_o \Delta p_1 = N_1 B_{oi} (\alpha C_{pf} + C_o) \Delta p_1 \tag{3-154}$$

进而得到:

$$\Delta p_1 = \frac{N_{w1}}{N_1 B_{oi} (\alpha C_{pf} + C_o)} \tag{3-155}$$

式(3-155)即纯油条件下双缝与双溶洞并联组合模型中第 1 套缝洞系统的压差与累积注水量的关系表达式。因为此模型中 2 套缝洞系统相互独立,只受共同的注水量影响,推导过程相似,由此可得第 2 套缝洞系统的压差与累积注水量的关系表达式:

$$\Delta p_2 = \frac{N_{w2}}{N_2 B_{oi} (\lambda \alpha C_{pf} + C_o)} \tag{3-156}$$

此时并联的 2 套缝洞系统连接在一口井上,所以整个系统的总压差为:

$$\Delta p = \Delta p_1 + \Delta p_2 \tag{3-157}$$

即

$$\Delta p = \frac{N_{w1}}{N_1 B_{oi} (\alpha C_{pf} + C_o)} + \frac{N_{w2}}{N_2 B_{oi} (\lambda \alpha C_{pf} + C_o)} \tag{3-158}$$

由 $\Delta p = p - p_0$ 可得：

$$p = \frac{N_{w1}}{N_1 B_{oi}(\alpha C_{pf} + C_o)} + \frac{N_{w2}}{N_2 B_{oi}(\lambda\alpha C_{pf} + C_o)} + p_0 \tag{3-159}$$

当 N_{w1} 和 N_{w2} 满足一定关系时，此公式还可以做进一步的化简。

假设

$$\mu = \frac{N_{w1}}{N_{w2}} \tag{3-160}$$

又由于

$$N_{w1} + N_{w2} = N_{wi} \tag{3-161}$$

联立式(3-160)和式(3-161)求解，可得：

$$N_{w1} = \frac{\mu}{1+\mu} N_{wi} \tag{3-162}$$

$$N_{w2} = \frac{1}{1+\mu} N_{wi} \tag{3-163}$$

将式(3-162)、式(3-163)代入式(3-159)并化简可得：

$$p = \frac{\frac{\mu}{1+\mu} N_{wi}}{N_1 B_{oi}(\alpha C_{pf} + C_o)} + \frac{\frac{1}{1+\mu} N_{wi}}{N_2 B_{oi}(\lambda\alpha C_{pf} + C_o)} + p_0$$

$$= \frac{N_{wi}}{1+\mu}\left[\frac{\mu}{N_1 B_{oi}(\alpha C_{pf} + C_o)} + \frac{1}{N_2 B_{oi}(\lambda\alpha C_{pf} + C_o)}\right] + p_0 \tag{3-164}$$

式(3-164)即纯油条件下双缝与双溶洞并联组合模型注水指示曲线的表达式。

3.3　注水指示曲线在油田开发中的应用

由前文注水指示曲线的理论分析可知，注水指示曲线可以反映注水过程中波及的缝洞体的压缩情况，不同的缝洞结构、不同的储集体规模具有不同的注水指示曲线(图 3-37)。

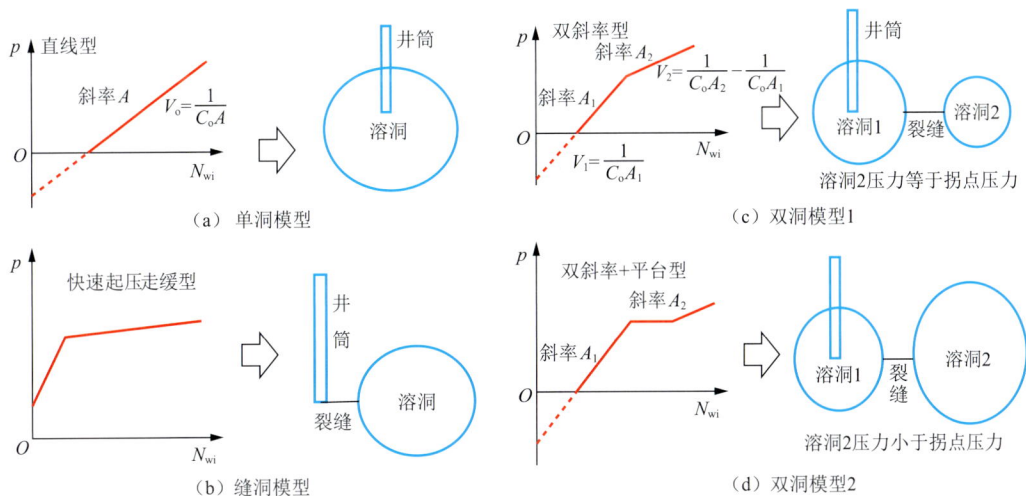

图 3-37　不同储集体结构对应的注水指示曲线

在现场中注水指示曲线具有以下 3 个方面的应用：一是计算油藏动态储量；二是识别储集体缝洞结构；三是发现远端储集体，指导高压注水。

3.3.1 计算油藏动态储量

1）井-洞和井-缝-洞模型注水指示曲线在油藏动态储量计算中的应用

以典型井 TH10327CH2 井为例，阐述利用注水指示曲线计算油藏动态储量的方法。

TH10327CH2 井是塔河油田阿克库勒凸起西南部斜坡所钻的一口开发水平井。该井位于斜坡部位，附近断裂较发育（图 3-38），地震剖面呈现串珠状反射特征（图 3-39），平均振幅变化率图（图 3-40）上可见 T_7^4 以下 0～40 ms 范围内平均振幅变化率较大，综合分析该井处于储层发育部位。

如图 3-41 所示，TH10327CH2 井投产即见水，油井投产以后油压和产量下降较快，含水率波动较大。该井生产初期产量不足时进行了短暂的关井，之后开井时发生水窜，随后产量上升，油压基本不变。当产量再次不足时实施注水，从效果来看，前 5 个轮次注水效果较好，油压有所上升，油井开井后保持了一段时间的稳产，第 6 轮次注水以后开井时发生水窜，含水率较高，关井后含水率下降，第 6 轮次的水窜疑似焖井时间较短所致，第 7 轮次注水仍有效，总体上该井注水有效。综合上述分析，初步判断 TH10327CH2 井钻遇缝洞组合结构。

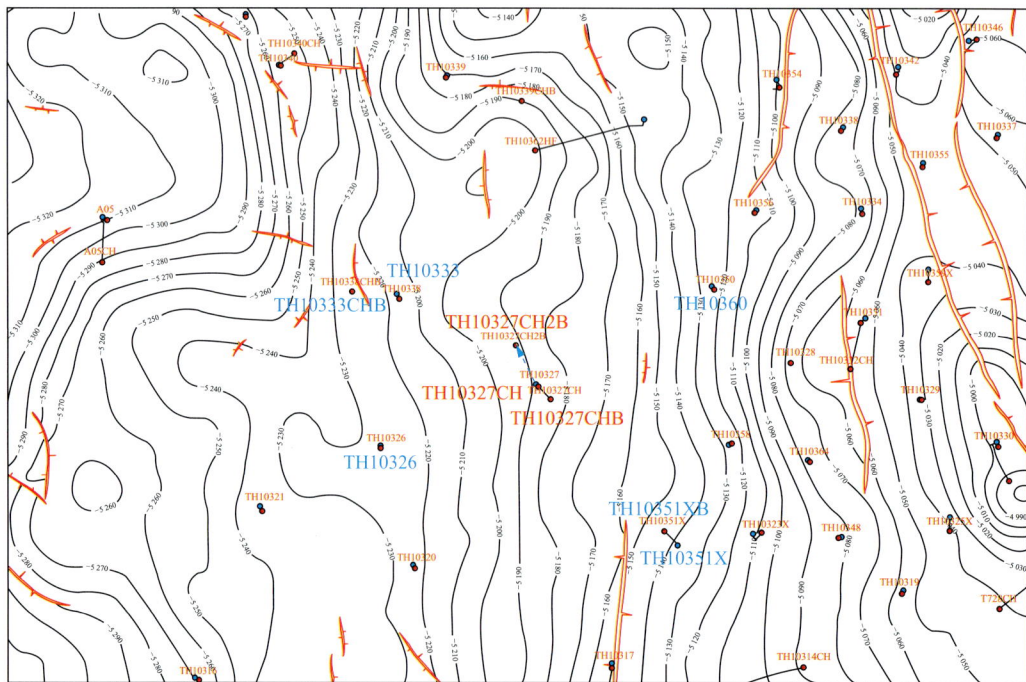

图 3-38　TH10327CH2 井 T_7^4 等深图

图 3-42 为 TH10327CH2 井注水指示曲线。可以看出，当累积注水量达到 0.1×10^4 m³ 时，第 1 轮次的注水指示曲线才开始起压。第 2 轮次前期与第 1 轮次相似，随着第 2 轮次

不间断注水,累积注水量增加,第 2 轮次注水开始起压后累计注入 1 000 m³ 左右的水,压力上升到 17 MPa 左右。第 3、第 4、第 5、第 6 轮次与第 2 轮次相似,注入压力与累积注水量呈比较好的线性关系。但第 5 轮次后期随着注入水的增多,压力直线上升,已经达到了定容的上限,而第 6 轮次注水后压力上升到 20 MPa 左右。第 2 轮次起压至第 4 轮次结束,该井累计产油 7 057 t;第 2 轮次起压至第 6 轮次结束,该井累计产油 10 293.1 t;第 2 轮次起压至 2017 年 4 月 10 日,该井累计产油 12 611.3 t。

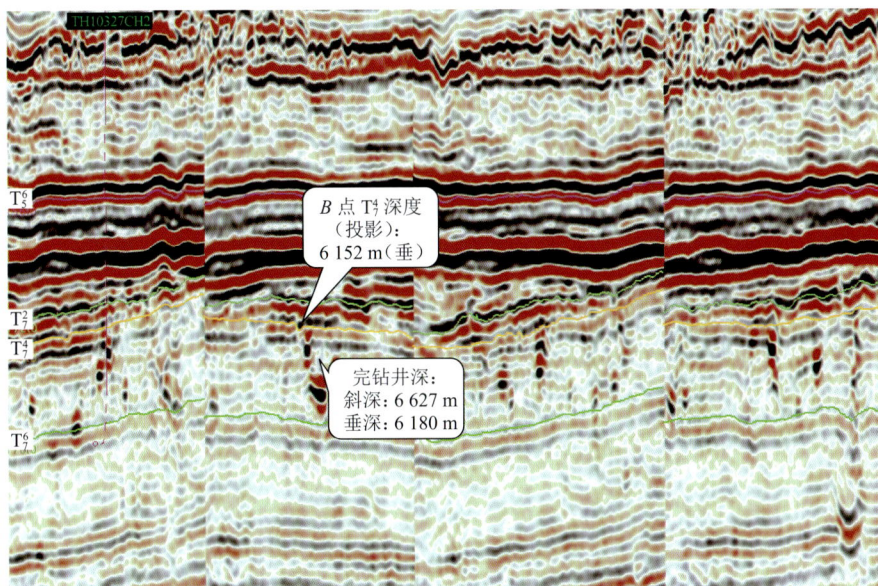

图 3-39　TH10327CH2 井 B 点米字形地震剖面

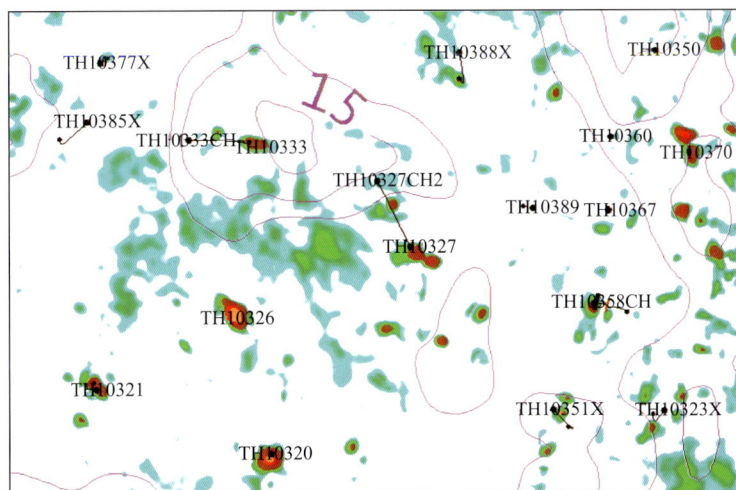

图 3-40　TH10327CH2 井 T₇⁴ 以下 0~40 ms 平均振幅变化率图

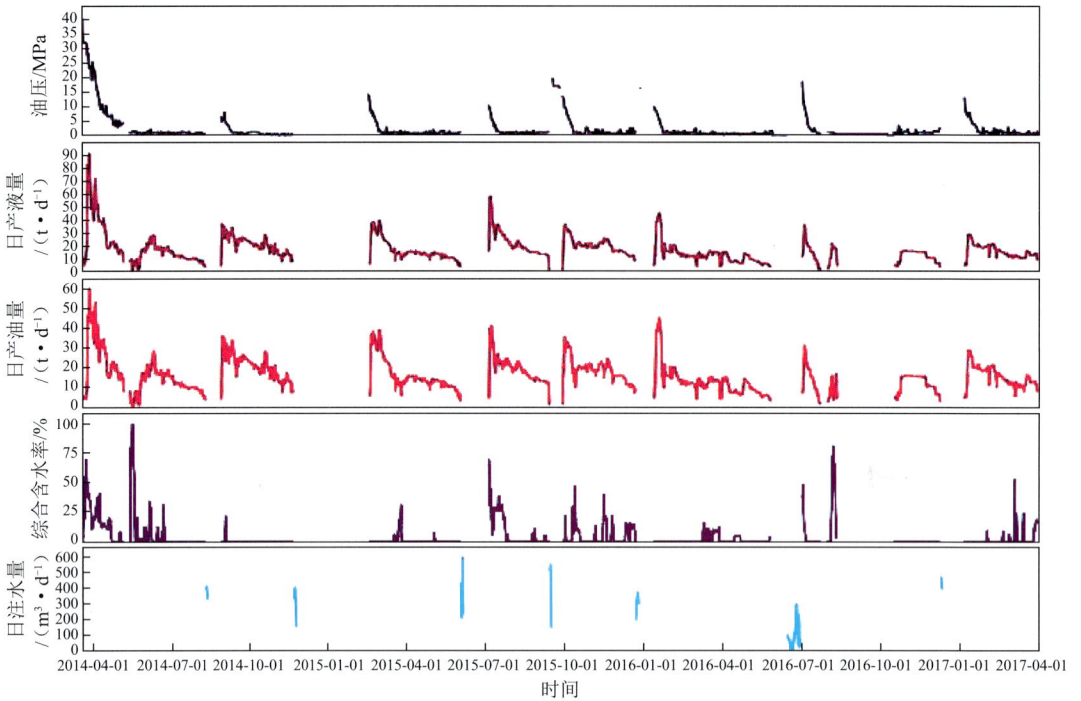

图 3-41   TH10327CH2 井开发曲线

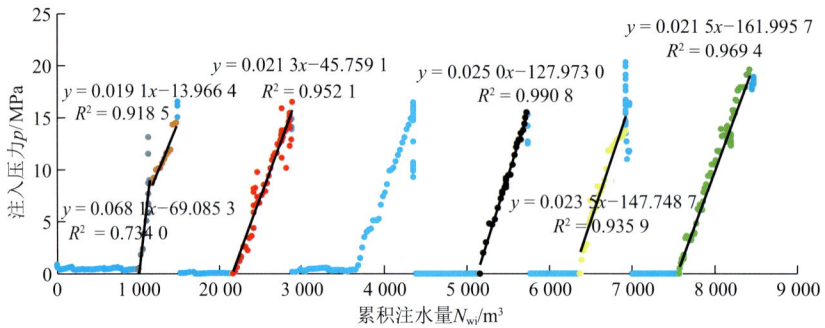

图 3-42   TH10327CH2 井注水指示曲线

根据该井注水指示曲线呈直线,且单个注水轮次中只有一段直线,注水无启动压力,可进一步判断油井直接钻遇溶洞,但所钻遇的溶洞也有连接孔隙通道的可能。

根据该井储集体特征选用井-洞模型公式[式(3-5)]计算第 2 轮次至第 4 轮次地下动态储量,即

$$p = \frac{N_{wi}B_w}{NB_{oi}(RC_w + C_o)} + p_0$$

将拟合曲线的斜率代入对应的模型公式进行计算,可得:

$$\begin{cases} \dfrac{B_w}{N_{2轮}B_{oi}(RC_w + C_o)} = 0.021\ 3 \\[4mm] \dfrac{B_w}{N_{4轮}B_{oi}(RC_w + C_o)} = 0.025\ 0 \end{cases}$$

对应的参数取值为：$B_w = 0.98$，$B_{oi} = 1.04$，$C_w = 4 \times 10^{-4}$ MPa^{-1}，$C_o = 10 \times 10^{-4}$ MPa^{-1}，$R = 0.05$。将参数值代入上式可得：

$$\begin{cases} N_{2轮} = 4.34 \times 10^4 \text{ m}^3 \\ N_{4轮} = 3.7 \times 10^4 \text{ m}^3 \end{cases}$$

即第 2 轮次和第 4 轮次井底原油减少了 6 400 m^3，即 6 656 t。根据实际生产数据可知，这 2 个轮次之间实际的采出原油量为 7 057 t，误差为 5.7%。

到达第 6 轮次时需考虑裂缝体积的影响。由于该井主要储集体为溶洞，一般裂缝部分所占的体积比例较小，通常裂缝压缩系数为 14×10^{-4} MPa^{-1}（经验值），地层原油和地层水的压缩系数同上，选用井-缝-洞模型公式[式（3-6）]计算第 2 轮次至第 6 轮次地下动态储量，即

$$p = \frac{N_{wi} B_w}{N B_{oi} [\alpha C_{cf} + (1 - \alpha) R C_w + C_o]} + p_0$$

将拟合曲线斜率代入对应的模式公式进行计算，可得

$$\begin{cases} \dfrac{B_w}{N_{2轮} B_{oi} [\alpha C_{cf} + (1 - \alpha) R C_w + C_o]} = 0.021\ 3 \\ \dfrac{B_w}{N_{6轮} B_{oi} [\alpha C_{cf} + (1 - \alpha) R C_w + C_o]} = 0.021\ 5 \end{cases}$$

对应的参数取值为：$B_w = 0.98$，$B_{oi} = 1.04$，$C_w = 4 \times 10^{-4}$ MPa^{-1}，$C_o = 10 \times 10^{-4}$ MPa^{-1}，$C_{cf} = 14 \times 10^{-4}$ MPa^{-1}，$R = 0.05$，$\alpha = 0.2$。将参数值代入上式可得：

$$\begin{cases} N_{2轮} = 4.33 \times 10^4 \text{ m}^3 \\ N_{6轮} = 3.38 \times 10^4 \text{ m}^3 \end{cases}$$

即第 2 轮次至第 6 轮次之间井底原油减少了 9 500 m^3，即 9 936.16 t。根据实际生产数据可知，这 2 个轮次之间实际的采出原油量为 10 293.1 t，误差为 3.5%，所以选择此模型合适。

根据最新一轮的注水指示曲线，求解的 TH10327CH2 井地下动态储量为 3.38×10^4 m^3。

2）井-洞-缝-洞模型注水指示曲线在动态储量计算中的应用

以典型 TH12134CH 井为例，阐述注水指示曲线计算动态储量的方法。

TH12134CH 井是塔河油田阿克库勒凸起北西斜坡上的一口开窗侧钻井，物探资料显示该井位于局部构造高部位，地震剖面表现出表层强且整体串珠状反射特征（图 3-43），综合说明 TH12134CH 井区缝洞储集体发育。

TH12134CH 井产出原油为稠油，油井间开生产后基本没有无水采油期，也没有稳产段。生产期间多次因高含水关井，初期关井控水有效，且关井后地层压力得到一定程度的恢复。开井初期产量有所上升，但随后产量迅速下降，且含水率迅速上升反映近井储集体规模有限；中后期关井基本无效，之后进行注水开发，注水后油井能量得到补充，产量明显上升，综合判断注水有效（图 3-44）。

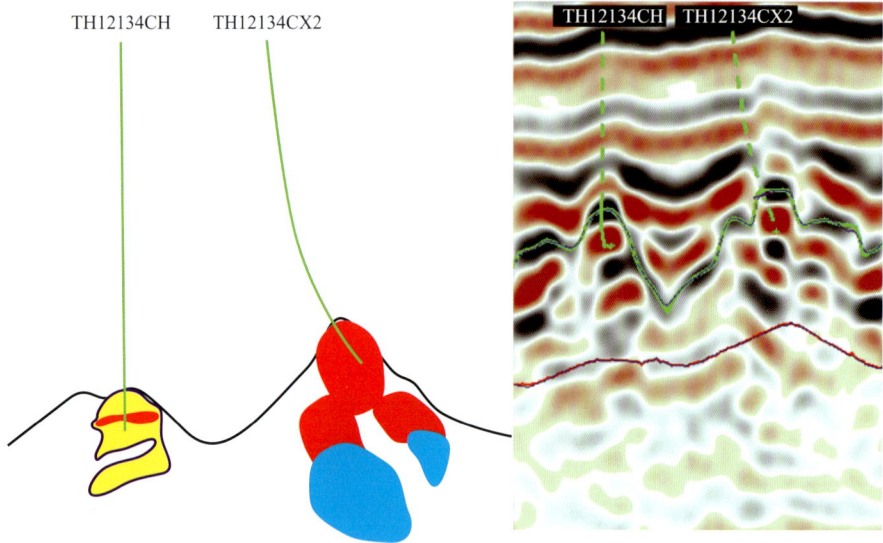

图 3-43　TH12134CH 井剩余油及模型刻画图

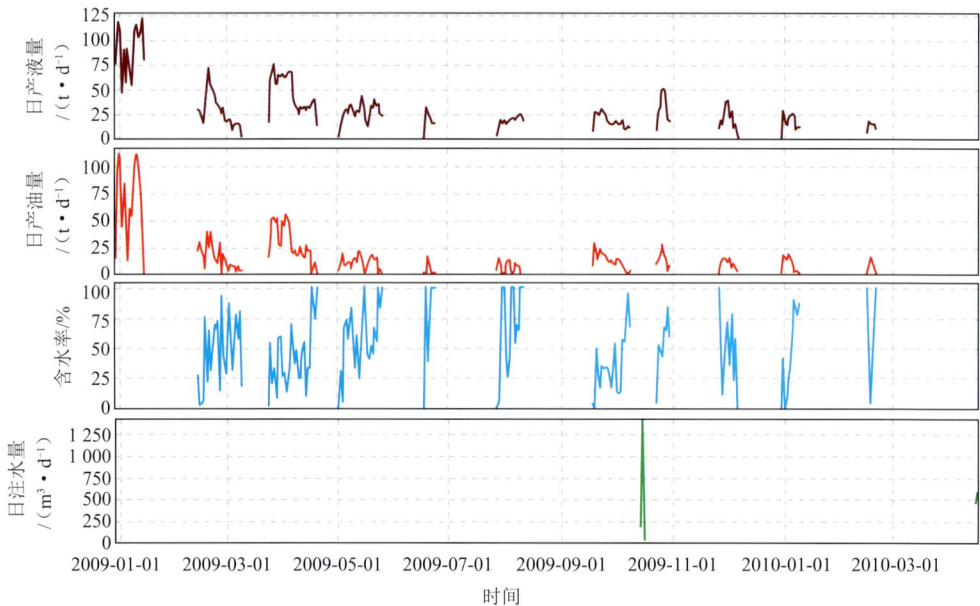

图 3-44　TH12134CH 井开发曲线

　　根据该井生产动态进一步推断该井为多溶洞连接的储集体发育特性。根据注水指示曲线(图 3-45)形状的变化情况可知,在注水过程中只出现了一个拐点,即注水在地下波及的区域发生了变化。结合 TH12134CH 井的地震剖面图,可判断 TH12134CH 井注水过程中波及的地下情况为双溶洞连接的储集体。

　　由图 3-45 可以看出,TH12134CH 井注水受效,定容特征明显,最大弹性注入量是 2 800 m³,且到达定容上限的压力点是 9 MPa 左右,在注水起压过程中出现了较为明显的拐点,该拐点将曲线分为 2 个阶段的直线段,到达拐点处的累积注水量为 1 200 m³ 左右,达到

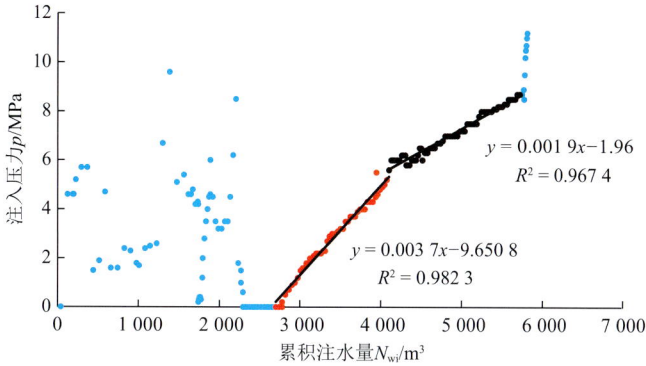

图 3-45　TH12134CH 注水指示曲线

6 MPa 后再接着注水 1 800 m³ 左右,达到定容的上限,初步判断当累积注水量达到 1 200 m³ 左右时注入水开始波及第 2 个溶洞。油藏体积越大,其弹性能量越大,地层吸水能力越强,对应相同的累积注水量压力上升越慢,曲线对应斜率越低。从图中可直观地看出第 1 阶段的直线斜率较大,第 2 阶段的直线斜率较小,说明注水波及的第 2 个溶洞体积比第 1 个溶洞体积大。

对于直线段,当注水无启动压力时,表明油井直接钻遇溶洞,储层具备一定的定容特征,当其斜率变化存在拐点时,表明注入水波及第 2 个溶洞储集体,据此选用单缝与双溶洞组合模型进行试算,公式(其中用 N_{vf} 表示溶洞和裂缝的总体积)如下:

$$N(\alpha+\beta) = N_{vf}$$

$$p = \begin{cases} \dfrac{N_{wi}B_w}{N_{vf}B_{oi}(\alpha C_{cf} + \beta R_1 C_w + C_o)} + p_0 & N_{wi} \leqslant N_{wo} \\[4mm] \dfrac{(N_{wi}-N_{wo})B_w}{N_{vf}B_{oi}[\alpha C_{cf} + \beta R_1 C_w + (1-\alpha-\beta)R_2 C_w + C_o]} + \\[4mm] \dfrac{N_{wo}B_w}{N_{vf}B_{oi}(\alpha C_{cf} + \beta R_1 C_w + C_o)} + p_0 & N_{wi} > N_{wo} \end{cases}$$

对实际注水指示曲线的两段直线分别进行拟合,拟合出的直线对应模型的两段分段函数,将模型公式对应的斜率代入拟合曲线进行计算,可得:

$$\begin{cases} \dfrac{B_w}{N_{vf}B_{oi}(\alpha C_{cf} + \beta R_1 C_w + C_o)} = 0.003\ 7 \\[4mm] \dfrac{B_w}{N_{vf}B_{oi}[\alpha C_{cf} + \beta R_1 C_w + (1-\alpha-\beta)R_2 C_w + C_o]} = 0.001\ 9 \end{cases}$$

对应的参数取值为:$B_w = 0.98$,$B_{oi} = 1.04$,$C_w = 4 \times 10^{-4}$ MPa⁻¹,$C_o = 10 \times 10^{-4}$ MPa⁻¹,$C_f = 14 \times 10^{-4}$ MPa⁻¹,$\alpha = 0.02$(根据注水指示曲线折线段占整个曲线的比例取值预估),$\beta = 0.48$,$R_1 = 0.3$,$R_2 = 0.2$。将参数值代入上式求解可得:

$$\begin{cases} N_{vf} = 23.4 \times 10^4\ \text{m}^3 \\ N = 44.1 \times 10^4\ \text{m}^3 \end{cases}$$

此结果是根据两段直线斜率求出的结果,由假设条件再计算 N_{vf},将此结果和求解值进行对比,以分析误差。

$$N_{vf} = N(\alpha+\beta) = 44.1 \times 10^4\ \text{m}^3 \times (0.02+0.48) = 22.05 \times 10^4\ \text{m}^3$$

与之前求出的 $23.4×10^4$ m^3 相比,误差为 5.7%,表明结果相对可靠。

同时可解出溶洞 2 的体积为:

$$N - N_{vf} = (44.1×10^4 - 23.4×10^4)m^3 = 20.7×10^4 \ m^3$$

由此得出地下原油总体积为 $44.1×10^4$ m^3,溶洞 1 和裂缝中的原油体积为 $23.4×10^4$ m^3,溶洞 2 中的原油体积为 $20.7×10^4$ m^3。

对 22 口单洞或缝洞型注水井进行多轮次理论计算与实际数据对比(表 3-1),表明选用合适模型的注水指示曲线估算动态储量的适应性较高,平均误差率在 6.4% 左右,可以满足现场开发计算精度要求。

表 3-1 注水指示曲线理论计算与实际数据对比表

井 号	上轮计算储量 /(10^4 t)	次轮计算储量 /(10^4 t)	计算产出 /(10^4 t)	实际产出 /(10^4 t)	误差率 /%
AD19	44.1	41.2	3.016 0	2.803 1	7.60
TH10327CH2	4.33	3.37	0.993 6	1.029 3	3.50
TH12344	2.56	2.49	0.073 8	0.070 1	5.30
TH12423	1.55	1.51	0.041 6	0.038 7	7.50
AD23CH	1.89	1.53	0.376 2	0.387 8	3.00
AD26	1.63	1.38	0.257 0	0.152 4	68.60
TH10124	23.32	22.64	0.713 5	0.650 6	9.70
TH10203	1.92	1.37	0.564 2	0.531 6	6.10
TH12352	4.147	3.62	0.542 0	0.550 0	1.50
TH12368CH	2.691 4	1.963	0.757 5	0.820 0	7.60
TH12153	0.349	0.259	0.093 8	0.081 0	15.80
TH12163	25.22	24.52	0.728 8	0.706 7	3.10
TH12224CH	4.19	3.65	0.558 8	0.569 9	1.90
TH12365X	1.99	1.55	0.457 6	0.499 2	8.30
TH12330	12.78	11.59	1.237 6	3.221 7	61.60
TH12270	2.5	1.98	0.540 8	0.597 1	9.40
TH12269	2.7	1.76	0.977 6	1.043 5	6.30
TH12225CX	0.5	0.3	0.208 0	0.182 0	14.30
TH10356	5.22	3.91	1.362 4	1.363 5	0.10
TH10262	1.57	0.9	0.696 8	0.650 3	7.20
TH12235	0.706	0.589	0.122 4	0.120 0	2.00
TH10233CH	1.71	1.08	0.655 2	0.638 7	2.60

3.3.2　识别储集体缝洞结构

在标准模型注水指示曲线理论推导的基础上，结合现场开发实践，初步形成了不同储集体缝洞结构判断图版（表 3-2），可实现油井储集体结构的快速判断。

表 3-2　注水指示曲线类型与储集体结构对照表

5 种曲线类型	8 种缝洞结构	对应概念模型
直线型（p, N_{wi}）	井-洞	漏失完井
直线型（p, N_{wi}）	井-高导流缝-洞	酸压完井
一注起压走平型（p, N_{wi}）	井-低导流缝-洞	酸压完井
一注起压走平型（p, N_{wi}）	井-小洞-缝-洞	漏失完井
直线+抛物线型 抛物线非走平（p, N_{wi}）	井-洞-缝网	
直线+抛物线型 抛物线非走平（p, N_{wi}）	井-洞-缝-洞（高能）	能量强
直线+抛物线型 抛物线走平（p, N_{wi}）	井-洞-缝-洞	能量弱
阶梯上升型（p, N_{wi}）	井-缝网	

由于注水指示曲线是用压力来反映注入水所波及储集空间类型，存在一定的多解性，因此现场使用过程中需要应用多轮次注水指示曲线并结合静态刻画、能量指示曲线等资料来综合评价，以提高储集体类型识别的准确率。

3.3.3　发现远端储集体，指导高压注水

通过注水指示曲线判断储集体结构，可以发现远端储集体，指导高压注水。下面以TK6105X 井为例加以说明。

　　TK6105X 井于 2014 年 12 月 8 日完钻,完钻层位 $O_{1-2}y$,完钻井深 5 621.93 m(斜)/5 580.00 m(垂),T_7^4 顶深 5 493 m(垂),进山 87.41 m(垂),$7\frac{5}{8}$ in 套管下深 5 496.21 m,回接至井口。钻进至 5 617.87 m 时井漏,井口失返,强钻至 5 621.93 m,钻井期间累计漏失钻井液 244.08 m³。但是该井投产后能量快速下降,TK6105X 井缝洞体地质雕刻显示外围存在 2 套储集体(图 3-43),试井曲线显示为双洞模型(图 3-44)。通过高压注水后注水指示曲线形态发生变化(图 3-44、图 3-45),生产有效动用 2 套储集体,周期产油量上升至 575 t(图 3-46)。

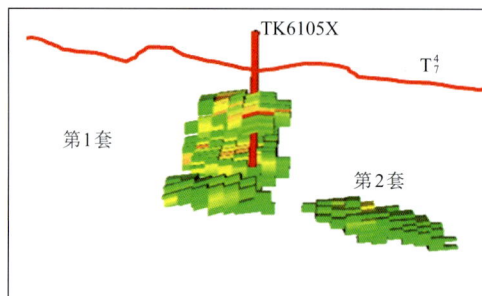

图 3-43　TK6105X 井储集体地质雕刻

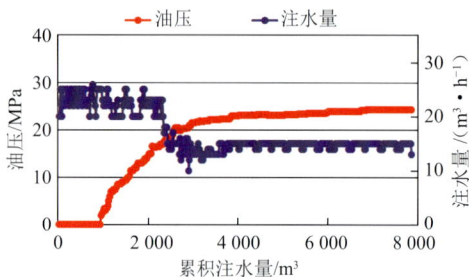

图 3-44　常规注水指示曲线

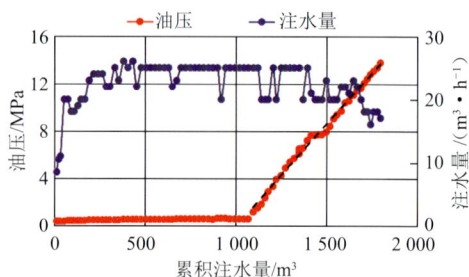

图 3-45　高压注水指示曲线

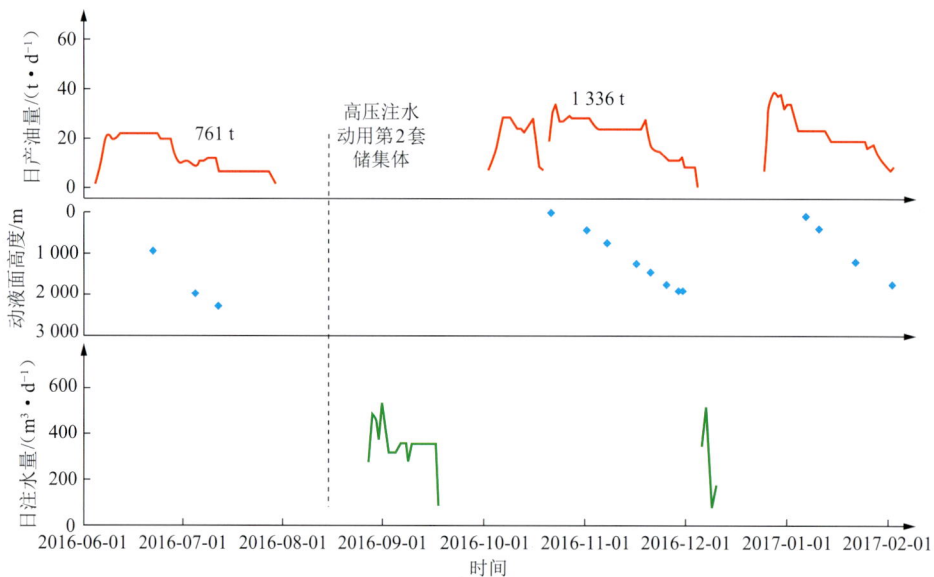

图 3-46　TK6105X 井高压注水生产曲线

第4章
试井曲线在碳酸盐岩缝洞型油藏中的指示特征及应用

试井分析是认识油藏、评价油藏和开展生产动态监测的重要技术手段。但是由于塔河油田缝洞型储层具极强的非均质性,以裂缝和溶洞为主,常出现钻井放空、漏失等现象,基于砂岩连续渗流的理论和介质模型将不再适用。针对缝洞尺度较大、具有极高流动性的缝洞型油藏,可将其裂缝中流体流动处理为渗流,溶洞中流体流动处理为管流,以渗流力学和弹性力学为基础,建立非连续介质模型。建立模型时将储层中能够视为连续介质的区域视为连续区域,不能够视为连续介质的区域视为离散区域。该模型的优点在于不仅巧妙地利用了相对成熟和完善的连续介质理论,降低了建立和求解数学模型的难度,而且考虑了不能视为连续介质的区域对流体流动的影响。

在前人研究的基础上,根据塔河油田奥陶系油藏地质特征,考虑溶洞体积和裂缝长度等参数来建立井-缝-单洞、井-缝-双洞并联和井-缝-洞串联3种不同缝洞组合的试井解释模型,实现缝洞型油藏特征参数的求解。

4.1　试井法发展历程

试井是对油气井或水井进行产量、压力、温度等的测试,通过生产动态分析,研究测试井的各种物性参数,油层、气层、水层的生产能力,油层、气层、水层之间以及井与井之间连通关系的方法。试井分析在油气田开发过程中起着举足轻重的作用。常用的试井法包括压力降落试井分析、压力恢复试井分析、均质油藏图版解释方法、产能试井等。

1933年,Mocre等提出了利用压力动态数据确定地层渗透率的方法,开启了稳定试井分析方法的研究,这种方法在20世纪30~40年代得到应用。

1935年,Theis总结了水井测试结果,给出了无限大油藏中由其他点流速变化引起的某点压力变化的解,首次介绍了不稳定试井压力分析方法。

1941年,Jacob开展了矿场水井干扰试验,提出了表示高速非达西影响的表皮系数。

1949年,van Everdingen利用Laplace变换求解了圆形油藏水侵问题的不定常渗流控制方程。

1951年,Horner提出了不稳定试井资料的分析方法,即半对数分析方法。这一方法自提出以来得到广泛应用，由于其具有很强的实用性和坚实的理论基础，目前仍在使用。后来发展的 MDH 和 MBH 分析方法都是对 Horner 方法的改善。

1967 年，Matthews 和 Russell 的专著《油层压力恢复和油气井测试》的出版，标志着试井分析成为渗流力学具体应用的一个分支。但是，试井分析方法仍然是基于半对数直线段的常规分析方法。

1970 年，Ramey 提出了试井分析的新方法，即图版拟合法（双对数分析方法），这是试井分析的一次革命性飞跃。

1971 年，Mckinley 给出了已知表皮系数的范围，以及求解井筒储集系数的图版分析方法。

1974 年，Earlougher 第一次提出将井筒储集系数和表皮系数组合成一个参数团的图版分析方法。

1979 年，Gringarten 提出了试井图版分析法，将井筒储集系数和表皮系数组成一个简便的组合，使试井分析前进了一大步，同时以计算机为研究工具，使试井分析的精确程度大大提高。

1983 年，Bourder 提出了压力导数的分析方法，并将压力导数图版与 Gringarten 图版组合形成了新的试井分析图版，可以对均质、双重介质和带边界油气藏等进行较好的识别。后来发展的神经网络、人工智能等诊断方法在试井中的应用都是以压力导数曲线分析方法为基础的。

1985 年，Goode 等将水平井视为条带源，采用 Fourier 变换结合 Laplace 变换求解了三维 Fourier 方程，给出了压降和压力恢复的实时域解式，为水平井试井理论的发展奠定了基础。

1988 年，Kuchuk 引入混合型垂向边界条件，利用其极限形式研究了有底水或气顶的各向异性介质中水平井的瞬时压力。该方法沿着水平井段取积分平均，解决了测压点选取问题。

2013 年，Mojtabap 扩展了干扰试井的应用范围，根据广义扩散系数方程提出了利用干扰试井计算泊松比的方法。

我国的试井分析工作起步于 20 世纪 50 年代，当时在玉门油田进行了一些简单的测压和系统试井分析工作；到了 60 年代，在大庆油田、胜利油田开始使用不稳定试井曲线确定地层压力和有关地层参数；70 年代，在四川采用双重介质理论、对数差值法确定碳酸盐岩裂缝型气田的地质参数；80 年代，在广泛引进大型成套水力压裂设备及地层实验仪器后，全国各大油田单位越来越重视不稳定试井分析技术的推广与使用，并对油气井测试的理论进行了较为系统的总结。由此国内陆续涌现出具有代表性的成果。

1985 年，由中国石油工程学会组织撰写的油气田开发进修丛书中，姜礼尚、陈钟祥所著《试井分析理论基础》一书用严格的数学方法别具一格地阐述了各种条件下不稳定试井问题的数学解。

1991 年，史乃光结合渗流力学的相关知识，参考国外图书主编了《油气井测试》教材。

1993 年，冯文光撰写了《污染引起的渗流异常机理与 SLUG 试井分析原理》一书，推动了试井分析在增产改造方面的应用。

2002 年，廖新维和沈平平撰写了《现代试井分析》一书，研究了多种渗流问题的不稳定试井理论和试井分析方法,主要包括"不稳定试井基本概念和基本理论""直线段解释和曲线拟合解释方法"等内容。

2004 年,庄惠农撰写了《气藏动态描述和试井》一书,从储层动态描述的新视角讲述了如何应用试井资料研究油气藏和储层,把动态分析工作提升到了新的层次。

2005 年,陈慧新和刘曰武在明确了试井分析所用的油藏分类标准的基础上,从油藏多孔介质的非均质性、油藏流体的非均质性以及数学模型的解法和试井解释方法 4 个方面对非均质油藏的研究成果进行了概述,归纳出了规则的非均质油藏和随机的非均质油藏的概念,并分析了非均质油藏试井理论研究的发展趋势,指出结合油田地质资料和油藏开发动态资料进行综合试井资料分析是试井理论发展的必然趋势,数值试井方法是试井未来发展的方向。

2009 年,李晓平等撰写了《试井分析方法》一书,从试井的概念出发,较为全面系统地阐述了单相流及多相流条件下油井、气井稳定及不稳定试井分析的基本理论与方法。

试井理论发展至今,已逐渐形成了除常规油藏试井分析以外的多重介质油藏试井理论、稠油油藏多元热流体试井理论、多段压裂水平井试井理论等多种油藏类型和工艺制度下的试井理论。

4.2　试井曲线模型的建立

4.2.1　井-缝-洞模型

1) 物理模型

该模型由裂缝 f 和溶洞 v 组成,如图 4-1 所示。

考虑缝洞模型中一口生产井的情况,并做如下假设:

① 油井产量稳定,不随时间变化;

② 生产前地层中各点压力均匀分布,且压力为 p_i;

③ 地层中流体为单相且弱可压缩,流体在两种介质中的渗流满足达西定律;

④ 每种介质的孔隙度与另一种介质的压力变化相对独立;

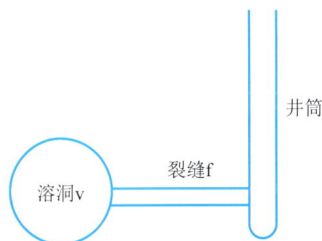

图 4-1　井-缝-洞模型示意图

⑤ 重力及毛管压力的影响忽略不计;

⑥ 考虑井筒储集效应和表皮效应;

⑦ 裂缝向井筒供液,溶洞向裂缝发生拟稳态窜流,且溶洞不直接向井筒供液。

2) 数学模型

假设井-缝-洞型油藏仅由溶洞和裂缝两种介质组成,前人主要用介质储容比来描述各种介质占总系统的比值,本书采用溶洞体积、裂缝长度等参数来表征介质储容比,进而计算动态储量。根据质量守恒定律,可建立井-缝-洞模型的数学微分方程组。

裂缝 f 中流体渗流遵循:

$$\frac{\partial^2 p_r}{\partial r^2} = \frac{\phi_v \mu V_v C_v}{k_v} \frac{\partial p_v}{\partial t} + \frac{\phi_f \mu A_f L_f C_f}{k_f} \frac{\partial p_f}{\partial t} \tag{4-1}$$

式中　t——时间；

　　　r——距井的径向距离；

　　　p_r——距井的径向距离为 r 处的地层压力；

　　　L_f——裂缝长度；

　　　V_v——溶洞体积；

　　　μ——流体黏度；

　　　A_f——裂缝横截面积；

　　　C_v,C_f——溶洞介质压缩系数、裂缝介质压缩系数；

　　　p_v,p_f——溶洞介质瞬时压力、裂缝介质瞬时压力；

　　　ϕ_v,ϕ_f——溶洞孔隙度、裂缝孔隙度；

　　　k_v,k_f——溶洞渗透率、裂缝渗透率。

溶洞 v 向裂缝 f 发生拟稳态窜流的方程为：

$$\phi_v V_v C_v \frac{\partial p_v}{\partial t} = -\alpha_v \frac{k_v}{\mu}(p_v - p_f) \tag{4-2}$$

式中　α_v——溶洞的形状因子。

初始条件：

$$p_f \big|_{t=0} = p_v \big|_{t=0} = p_i \tag{4-3}$$

式中　p_i——原始地层压力。

内边界条件(空间域)：

$$p_w = p_f \big|_{r=r_w} \tag{4-4}$$

式中　p_w——井底压力；

　　　r_w——井筒半径。

内边界条件(时间域)：

$$r \frac{\partial p_f}{\partial r}\bigg|_{r=r_w} = \frac{1.842 \times 10^{-3} q\mu B_o}{k_f h} + \frac{0.159\ 2C}{hr_w} \frac{\mathrm{d}p_w}{\mathrm{d}t} \tag{4-5}$$

式中　q——地面流量；

　　　B_o——原油体积系数；

　　　C——井筒储集系数；

　　　h——油层厚度。

无限大外边界条件：

$$\lim_{r \to \infty} p_v = \lim_{r \to \infty} p_f = p_i \tag{4-6}$$

定压外边界条件：

$$\lim_{r \to r_e} p_v = \lim_{r \to r_e} p_f = p_i \tag{4-7}$$

式中　r_e——边界半径。

封闭外边界条件：

$$\frac{\partial p_f}{\partial r}\bigg|_{r=r_e} = \frac{\partial p_v}{\partial r}\bigg|_{r=r_e} = 0 \tag{4-8}$$

为了使计算简化,公式中参数和变量的数目减少,也为了使计算结果适用于不同的单位制,特引入无因次变量。油藏工程、试井分析中经常需要进行单位换算。现以裘布衣计算公式为例,将国际单位制换算为油藏工程领域常用的法定单位。

国际单位制下的裘布衣计算公式为:

$$q = \frac{2\pi k h \Delta p}{\mu \ln \dfrac{r_e}{r_w}} \tag{4-9}$$

式中　k——地层渗透率。

为了方便换算,可在公式两端写明原来的单位和要换算的单位:

$$q \left[\dfrac{\left[\dfrac{m^3}{s}\right]}{\left[\dfrac{m^3}{d}\right]}\right] \left[\dfrac{m^3}{d}\right] = \frac{2\pi k \dfrac{[m^2]}{[mD]}[mD] h [m] \Delta p \dfrac{[Pa]}{[MPa]}[MPa]}{\mu \dfrac{[Pa \cdot s]}{[mPa \cdot s]}[mPa \cdot s] \ln \dfrac{r_e}{r_w}} \tag{4-10}$$

再将两种单位之比进行数据换算:

$$q \frac{1}{86\,400}[m^3/d] = \frac{2\pi k \dfrac{1}{10^{15}}[mD] h [m] \Delta p \dfrac{10^6}{1}[MPa]}{\mu \dfrac{1}{1\,000}[mPa \cdot s] \ln \dfrac{r_e}{r_w}} \tag{4-11}$$

最后整理即得新公式:

$$q = \frac{1}{1.842} \frac{2\pi k h \Delta p}{\mu \ln \dfrac{r_e}{r_w}} \tag{4-12}$$

基于上述原理,结合模型所建公式,引入一组无因次变量(下标 w,v,f 分别表示井筒、溶洞、裂缝;下标 e 表示边界;下标 D 表示各变量对应的无因次量)如下:

$$r_D = \frac{r}{r_w e^{-s}}, \qquad r_{eD} = \frac{r_e}{r_w e^{-s}}, \qquad p_{fD} = \frac{k_f h (p_i - p_f)}{1.842 \times 10^3 q \mu B_o},$$

$$p_{vD} = \frac{k_f h (p_i - p_f)}{1.842 \times 10^{-3} q \mu B_o}, \qquad t_D = \frac{3.6 k_f t}{\mu r_w^2 (\phi_v C_v V_v + \phi_f C_f L_f A_f)},$$

$$\lambda_{vf} = \frac{\alpha_v k_v}{k_f} r_w^2, \qquad V_{vD} = \frac{V_v}{r_w^3}, \qquad L_{fD} = \frac{L_f}{r_w}, \qquad A_{fD} = \frac{A_f}{r_w^2},$$

$$C_D = \frac{C}{2\pi h r_w^2 (\phi_v C_v V_v + \phi_f C_f L_f A_f)}$$

式中　S——表皮系数;

λ_{vf}——溶洞向裂缝的窜流系数。

据此井-缝-洞模型的无因次渗流数学方程可写为:

$$\frac{\partial^2 p_{fD}}{\partial r_D^2} = \frac{\phi_v C_{vD} V_{vD}}{e^{2S}(\phi_v C_{vD} V_{vD} + \phi_f C_{fD} L_{fD} A_{fD})} \frac{\partial p_{vD}}{\partial t_D} +$$

$$\frac{\phi_f C_{fD} L_{fD} A_{fD}}{e^{2S}(\phi_v C_{vD} V_{vD} + \phi_f C_{fD} L_{fD} A_{fD})} \frac{\partial p_{fD}}{\partial t_D} \tag{4-13}$$

$$-\lambda_{vf} e^{-2S}(p_{vD} - p_{fD}) = \frac{\phi_v C_{vD} V_{vD}}{e^{2S}(\phi_v C_{vD} V_{vD} + \phi_f C_{fD} L_{fD} A_{fD})} \frac{\partial p_{vD}}{\partial t_D} \tag{4-14}$$

初始条件：

$$p_{fD}\big|_{t_D=0} = p_{vD}\big|_{t_D=0} = 0 \tag{4-15}$$

内边界条件（空间域）：

$$p_{wD} = p_{fD}\big|_{r_D=1} \tag{4-16}$$

内边界条件（时间域）：

$$\frac{\partial p_{fD}}{\partial r_D}\bigg|_{r_D=1} = -1 + C_D \frac{dp_{wD}}{dt_D} \tag{4-17}$$

无限大外边界条件：

$$\lim_{r_D \to \infty} p_{vD} = \lim_{r_D \to \infty} p_{fD} = 0 \tag{4-18}$$

定压外边界条件：

$$\lim_{r \to r_{eD}} p_{vD} = \lim_{r \to r_{eD}} p_{fD} = 0 \tag{4-19}$$

封闭外边界条件：

$$\frac{\partial p_{fD}}{\partial r_D}\bigg|_{r_D=r_{eD}} = \frac{\partial p_{vD}}{\partial r_D}\bigg|_{r_D=r_{eD}} = 0 \tag{4-20}$$

在当前的实空间下求解上述无因次方程难度较高，因此选择将上述方程转到拉普拉斯（Laplace）空间中，再通过数值反演到实空间中进行求解。对式（4-13）～式（4-20）进行 $t_D \to s$（s 为 Laplace 空间变量）的 Laplace 变换为：

$$\frac{\partial^2 \overline{p}_{wD}}{\partial r_D^2} = \frac{\phi_v C_{vD} V_{vD}}{(\phi_v C_{vD} V_{vD} + \phi_f C_{fD} L_{fD} A_{fD})} e^{-2S} s\, \overline{p}_{vD} +$$

$$\frac{\phi_f C_{fD} L_{fD} A_{fD}}{(\phi_v C_{vD} V_{vD} + \phi_f C_{fD} L_{fD} A_{fD})} e^{-2S} s\, \overline{p}_{fD} \tag{4-21}$$

$$-\lambda_{vf}(\overline{p}_{vD} - \overline{p}_{fD}) = s\, \overline{p}_{vD} \tag{4-22}$$

式中　$\overline{p}_{wD}$——Laplace 空间中无因次井底压力；

$\overline{p}_{fD}$，$\overline{p}_{vD}$——Laplace 空间中无因次裂缝压力、无因次溶洞压力。

初始条件：

$$\overline{p}_{fD}\big|_{t_D=0} = \overline{p}_{vD}\big|_{t_D=0} = 0 \tag{4-23}$$

内边界条件（空间域）：

$$\overline{p}_{wD} = \overline{p}_{fD}\big|_{r_D=1} \tag{4-24}$$

内边界条件（时间域）：

$$\frac{\partial \overline{p}_{fD}}{\partial r_D}\bigg|_{r_D=1} = -\frac{1}{s} + C_D s\, \overline{p}_{vD} \tag{4-25}$$

无限大外边界条件：

$$\lim_{r_D \to \infty} \overline{p}_{vD} = \lim_{r_D \to \infty} \overline{p}_{fD} = 0 \tag{4-26}$$

定压外边界条件：

$$\lim_{r \to r_{eD}} \overline{p}_{vD} = \lim_{r \to r_{eD}} \overline{p}_{fD} = 0 \tag{4-27}$$

封闭外边界条件：

$$\left.\frac{\partial \overline{p}_{fD}}{\partial r_D}\right|_{r_D=r_{eD}} = \left.\frac{\partial \overline{p}_{vD}}{\partial r_D}\right|_{r_D=r_{eD}} = 0 \tag{4-28}$$

3）模型解

采用广义贝塞尔函数代入式（4-21）求解，得到其通解（A 和 B 为常数）为：

$$\overline{p}_{fD}(r_D,s) = A\cosh[f(s)r_D] + B\sinh[f(s)r_D] \tag{4-29}$$

式中

$$f(s) = \sqrt{se^{-2S}(\sigma_1 + \sigma_2)} \tag{4-30}$$

$$\sigma_1 = \frac{\lambda_{vf}\phi_v C_{vD} V_{vD}}{\lambda_{vf}(\phi_v C_{vD} V_{vD} + \phi_f C_{fD} L_{fD} A_{fD}) + s\phi_v C_{vD} V_{vD}} \tag{4-31}$$

$$\sigma_2 = \frac{\phi_f C_{fD} L_{fD} A_{fD}}{\phi_v C_{vD} V_{vD} + \phi_f C_{fD} L_{fD} A_{fD}} \tag{4-32}$$

式（4-26）中 $\lim\limits_{r_D \to \infty} \overline{p}_{fD} = 0$，因此式（4-29）中 $B=0$。结合初始条件及内外边界条件[式（4-23）～式（4-28）]，并将 $r_D=1$ 代入式（4-21）的 $\overline{p}_{fD}$ 中，可求得无限大外边界条件下 Laplace 空间中无因次井底压力的解为：

$$\overline{p}_{wD} = \frac{K_0[f(s)]}{s\{C_D s K_0[f(s)] + f(s)K_1[f(s)]\}} \tag{4-33a}$$

定压外边界条件下 Laplace 空间中无因次井底压力的解为：

$$\overline{p}_{wD} = \frac{K_0[f(s)]I_0[f(s)r_{eD}] - K_0[f(s)r_{eD}]I_0[f(s)]}{sf(s)\{K_0[f(s)r_{eD}]I_1[f(s)] - K_1[f(s)]I_0[f(s)r_{eD}]\}} \tag{4-33b}$$

封闭外边界条件下 Laplace 空间中无因次井底压力的解为：

$$\overline{p}_{wD} = \frac{K_1[f(s)r_{eD}]I_0[f(s)] + K_0[f(s)]I_1[f(s)r_{eD}]}{sf(s)\{K_1[f(s)r_{eD}]I_1[f(s)] - K_1[f(s)]I_1[f(s)r_{eD}]\}} \tag{4-33c}$$

式中　I_0, I_1——0 阶、1 阶的第 1 类虚变量贝塞尔函数；

　　　K_0, K_1——0 阶、1 阶的第 2 类虚变量贝塞尔函数。

采用 Stehfest 数值反演方法对式（4-33）中的 $\overline{p}_{wD}$ 进行求解。针对任意函数 $f(t)$，其 Laplace 变换公式为：

$$L(s) = l[f(t)] = \int_0^{+\infty} f(t)e^{-st}dt \tag{4-34}$$

通过 Stehfest 数值反演，求出 $f(t)$ 的表达式如下：

$$f(t) = \frac{\ln 2}{t_D}\sum_{i=1}^{n} V_i L(s_i) \tag{4-35}$$

式中

$$s_i = \frac{\ln 2}{t}i \tag{4-36}$$

$$V_i = (-1)^{\frac{N}{2}+i}\sum_{k=\left[\frac{i+1}{2}\right]}^{\min\left(i,\frac{N}{2}\right)} \frac{k^{\frac{N}{2}}(2k)!}{\left(\frac{N}{2}-k\right)!k!(k-1)!(i-k)!(2k-1)!} \tag{4-37}$$

4）典型曲线及参数敏感性分析

对上述模型进行 Stehfest 数值反演后，可得到无因次井底压力在实空间的数值解。可以利用 Matlab 编程来实现此数值反演过程，并利用数值解进行典型曲线的绘制及参数敏感性分析。考虑到塔河油田碳酸盐岩缝洞型油藏开发现状，下面着重介绍无限大外边界和封闭外边界 2 种条件下的典型曲线及参数敏感性分析。

（1）典型曲线。

① 无限大外边界。

井-缝-洞模型在无限大外边界条件下的典型曲线（图 4-2）整体上可划分为 5 个阶段。第 Ⅰ 阶段是早期井储阶段，受井筒储集效应（井储效应）的影响，压力和压力导数曲线呈交互重叠的斜率为 1 的直线。第 Ⅱ 阶段反映的是邻近井筒的裂缝系统流动段，受裂缝中流体向井筒流动的缓冲作用影响，当裂缝系统开始供液时，压力导数曲线达到峰值后迅速下降。峰值的高低取决于井筒储集系数 C 和表皮系数 S 的大小。第 Ⅲ 阶段为裂缝系统的径向流段，此时裂缝远端供液能力较第 Ⅱ 阶段明显下降，压力导数曲线呈现斜率很小、接近水平段的趋势。第 Ⅳ 阶段为溶洞向裂缝供液响应段，在压力导数曲线上呈现一个下凹段，反映此时溶洞强大的供液能力使单位时间内的压降变小，压力保持较好。第 Ⅴ 阶段为整个系统的晚期径向流阶段（拟稳态阶段），由于系统弹性能量一定，此时地层各处压力随着时间延长而均匀下降。在无限大外边界条件下，压力导数曲线呈值为 0.5 的水平线。

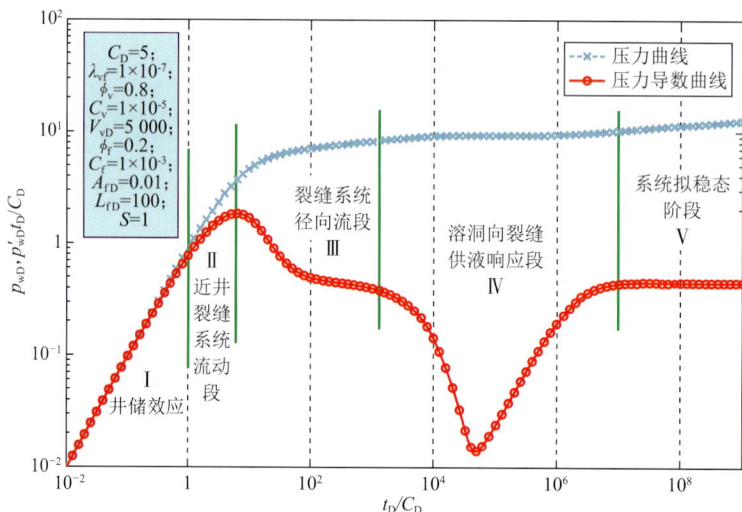

图 4-2 井-缝-洞模型无限大外边界条件下的典型曲线

② 封闭外边界。

井-缝-洞模型在封闭外边界条件下的典型曲线（图 4-3）整体上可划分为 4 个阶段。第 Ⅰ 阶段是早期井储阶段，压力和压力导数曲线呈交互重叠的斜率为 1 的直线。第 Ⅱ 阶段反映的是邻近井筒的裂缝系统流动段，表现为裂缝向井筒流动的缓冲段，压力导数曲线达到峰值后迅速下降。第 Ⅲ 阶段为溶洞向裂缝供液响应段，在压力导数曲线上呈现一个下凹段,即由于溶洞开始持续供液,单位时间内的压降变小,压力保持较好。第Ⅴ阶段为整个系统的晚期径向流阶段(拟稳态阶段),由于系统弹性能量一定,此时地层各处压力随着时间延长而均匀下降。在封闭外边界条件下,这个阶段的压力曲线与压力导数曲线重合为一条斜率为1的直线。

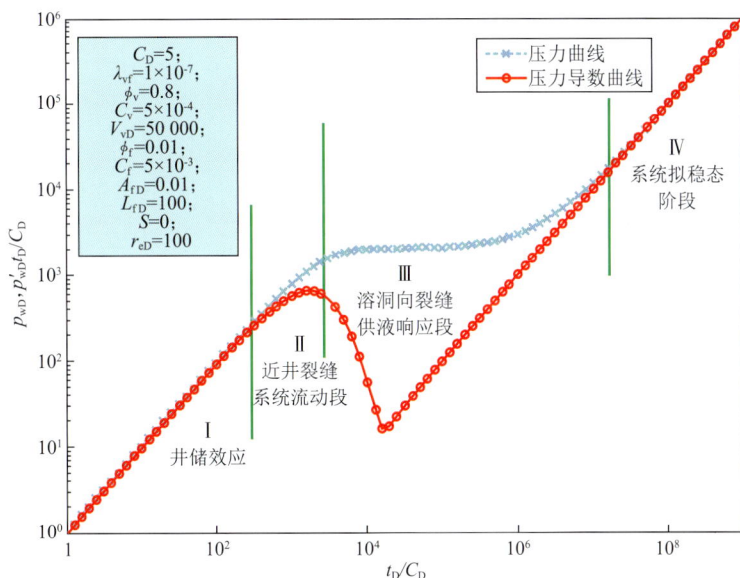

图 4-3　井-缝-洞模型封闭外边界条件下的典型曲线

(2) 参数敏感性分析。

溶洞体积的研究对于油藏储量计算异常重要。图 4-4 所示为井-缝-洞模型在无限大外边界条件下的无因次溶洞体积 V_{vD} 影响图版。可以看出,井储阶段之后,裂缝开始向井筒供液响应,随着 V_{vD} 变大,压力曲线和压力导数曲线值相应变大。当 V_{vD} 较小时,第Ⅲ阶段即裂缝系统的径向流水平段较长。随着 V_{vD} 的增大,裂缝系统的径向流段越来越短。因此,可以预测当 V_{vD} 足够大,裂缝相对较短时,裂缝系统的径向流段将会消失。到了第Ⅳ阶段,随着 V_{vD} 的增大,压力导数曲线出现的下凹段深度变大,开度变宽,同时下凹段出现的时间相对变早。这反映出溶洞体积越大,供液能力越强,溶洞向裂缝供液响应相对变快,单位时间内的压降更小,压力保持程度更好。

而在封闭外边界条件下,随着 V_{vD} 的增大,压力导数曲线出现的下凹段深度变大,开度变宽,同时下凹段出现的时间相对变早(图 4-5)。这同样反映出溶洞体积越大,供液能力越强,单位时间内的压降越小,压力保持程度越好。

图 4-6 所示为井-缝-洞模型在无限大外边界条件下的无因次裂缝长度 L_{fD} 影响图版。可以看出,随着 L_{fD} 的增大,压力导数曲线下凹段出现的时间变晚,深度减小,宽度也变窄。这表明裂缝越长,裂缝向井筒过渡以及裂缝系统径向流段耗时越长,相应的溶洞向裂缝供液响应时间越晚。

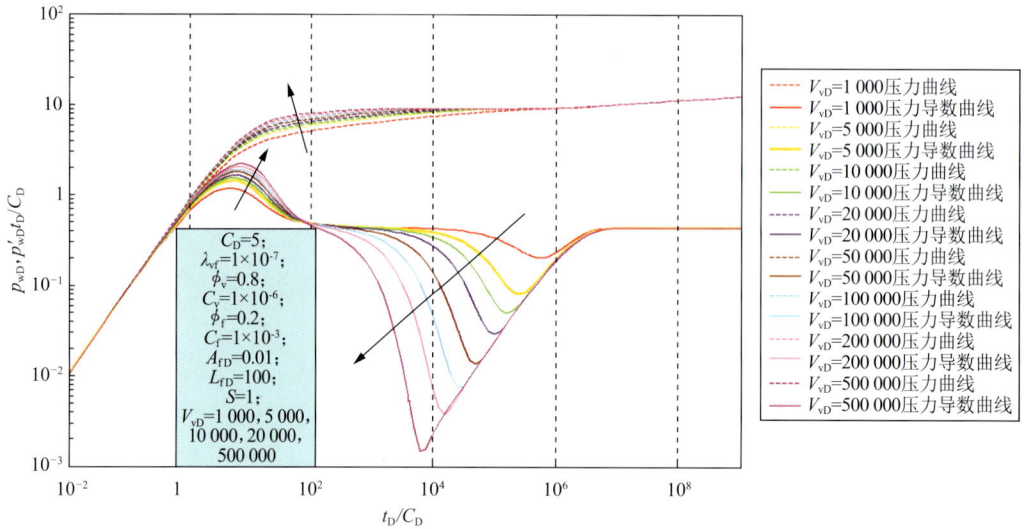

图 4-4　井-缝-洞模型无因次溶洞体积 V_{vD} 影响图版(无限大外边界)

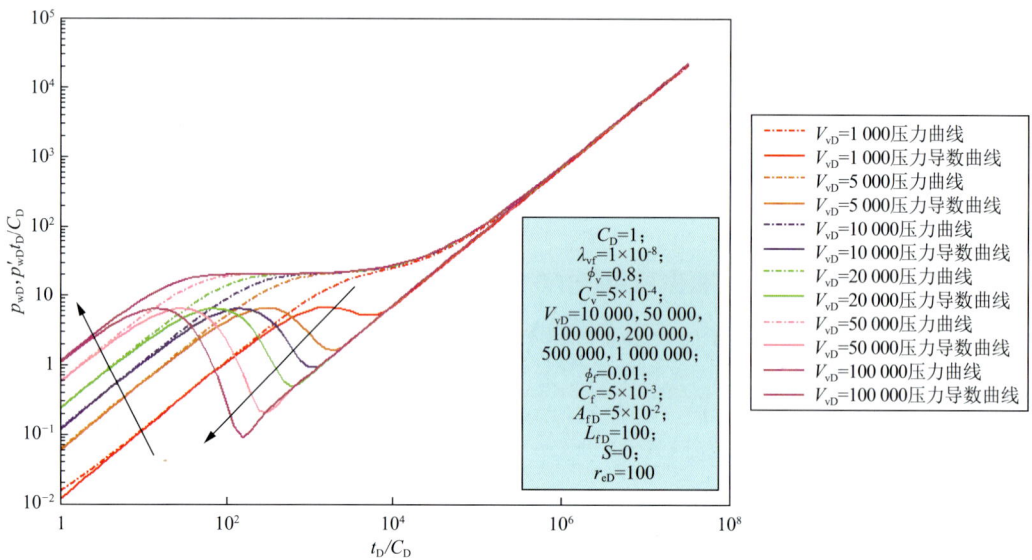

图 4-5　井-缝-洞模型无因次溶洞体积 V_{vD} 影响图版(封闭外边界)

图 4-7 所示为井-缝-洞模型在封闭外边界条件下的无因次裂缝长度 L_{fD} 影响图版。可以看出，L_{fD} 主要影响的是压力导数曲线下凹段出现的时间，裂缝越长，溶洞向裂缝供液响应时间越晚，下凹段出现越晚。

裂缝横截面积对于地下流体的渗流运移速度至关重要。图 4-8 所示为井-缝-洞模型在无限大外边界条件下的无因次裂缝横截面积 A_{fD} 影响图版。可以看出，随着 A_{fD} 的增大，压力导数曲线下凹段的深度变大，开度变宽，出现的时间变早。这表明溶洞向裂缝供液响应过程中，裂缝横截面积越大，流体在裂缝中受到的阻力越小。同时随着 A_{fD} 的增大，裂缝系统的径向流段越来越短。到了晚期系统拟稳态阶段，溶洞和裂缝中的各处压力随着时间延长均匀下降，压力导数曲线为水平线。

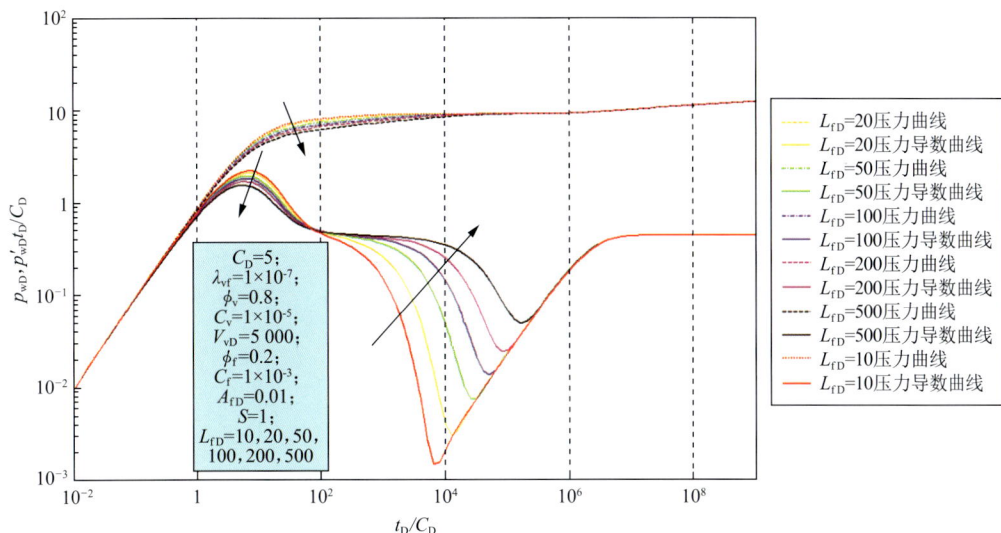

图 4-6　井-缝-洞模型无因次裂缝长度 L_{fD} 影响图版(无限大外边界)

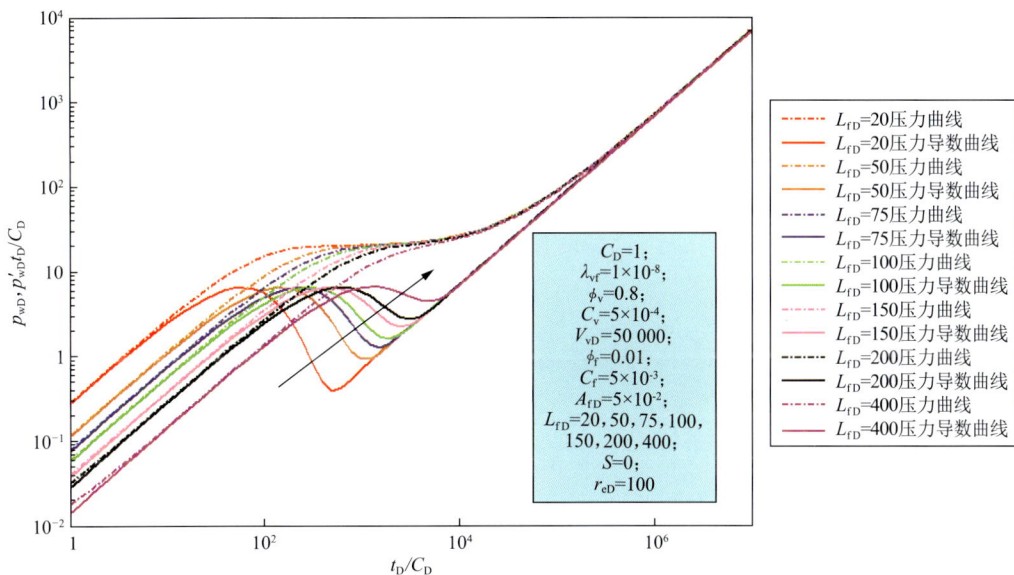

图 4-7　井-缝-洞模型无因次裂缝长度 L_{fD} 影响图版(封闭外边界)

　　图 4-9 所示为井-缝-洞模型在封闭外边界条件下的无因次边界半径 r_{eD} 影响图版。可以看出,边界半径 r_{eD} 越大,同一时间下的压力及压力导数曲线斜率越小,即压降和单位时间内的压降越小,压力保持程度越好。

　　碳酸盐岩缝洞型储层中缝洞系统之间流体交换频繁,因此窜流系数 λ_{vf} 也在一定程度上影响着试井解释图版的曲线特征。窜流系数主要受控于溶洞与裂缝渗透率的比值,反映了溶洞向裂缝窜流的能力。从参数敏感性分析可以看出,随着 λ_{vf} 的增大,压力导数曲线下凹段出现时间变早,即溶洞向裂缝供液响应时间变早。可以预测,随着 λ_{vf} 的不断增大,裂缝系统的径向流段将趋于消失。第 Ⅲ 阶段即裂缝系统的径向流水平段随着 λ_{vf} 的减小而变长,而在第 Ⅰ 阶段即井储阶段和第 Ⅱ 阶段即邻近井筒的裂缝系统流动段压力曲线和压力导数曲线均不随窜流系数发生变化(图 4-10)。

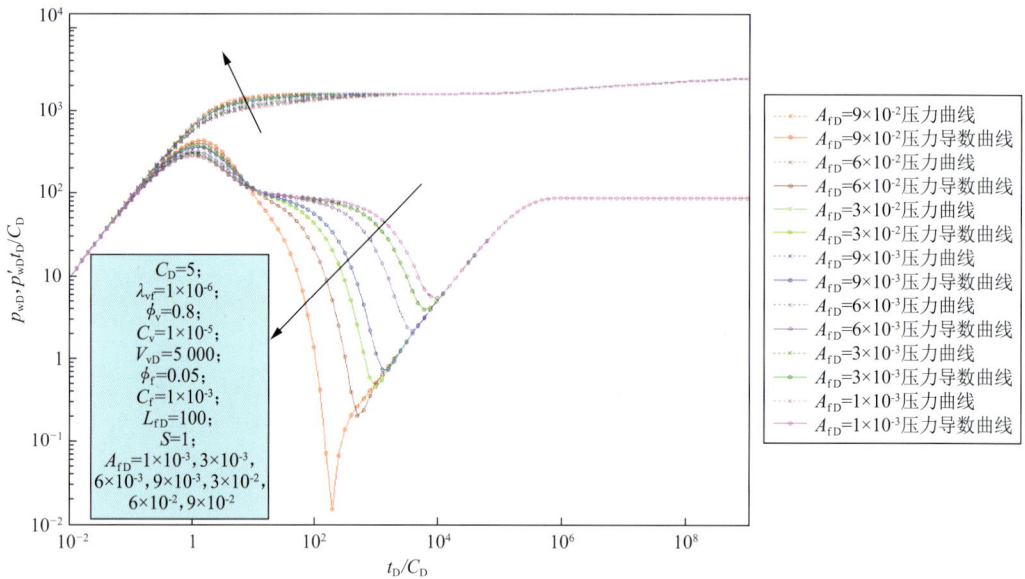

图 4-8　井-缝-洞模型无因次裂缝横截面积 A_{fD} 影响图版(无限大外边界)

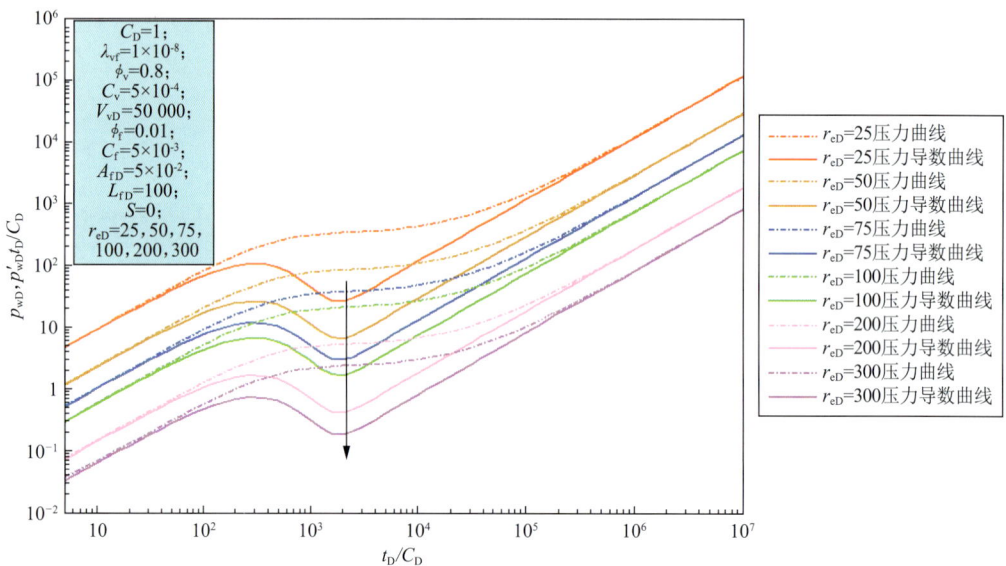

图 4-9　井-缝-洞模型无因次边界半径 r_{eD} 影响图版(封闭外边界)

　　表皮系数 S 是衡量表皮造成附加阻力大小的指标,也是井污染程度的体现。S 为正时,说明井被污染,S 越大,污染区面积越大;$S=0$ 时,说明井没有被污染,也没有实施措施;S 为负时,说明井已实施措施。图 4-11 所示为井-缝-洞模型在无限大外边界条件下的表皮系数 S 影响图版。可以看出,随着 S 的增大,压力导数曲线在第Ⅱ阶段的峰值逐渐增大。当 $S \geqslant 0$ 时,井储阶段压力曲线和压力导数曲线的斜率为1;当 $S<0$ 时,井储阶段压力曲线和压力导数曲线的斜率小于1。井储阶段之后,同一时间点下,S 越大,无因次井底压力越大。而 S 的大小与压力导数曲线下凹段出现的时间、深度、宽度等几乎无关。

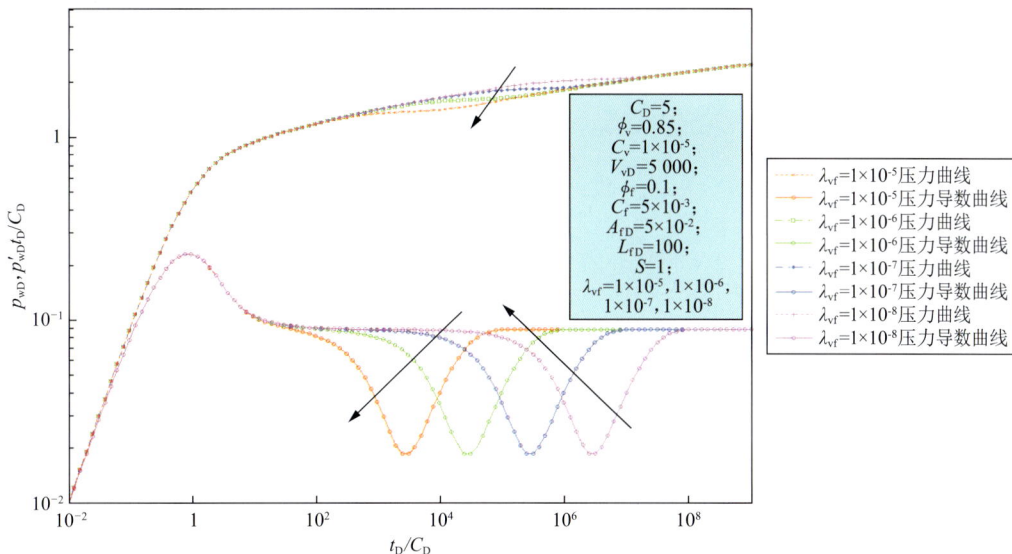

图 4-10　井-缝-洞模型窜流系数 λ_{vf} 影响图版(无限大外边界)

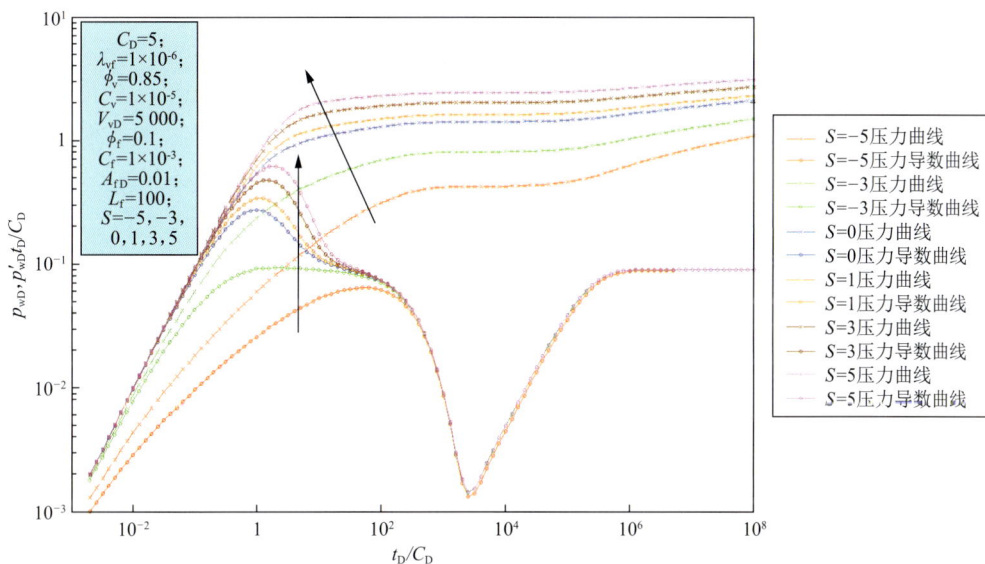

图 4-11　井-缝-洞模型表皮系数 S 影响图版(无限大外边界)

　　溶洞孔隙度 ϕ_v 是缝洞型油藏储量计算的一个重要参数。图 4-12 所示为井-缝-洞模型在无限大外边界条件下的溶洞孔隙率 ϕ_v 影响图版。可以看出,随着 ϕ_v 的增大,压力导数曲线下凹段出现的时间略有提前,深度变大,宽度变大,这表明溶洞向裂缝供液响应作用更为明显;同时裂缝系统的径向流段越来越短。到了晚期系统拟稳态阶段,溶洞和裂缝中的各处压力随着时间延长均匀下降,压力导数曲线呈值约等于 0.5 的水平线。由于同为体积相关参数,溶洞孔隙度 ϕ_v 与溶洞体积 V_v 的参数敏感性规律相似。

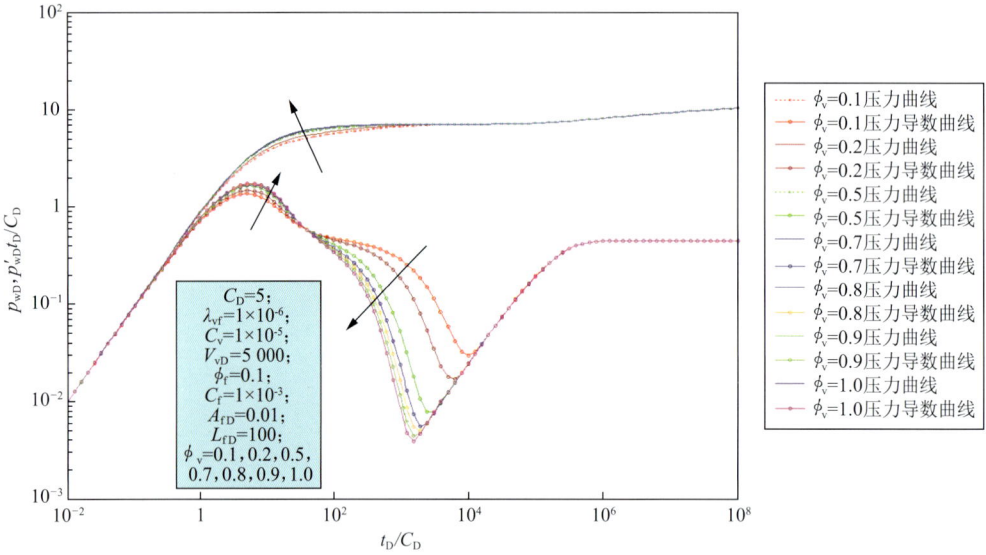

图 4-12 井-缝-洞模型溶洞孔隙度 ϕ_v 影响图版(无限大外边界)

　　井筒储集系数 C 是衡量井储效应大小的指标。井储效应是指开井初期地层流体不能即时流向井筒,而关井初期地层流体仍然流向井筒的现象。图 4-13 所示为井-缝-洞模型在无限大外边界条件下的无因次井筒储集系数 C_D 影响图版。可以看出,随着 C_D 的增大,第 I 阶段即井储阶段同一时间点下无因次井底压力增大;第 II 阶段中裂缝向井筒供液变慢,反映出井储效应对地层中流体流向井筒所耗时间有影响;第 IV 阶段压力导数曲线下凹段出现时间变早,裂缝向井筒供液过程的持续时间变短,且溶洞向裂缝供液时间变早。到了晚期系统拟稳态阶段,溶洞和裂缝中各处压力随着时间延长均匀下降,压力导数曲线呈值为 0.5 的水平线。

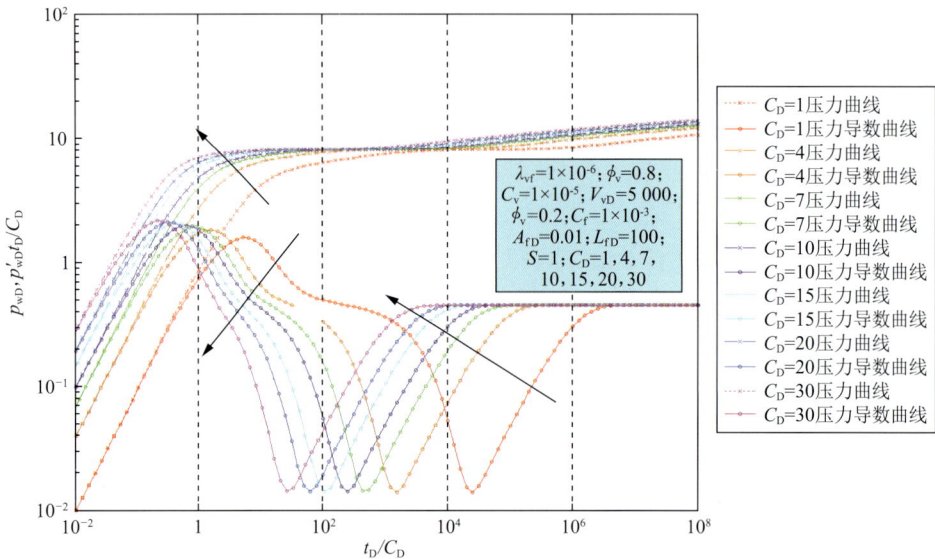

图 4-13 井-缝-洞模型无因次井筒储集系数 C_D 影响图版(无限大外边界)

由于井-缝-洞模型仅由一个溶洞和一条裂缝组成,故可利用溶洞相关的参数及裂缝相关的参数计算地下储量(裂缝中流体体积可忽略)。该模型考虑的溶洞参数为无因次溶洞体积 V_{vD} 和溶洞孔隙度 ϕ_v,故该模型的动态储量计算公式(井筒半径 r_w 取 0.075 m)为:

$$N = (V_{vD} \times r_w^3 \times \phi_v) \times S_o \times \frac{\rho_o}{B_{oi}}/1\ 000 \tag{4-38}$$

式中　N——石油地质储量;

　　　S_o——含油饱和度;

　　　ρ_o——原油密度;

　　　B_{oi}——原油原始体积系数。

4.2.2　井-缝-双洞并联模型

1) 物理模型

该模型由井筒、两个溶洞 v_1 和 v_2、单条裂缝 f 组成,如图 4-14 所示。

考虑缝洞模型中一口生产井的情况,并做如下假设:

① 油井产量稳定,不随时间变化;

② 生产前地层中各点压力均匀分布,且压力为 p_i;

③ 地层中流体为单相且弱可压缩,流体在裂缝系统中的渗流满足达西定律;

④ 每种介质的孔隙度与另一种介质的压力变化相对独立;

⑤ 重力及毛管压力的影响忽略不计;

⑥ 忽略两个溶洞 v_1 和 v_2 到裂缝 f 的尺度大小;

⑦ 考虑井筒储集效应和表皮效应;

⑧ 裂缝直接向井筒供液,两个溶洞向裂缝发生拟稳态窜流,且两个裂缝不直接向井筒供液。

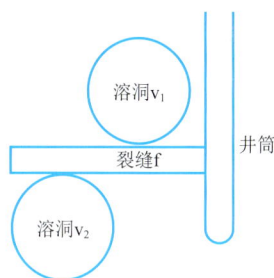

图 4-14　井-缝-双洞并联模型示意图

2) 数学模型

假设井-缝-双洞并联型油藏由井筒、单条裂缝和两个溶洞组成,与井-缝-洞模型类似,采用溶洞体积、裂缝长度等参数表征介质储容比,进而计算动态储量。根据质量守恒定律,可建立井-缝-双洞模型的数学微分方程组。

裂缝 f 中流体渗流遵循:

$$\frac{\partial^2 p_r}{\partial r^2} = \frac{\phi_{v1} \mu V_{v1} C_{v1}}{k_{v1}} \frac{\partial p_{v1}}{\partial t} + \frac{\phi_{v2} \mu V_{v2} C_{fv2}}{k_{v2}} \frac{\partial p_{v2}}{\partial t} + \frac{\phi_f \mu A_f L_f C_f}{k_f} \frac{\partial p_f}{\partial t} \tag{4-39}$$

溶洞 v_1 向裂缝 f 发生拟稳态窜流的方程为:

$$\phi_{v1} V_{v1} C_{v1} \frac{\partial p_{v1}}{\partial t} = -\alpha_{v1} \frac{k_{v1}}{\mu} (p_{v1} - p_f) \tag{4-40}$$

溶洞 v_2 向裂缝 f 发生拟稳态窜流的方程为:

$$\phi_{v2} V_{v2} C_{v2} \frac{\partial p_{v2}}{\partial t} = -\alpha_{v2} \frac{k_{v2}}{\mu} (p_{v2} - p_f) \tag{4-41}$$

初始条件：

$$p_{v1}\big|_{t=0} = p_{v2}\big|_{t=0} = p_i \tag{4-42}$$

内边界条件（空间域）：

$$p_w = p_f\big|_{r=r_w} \tag{4-43}$$

内边界条件（时间域）：

$$r\frac{\partial p_f}{\partial r}\bigg|_{r=r_w} = \frac{1.842 \times 10^{-3} q\mu B_o}{k_f h} + \frac{0.159\,2C}{hr_w}\frac{\mathrm{d}p_w}{\mathrm{d}t} \tag{4-44}$$

无限大外边界条件：

$$\lim_{r\to\infty} p_{v1} = \lim_{r\to\infty} p_{v2} = \lim_{r\to\infty} p_f = p_i \tag{4-45}$$

定压外边界条件：

$$\lim_{r\to r_e} p_{v1} = \lim_{r\to r_e} p_{v2} = \lim_{r\to r_e} p_f = p_i \tag{4-46}$$

封闭外边界条件：

$$\frac{\partial p_f}{\partial r}\bigg|_{r=r_e} = \frac{\partial p_{v1}}{\partial r}\bigg|_{r=r_e} = \frac{\partial p_{v2}}{\partial r}\bigg|_{r=r_e} = 0 \tag{4-47}$$

现引入一组无因次变量如下：

$$p_{fD} = \frac{k_f h(p_i - p_f)}{1.842 \times 10^{-3} q\mu B_o}, \qquad p_{v1D} = \frac{k_f h(p_i - p_{v1})}{1.842 \times 10^{-3} q\mu B_o},$$

$$p_{v2D} = \frac{k_f h(p_i - p_{v2})}{1.842 \times 10^{-3} q\mu B_o}, \qquad r_D = \frac{r}{r_w e^{-S}}, \qquad r_{eD} = \frac{r_e}{r_w e^{-S}},$$

$$\lambda_{v1f} = \frac{\alpha_{v1} k_{v1}}{k_f} r_w^2, \qquad \lambda_{v2f} = \frac{\alpha_{v2} k_{v2}}{k_f} r_w^2, \qquad L_{fD} = \frac{L_f}{r_w}, \qquad A_{fD} = \frac{A_f}{r_w^2},$$

$$V_{v1D} = \frac{V_{v1}}{r_w^3}, \qquad V_{v2D} = \frac{V_{v2}}{r_w^3}, \qquad t_D = \frac{3.6 k_f t}{\mu r_w^2(\phi_{v1} C_{v1} V_{v1} + \phi_{v2} C_{v2} V_{v2} + \phi_f C_f L_f A_f)},$$

$$C_D = \frac{C}{2\pi h r_w^2(\phi_{v1} C_{v1} V_{v1} + \phi_{v2} C_{v2} V_{v2} + \phi_f C_f L_f A_f)}$$

则井-缝-双洞关联模型的无因次渗流数学方程可写为：

$$\frac{\partial^2 p_{fD}}{\partial r_D^2} = \frac{\phi_{v1} C_{v1D} V_{v1D}}{e^{2S}(\phi_{v1} C_{v1D} V_{v1D} + \phi_{v2} C_{v2D} V_{v2D} + \phi_f C_{fD} L_{fD} A_{fD})}\frac{\partial p_{v1D}}{\partial t_D} +$$

$$\frac{\phi_{v2} C_{v2D} V_{v2D}}{e^{2S}(\phi_{v1} C_{v1D} V_{v1D} + \phi_{v2} C_{v2D} V_{v2D} + \phi_f C_{fD} L_{fD} A_{fD})}\frac{\partial p_{v2D}}{\partial t_D} +$$

$$\frac{\phi_f C_{fD} L_{fD} A_{fD}}{e^{2S}(\phi_{v1} C_{v1D} V_{v1D} + \phi_{v2} C_{v2D} V_{v2D} + \phi_f C_{fD} L_{fD} A_{fD})}\frac{\partial p_{fD}}{\partial t_D} \tag{4-48}$$

$$-\lambda_{v1f} e^{-2S}(p_{v1D} - p_{fD}) = \frac{\phi_{v1} C_{v1D} V_{v1D}}{e^{2S}(\phi_{v1} C_{v1D} V_{v1D} + \phi_{v2} C_{v2D} V_{v2D} + \phi_f C_{fD} L_{fD} A_{fD})}\frac{\partial p_{v1D}}{\partial t_D} \tag{4-49}$$

$$-\lambda_{v2f} e^{-2S}(p_{v2D} - p_{fD}) = \frac{\phi_{v2} C_{v2D} V_{v2D}}{e^{2S}(\phi_{v1} C_{v1D} V_{v1D} + \phi_{v2} C_{v2D} V_{v2D} + \phi_f C_{fD} L_{fD} A_{fD})}\frac{\partial p_{v2D}}{\partial t_D} \tag{4-50}$$

初始条件：

$$p_{fD}\big|_{t_D=0} = p_{v1D}\big|_{t_D=0} + p_{v2D}\big|_{t_D=0} = 0 \tag{4-51}$$

内边界条件（空间域）：

$$p_{wD} = p_{fD}\big|_{r_D=1} \tag{4-52}$$

内边界条件（时间域）：

$$\left. \frac{\partial p_{fD}}{\partial r_D} \right|_{r_D=1} = -1 + C_D \frac{dp_{wD}}{dt_D} \tag{4-53}$$

无限大外边界条件：

$$\lim_{r_D \to \infty} p_{v1D} = \lim_{r_D \to \infty} p_{v2D} = \lim_{r_D \to \infty} p_{fD} = 0 \tag{4-54}$$

定压外边界条件：

$$\lim_{r \to r_{eD}} p_{v1D} = \lim_{r \to r_{eD}} p_{v2D} = \lim_{r \to r_{eD}} p_{fD} = 0 \tag{4-55}$$

封闭外边界条件：

$$\left. \frac{\partial p_{fD}}{\partial r_D} \right|_{r_D=r_{eD}} = \left. \frac{\partial p_{v1D}}{\partial r_D} \right|_{r_D=r_{eD}} = \left. \frac{\partial p_{v2D}}{\partial r_D} \right|_{r_D=r_{eD}} = 0 \tag{4-56}$$

对式(4-48)~式(4-56)进行 $t_D \to s$ 的 Laplace 变换为：

$$\frac{\partial^2 \overline{p}_{fD}}{\partial r_D^2} = \frac{\phi_{v1} C_{v1D} V_{v1D}}{e^{2S}(\phi_{v1} C_{v1D} V_{v1D} + \phi_{v2} C_{v2D} V_{v2D} + \phi_f C_{fD} L_{fD} A_{fD})} s\,\overline{p}_{v1D} +$$
$$\frac{\phi_{v2} C_{v2D} V_{v2D}}{e^{2S}(\phi_{v1} C_{v1D} V_{v1D} + \phi_{v2} C_{v2D} V_{v2D} + \phi_f C_{fD} L_{fD} A_{fD})} s\,\overline{p}_{v2D} +$$
$$\frac{\phi_f C_{fD} L_{fD} A_{fD}}{e^{2S}(\phi_{v1} C_{v1D} V_{v1D} + \phi_{v2} C_{v2D} V_{v2D} + \phi_f C_{fD} L_{fD} A_{fD})} s\,\overline{p}_{fD} \tag{4-57}$$

$$-\lambda_{v1f} e^{-2S}(p_{v1D} - p_{fD}) = \frac{\phi_{v1} C_{v1D} V_{v1D}}{e^{2S}(\phi_{v1} C_{v1D} V_{v1D} + \phi_{v2} C_{v2D} V_{v2D} + \phi_f C_{fD} L_{fD} A_{fD})} s\,\overline{p}_{v1D} \tag{4-58}$$

$$-\lambda_{v2f} e^{-2S}(p_{v2D} - p_{fD}) = \frac{\phi_{v2} C_{v2D} V_{v2D}}{e^{2S}(\phi_{v1} C_{v1D} V_{v1D} + \phi_{v2} C_{v2D} V_{v2D} + \phi_f C_{fD} L_{fD} A_{fD})} s\,\overline{p}_{v2D} \tag{4-59}$$

初始条件：

$$\overline{p}_{fD}\big|_{t_D=0} = \overline{p}_{v1D}\big|_{t_D=0} = \overline{p}_{v1D}\big|_{t_D=0} = 0 \tag{4-60}$$

内边界条件(空间域)：

$$\overline{p}_{wD} = \overline{p}_{fD}\big|_{r_D=1} \tag{4-61}$$

内边界条件(时间域)：

$$\left. \frac{d\overline{p}_{fD}}{dr_D} \right|_{r_D=1} = -\frac{1}{s} + C_D s\,\overline{p}_{vD} \tag{4-62}$$

无限大外边界条件：

$$\lim_{r_D \to \infty} \overline{p}_{v1D} = \lim_{r_D \to \infty} \overline{p}_{v2D} = \lim_{r_D \to \infty} \overline{p}_{fD} = 0 \tag{4-63}$$

定压外边界条件：

$$\lim_{r \to r_{eD}} \overline{p}_{v1D} = \lim_{r \to r_{eD}} \overline{p}_{v2D} = \lim_{r \to r_{eD}} \overline{p}_{fD} = 0 \tag{4-64}$$

封闭外边界条件：

$$\left. \frac{\partial \overline{p}_{fD}}{\partial r_D} \right|_{r_D=r_{eD}} = \left. \frac{\partial \overline{p}_{v1D}}{\partial r_D} \right|_{r_D=r_{eD}} = \left. \frac{\partial \overline{p}_{v2D}}{\partial r_D} \right|_{r_D=r_{eD}} = 0 \tag{4-65}$$

3）模型解

采用广义贝塞尔函数代入式(4-57)求解，得到其通解(A 和 B 为常数)为：

$$\overline{p}_{fD}(r_D, s) = A\cosh[f(s)r_D] + B\sinh[f(s)r_D] \tag{4-66}$$

式中

$$f(s) = \sqrt{se^{-2S}\left(\sigma_1 + \sigma_2 + \frac{\phi_f C_{fD} L_{fD} A_{fD}}{\phi_{v1} C_{v1D} V_{v1D} + \phi_{v2} C_{v2D} V_{v2D} + \phi_f C_{fD} L_{fD} A_{fD}}\right)} \quad (4\text{-}67)$$

$$\sigma_1 = \frac{\lambda_{v1f} \phi_{v1} C_{v1D} V_{v1D}}{\lambda_{v1f}(\phi_{v1} C_{v1D} V_{v1D} + \phi_{v2} C_{v2D} V_{v2D} + \phi_f C_{fD} L_{fD} A_{fD}) + s\phi_{v1} C_{v1D} V_{v1D}} \quad (4\text{-}68)$$

$$\sigma_2 = \frac{\lambda_{v2f} \phi_{v2} C_{v2D} V_{v2D}}{\lambda_{v2f}(\phi_{v1} C_{v1D} V_{v1D} + \phi_{v2} C_{v2D} V_{v2D} + \phi_f C_{fD} L_{fD} A_{fD}) + s\phi_{v2} C_{v2D} V_{v2D}} \quad (4\text{-}69)$$

式(4-63)中 $\lim\limits_{r_D \to \infty} \overline{p}_{fD} = 0$，因此式(4-66)中 $B=0$。结合初始条件及内外边界条件[式(4-60)~式(4-65)]，并将 $r_D=1$ 代入式(4-57)的 $\overline{p}_{fD}$ 中，可求得无限大外边界条件下 Laplace 空间中无因次井底压力的解为：

$$\overline{p}_{wD} = \frac{K_0[f(s)]}{s\{C_D s K_0[f(s)] + f(s)K_1[f(s)]\}} \quad (4\text{-}70\text{a})$$

定压外边界条件下 Laplace 空间中无因次井底压力的解为：

$$\overline{p}_{wD} = \frac{K_0[f(s)]I_0[f(s)r_{eD}] - K_0[f(s)r_{eD}]I_0[f(s)]}{s\{K_0[f(s)r_{eD}](f(s)I_1[f(s)] - sI_0[f(s)]) + sI_0[f(s)r_{eD}](f(s)K_0[f(s)] - f(s)K_1[f(s)])\}}$$

$$(4\text{-}70\text{b})$$

封闭外边界条件下 Laplace 空间中无因次井底压力的解为：

$$\overline{p}_{wD} = \frac{K_0[f(s)]I_0[f(s)r_{eD}] + K_1[f(s)r_{eD}]I_0[f(s)]}{s\{I_0[f(s)r_{eD}](sK_0[f(s)] + f(s)I_1[f(s)]) + K_1[f(s)r_{eD}](sI_0[f(s)] - f(s)I_1[f(s)])\}}$$

$$(4\text{-}70\text{c})$$

4）典型曲线及参数敏感性分析

对上述模型进行 Stehfest 数值反演后，可得到无因次井底压力在实空间的数值解。可以利用 Matlab 编程来实现此数值反演过程，并利用数值解进行典型曲线的绘制及参数敏感性分析。考虑到塔河油田碳酸盐岩缝洞型油藏开发现状，下面着重介绍无限大外边界和封闭外边界 2 种条件下的典型曲线及参数敏感性分析。

（1）典型曲线。

① 无限大外边界。

井-缝-双洞并联模型在无限大外边界条件下的典型曲线（图 4-15）特征是压力导数曲线上出现 2 个下凹段。该曲线整体上可划分为 6 个阶段。第 Ⅰ 阶段是早期井储阶段，受井储效应的影响，压力曲线和压力导数曲线呈交互重叠的斜率为 1 的直线。第 Ⅱ 阶段为邻近井筒的裂缝系统流动段，受裂缝向井筒流动的缓冲作用影响，当裂缝系统开始供液时，压力导数曲线达到峰值后迅速下降。峰值的高低取决于井筒储集系数 C 和表皮系数 S 的大小。第 Ⅲ 阶段近似为裂缝系统的径向流段，此时裂缝远端供液能力较第 Ⅱ 阶段明显下降，压力导数曲线呈现斜率逐渐变缓的趋势。第 Ⅳ 阶段为溶洞 v_1 向裂缝供液响应段，在压力导数曲线上呈现第一个下凹段，由于溶洞 v_1 较溶洞 v_2 距离井筒更近，故溶洞 v_1 的压力波会更早传到裂缝，使单位时间内的压降变小。第 Ⅴ 阶段为溶洞 v_2 向裂缝供液响应段，在压力导数曲线上呈现第二个下凹段。第 Ⅵ 阶段为整个系统的晚期径向流阶段（拟稳态阶段），由于系统弹性能量一定，该阶段 2 个溶洞和单条裂缝中的各处压力随着时间延长均匀下降，压力导数曲线呈值为 0.5 的水平线。

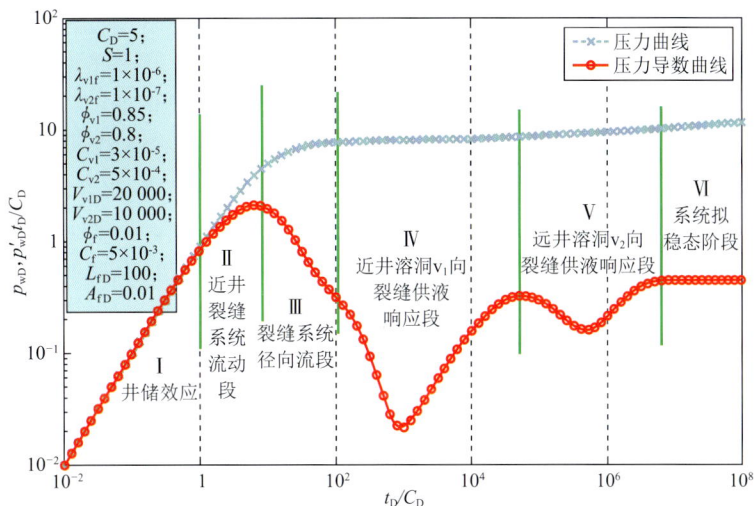

图 4-15　井-缝-双洞并联模型典型曲线(无限大外边界)

② 封闭外边界。

井-缝-双洞并联模型在封闭外边界条件下的典型曲线(图 4-16)特征也是压力导数曲线上出现 2 个下凹段,且系统拟稳态阶段末期压力曲线和压力导数曲线重合为一条斜率为 1 的直线。该曲线整体上可划分为 6 个阶段。第Ⅰ阶段是早期井储阶段,压力曲线和压力导数曲线呈交互重叠的斜率为 1 的直线。第Ⅱ阶段为邻近井筒的裂缝系统流动段,即裂缝向井筒流动的缓冲段,压力导数曲线达到峰值后稍有下降。第Ⅲ阶段为近井溶洞 v_1 向裂缝供液响应段,在压力导数曲线上呈现第一个下凹段。第Ⅳ阶段为裂缝系统的续流段,压力导数曲线呈一条斜率为 1 的直线。第Ⅴ阶段为远井溶洞 v_2 向裂缝供液响应段,在压力导数曲线上呈现第二个下凹段。第Ⅵ阶段为整个系统的晚期径向流阶段(拟稳态阶段),压力曲线和压力导数曲线又重合为一条斜率为 1 的直线。

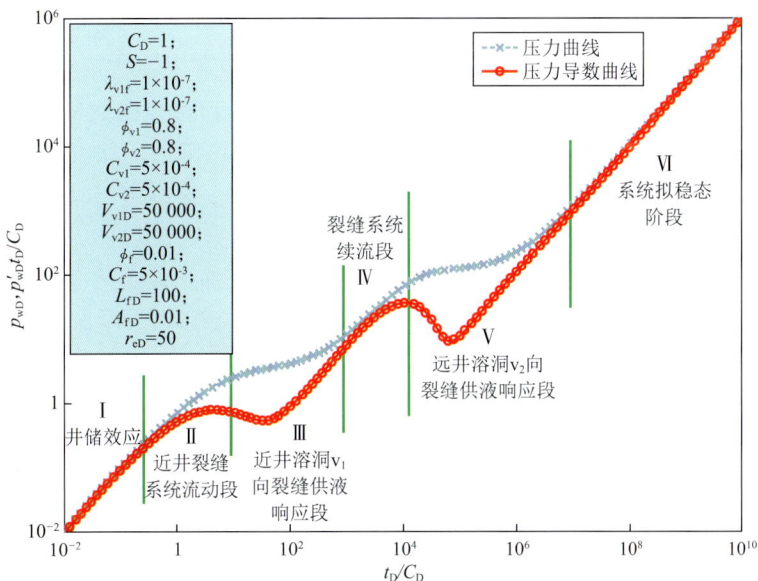

图 4-16　井-缝-双洞并联模型典型曲线(封闭外边界)

（2）参数敏感性分析。

2 个溶洞体积的研究对于缝洞型油藏储量计算至关重要。图 4-17 所示为井-缝-双洞并联模型在无限大外边界条件下的无因次溶洞 v_1 体积 V_{v1D} 影响图版。可以看出，V_{v1D} 主要影响的是压力导数曲线第一个下凹段的深度和宽度。在井储阶段之后，裂缝开始向井筒供液，当 V_{v1D} 相比 V_{v2D} 很小时（如图中 $V_{v1D}=1\,000$，$V_{v2D}=10\,000$ 时），第 Ⅱ 阶段即近井裂缝系统流动段与第 Ⅲ 阶段即裂缝系统径向流段持续时间很长，第 Ⅳ 阶段即近井溶洞 v_1 向裂缝供液响应段压力导数曲线的下凹段几乎消失，而第 Ⅴ 阶段即远井溶洞 v_2 向裂缝供液响应段压力导数曲线的下凹段深度较显著。随着 V_{v1D} 的增大，压力导数曲线第一个下凹段的深度变大，第二个下凹段的深度变小，最终第 Ⅴ 阶段压力导数曲线的下凹段趋于消失。这反映出溶洞体积与供液能力、供液强度之间具有很强的相关性，溶洞体积越大，供液时单位时间内的压降越小，压力保持程度越好。

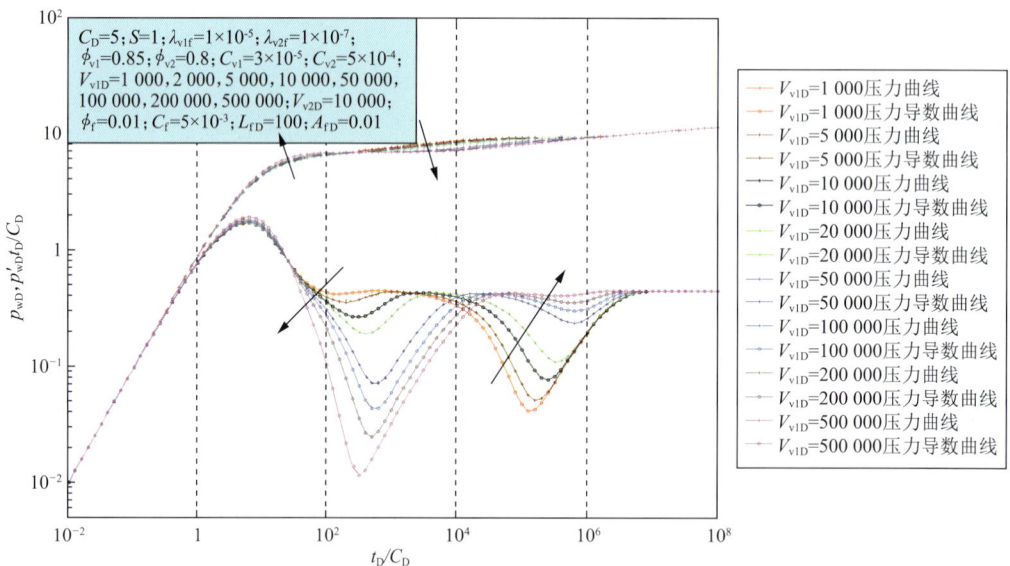

图 4-17　井-缝-双洞并联模型无因次溶洞 v_1 体积 V_{v1D} 影响图版（无限大外边界）

而在封闭外边界条件下，V_{v1D} 对压力导数曲线 2 个下凹段出现时间稍有影响，当 V_{v1D} 增大时，压力导数曲线 2 个下凹段出现时间稍有提前，但第一个下凹段张开面积变小，第二个下凹段张开面积变大（图 4-18）。这反映出溶洞 v_1 体积越大，供液响应时间越长，后期 2 个溶洞同时供液，单位时间内的压降变化越小，压力保持程度越好。

图 4-19 所示为井-缝-双洞并联模型在无限大外边界条件下的无因次溶洞 v_2 体积 V_{v2D} 影响图版。可以看出，V_{v2D} 主要影响的是压力导数曲线第二个下凹段出现的时间、深度和宽度。在井储阶段之后，裂缝开始向井筒供液，当 V_{v2D} 相比 V_{v1D} 较小时（如图中 $V_{v1D}=10\,000$，$V_{v2D}=1\,000$ 时），溶洞 v_1 向裂缝供液响应段压力导数曲线的第一个下凹段较深，而溶洞 v_2 向裂缝供液响应段压力导数曲线的第二个下凹段却很浅；当 V_{v2D} 更小时，压力导数曲线的第二个下凹段将消失而近乎直接进入晚期径向流阶段。V_{v2D} 越大，压力导数曲线的第二个下凹段的深度越大，且溶洞 v_2 越早向裂缝进行供液响应，此时压力导数曲线的第一个下凹段却越来越浅，近乎消失。这再次论证了溶洞体积与供液能力、供液强度之间具有很强的相关性，溶洞体积越大，供液时单位时间内的压降越小，压力保持程度越好。

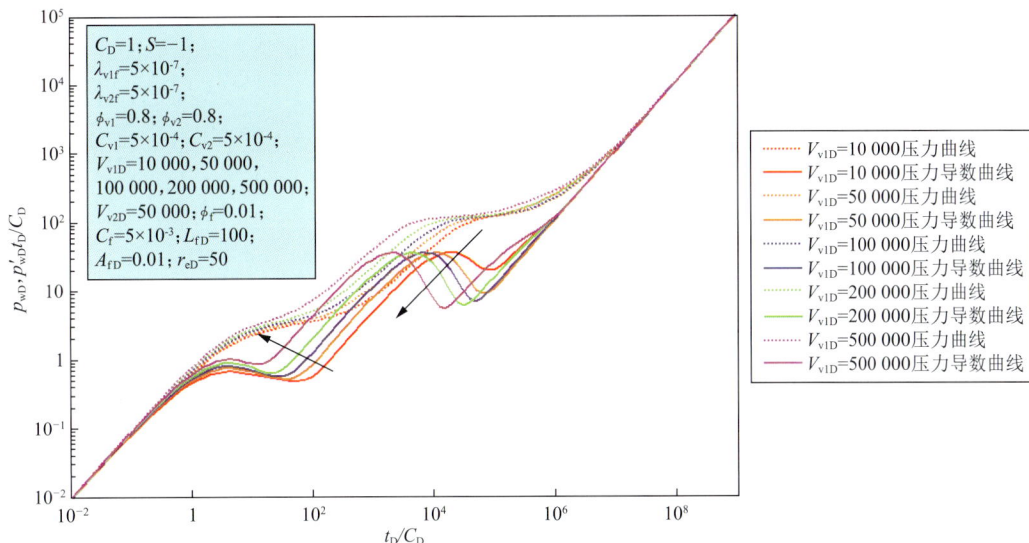

图 4-18　井-缝-双洞并联模型无因次溶洞 v_1 体积 V_{v1D} 影响图版(封闭外边界)

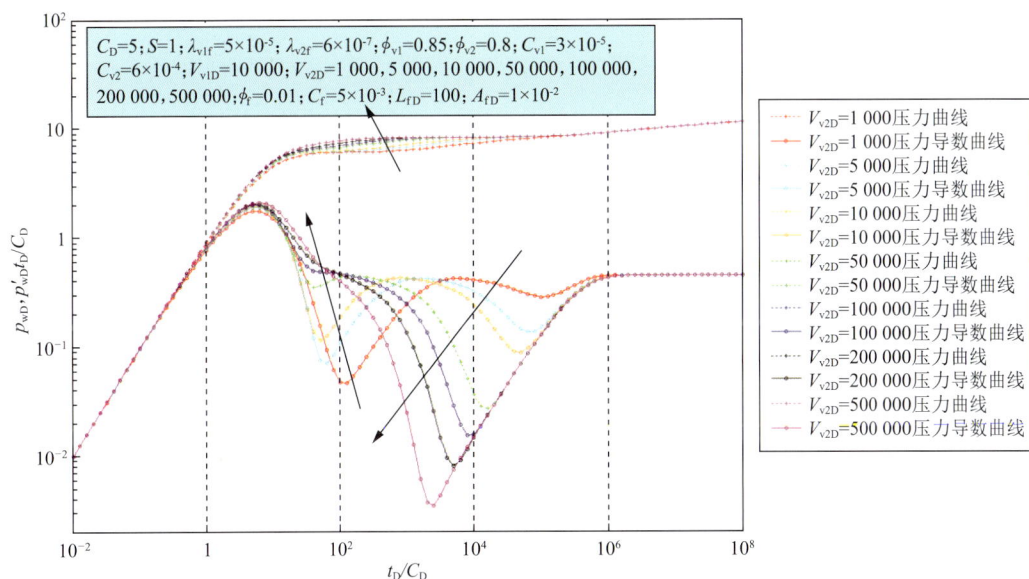

图 4-19　井-缝-双洞并联模型无因次溶洞 v_2 体积 V_{v2D} 影响图版(无限大外边界)

　　而在封闭外边界条件下,无因次溶洞 v_2 体积 V_{v2D} 对压力导数曲线 2 个下凹段出现时间稍有影响,当 V_{v2D} 增大时,压力导数曲线 2 个下凹段出现时间稍有提前,但第一个下凹段深度及张开面积变小,而第二个下凹段深度及张开面积变大(图 4-20)。这反映出溶洞 v_2 体积越大,供液响应时间越长,单位时间内的压降越小,压力保持程度越好。

　　图 4-21 所示为井-缝-双洞并联模型在无限大外边界条件下的无因次裂缝长度 L_{fD} 影响图版。可以看出,L_{fD} 主要影响压力导数曲线第一个下凹段的出现时间及深度。随着 L_{fD} 的增大,裂缝系统径向流的时间变长,导致压力导数曲线第一个下凹段出现时间变晚,表明溶洞对裂缝供液的延迟作用较明显。L_{fD} 越小,压力导数曲线第一个下凹段越深,表明溶洞开

始对裂缝供液响应时溶洞的压力波能很快传到裂缝,而由于裂缝很短,压力波又能马上波及井筒,导致单位时间内的压降变小,下凹段变深,在压力导数曲线上呈较陡的走势。L_{fD}对压力导数曲线第二个下凹段的影响较小。

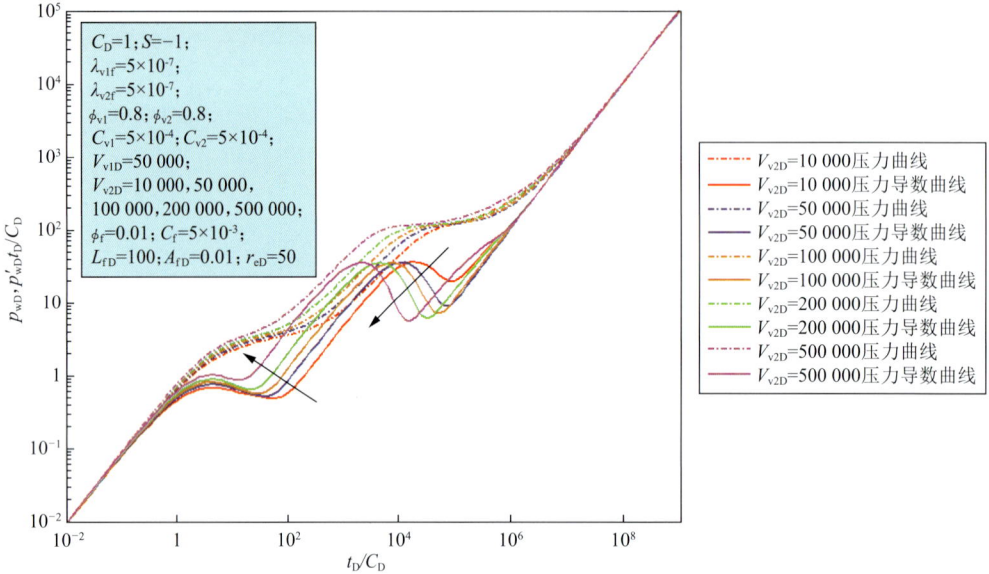

图 4-20　井-缝-双洞并联模型无因次溶洞 v_2 体积 V_{v2D} 影响图版(封闭外边界)

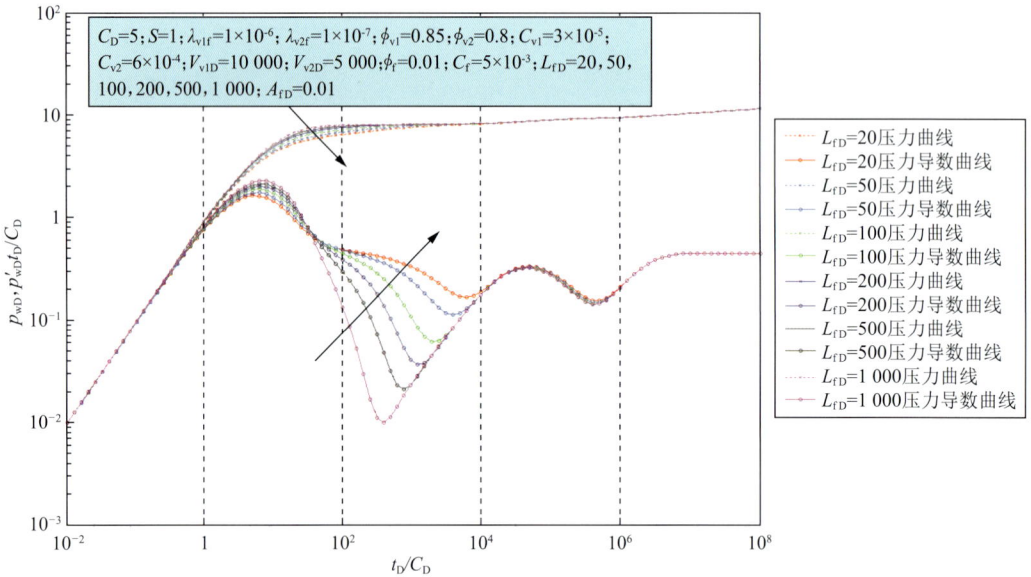

图 4-21　井-缝-双洞并联模型无因次裂缝长度 L_{fD} 影响图版(无限大外边界)

图 4-22 所示为井-缝-双洞并联模型在封闭外边界条件下的无因次裂缝长度 L_{fD} 影响图版。可以看出,L_{fD} 主要影响压力导数曲线 2 个下凹段的出现时间。随着 L_{fD} 的增大,裂缝系统径向流的时间变长,导致压力导数曲线第一个下凹段的出现时间变晚,表明溶洞 v_1 对裂缝供液响应变晚。裂缝越长,压力导数曲线第二个下凹段的出现时间越晚。当 L_{fD} 减小到 2 个

溶洞同时向裂缝供液响应时,压力导数曲线峰值相应变小,即单位时间内的压降变小,压力保持程度较好。

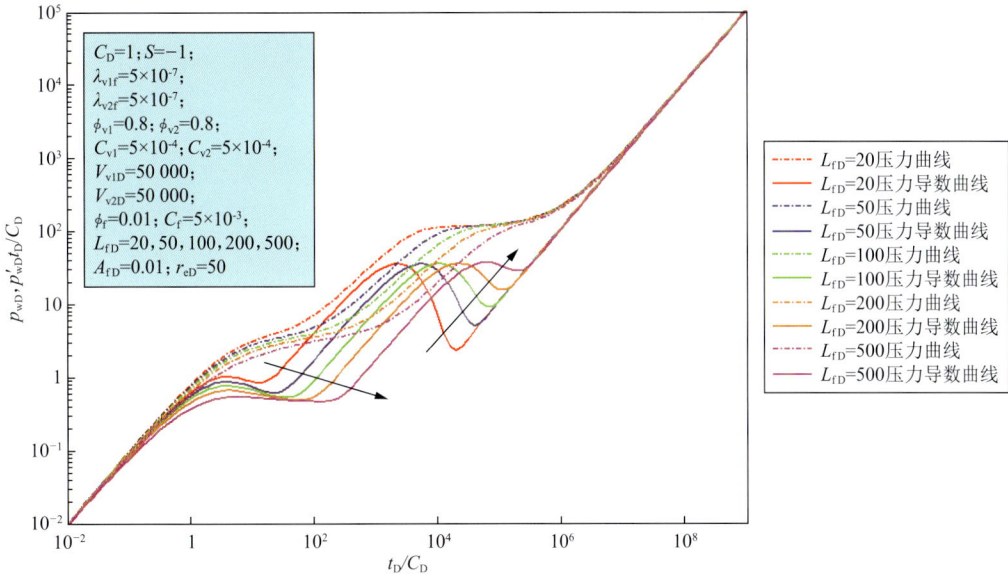

图 4-22　井-缝-双洞并联模型无因次裂缝长度 L_{fD} 影响图版(封闭外边界)

图 4-23 所示为井-缝-双洞并联模型在无限大外边界条件下的无因次井筒储集系数 C_D 影响图版。可以看出,C_D 主要影响压力曲线和压力导数曲线的井储阶段。随着 C_D 的增大,2 条曲线逐渐上移,且压力导数曲线第一峰值的出现时间逐渐变早,即裂缝向井筒供液响应的时间逐渐提前,间接导致 2 个溶洞向裂缝供液响应的时间变早,整个系统进入拟稳态阶段变早。晚期拟稳态阶段中,裂缝和 2 个溶洞中各处压力随着时间延长均匀下降,压力导数曲线呈水平线。

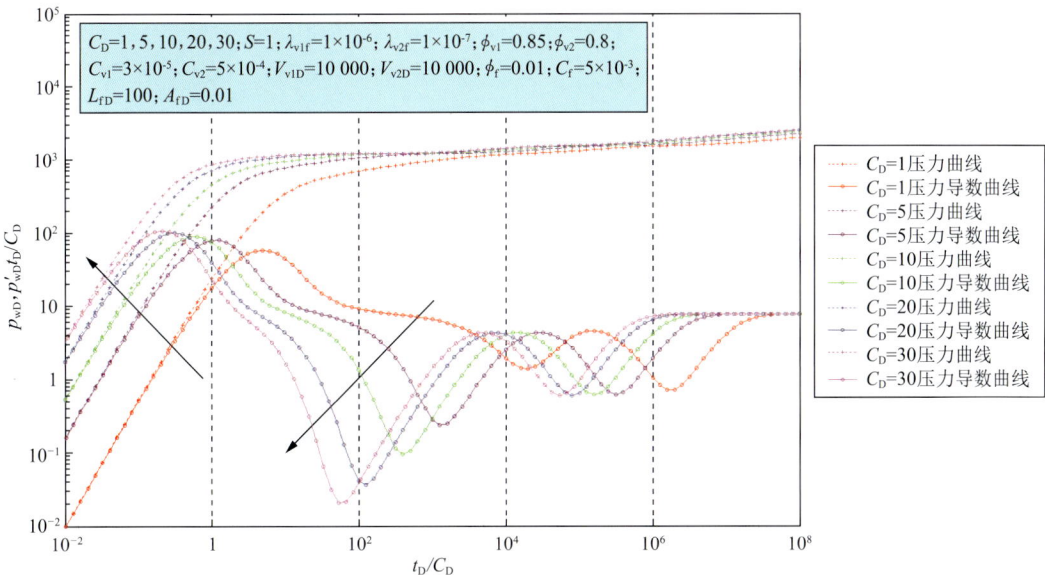

图 4-23　井-缝-双洞并联模型无因次井筒储集系数 C_D 影响图版(无限大外边界)

图 4-24 所示为井-缝-双洞并联模型在无限大外边界条件下的表皮系数 S 影响图版。可以看出，S 主要影响压力曲线和压力导数曲线的峰值。随着 S 的增大，压力曲线逐渐上移，压力导数曲线的第一峰值逐渐增大。当 $S \geqslant 0$ 时，井储阶段压力曲线和压力导数曲线的斜率为 1；当 $S < 0$ 时，井储阶段压力曲线和压力导数曲线的斜率小于 1。S 的大小与压力导数曲线 2 个下凹段的出现时间、深度及宽度等几乎无关。

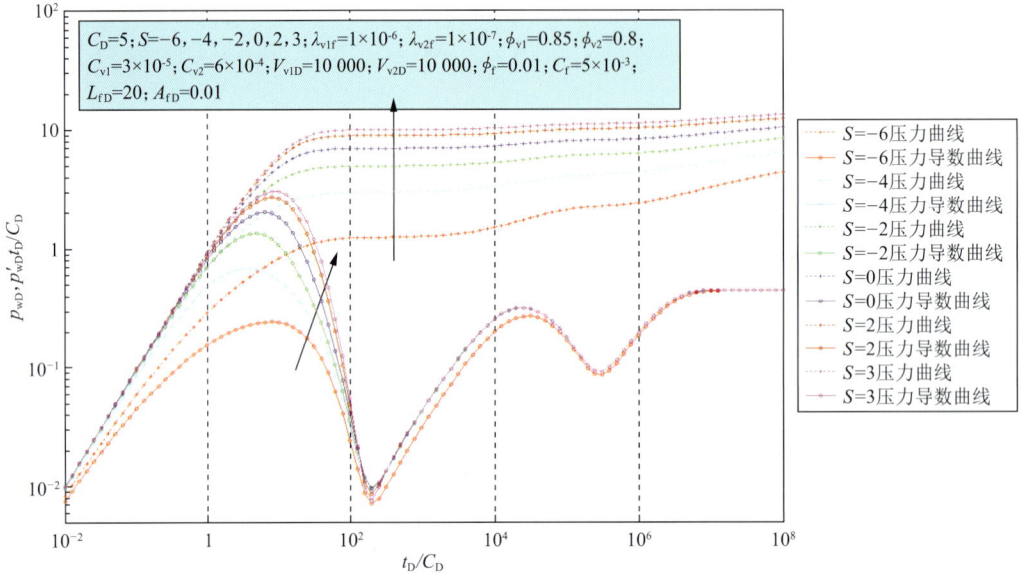

图 4-24　井-缝-双洞并联模型表皮系数 S 影响图版（无限大外边界）

图 4-25 所示为井-缝-双洞并联模型在封闭外边界条件下的无因次边界半径 r_{eD} 影响图版。可以看出，r_{eD} 主要影响溶洞 v_1 对裂缝供液响应的时间及响应所持续的时间。r_{eD} 越大，压力导数曲线第一个下凹段的张开宽度越宽，压力曲线和压力导数曲线所形成的第一个封闭体的面积越大。r_{eD} 对压力导数曲线第二个下凹段的出现时间几乎无影响，但影响压力导数曲线峰值。r_{eD} 越大，压力导数曲线第二个下凹段越深，即单位时间内的压降越小，压力保持程度越好。

图 4-26 所示为井-缝-双洞并联模型在无限大外边界条件下的溶洞 v_1 窜流系数 λ_{v1f} 影响图版。可以看出，随着溶洞 v_1 窜流系数 λ_{v1f} 的增大，压力导数曲线第一个下凹段出现时间变早，即溶洞 v_1 向裂缝供液响应的时间变早，同时裂缝系统径向流段持续的时间变短，最终趋于消失。而压力导数曲线第二个下凹段不随窜流系数发生变化。

图 4-27 所示为井-缝-双洞并联模型在无限大外边界条件下的溶洞 v_2 窜流系数 λ_{v2f} 影响图版。可以看出，随着溶洞 v_2 窜流系数 λ_{v2f} 的增大，压力导数曲线第二个下凹段出现时间变早，即溶洞 v_2 向裂缝供液响应的时间变早，压力波传到裂缝的速度变快，同时第一个下凹段持续的时间变短，同时裂缝系统径向流段持续的时间也变短。但在 λ_{v2f} 较小时（如 1×10^{-9}，1×10^{-8} 和 1×10^{-7}），其对压力导数曲线第一个下凹段的出现时间、深度和宽度几乎没有影响。

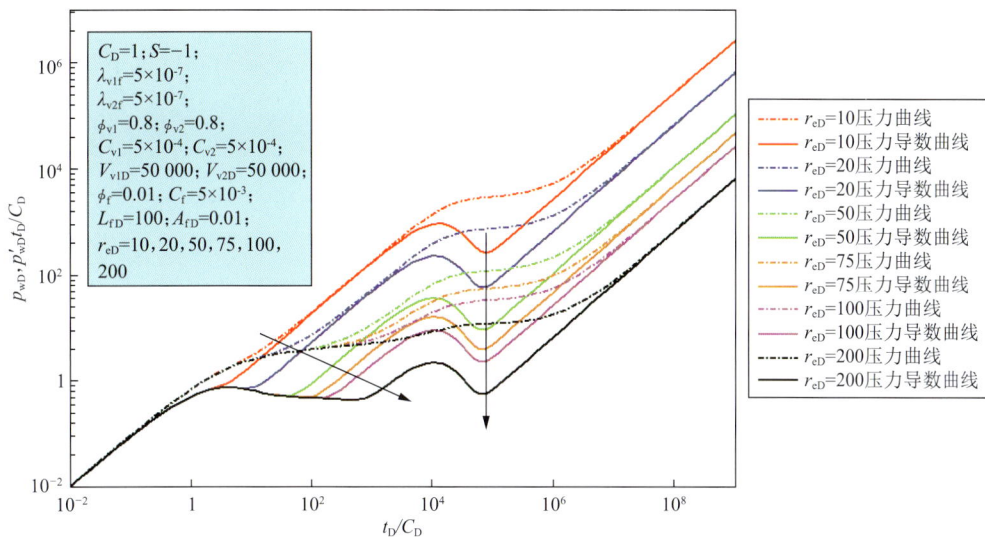

图 4-25　井-缝-双洞并联模型无因次边界半径 r_{eD} 影响图版(封闭外边界)

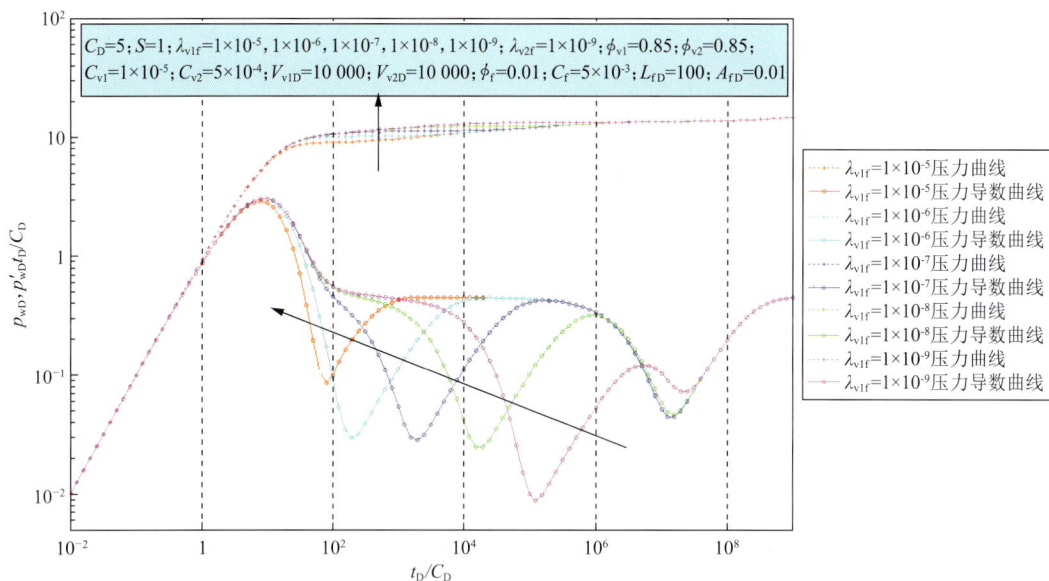

图 4-26　井-缝-双洞并联模型溶洞 v_1 窜流系数 λ_{v1f} 影响图版(无限大外边界)

由于井-缝-双洞并联模型由 2 个溶洞和单条裂缝组成,故其地下储量可由 2 个溶洞相关的参数及裂缝相关的参数计算出来(忽略裂缝中流体体积)。该模型考虑的溶洞参数为无因次溶洞 v_1 体积 V_{v1D}、无因次溶洞 v_2 体积 V_{v2D}、溶洞 v_1 孔隙度 ϕ_{v1} 及溶洞 v_2 孔隙度 ϕ_{v2},故该模型的动态储量计算公式(井筒半径 r_w 取 0.075 m)为:

$$N = (V_{v1D} \times r_w^2 \times \phi_{v1} + V_{v2D} \times r_w^2 \times \phi_{v2}) \times S_o \times \frac{\rho_o}{B_{oi}}/1\,000 \tag{4-71}$$

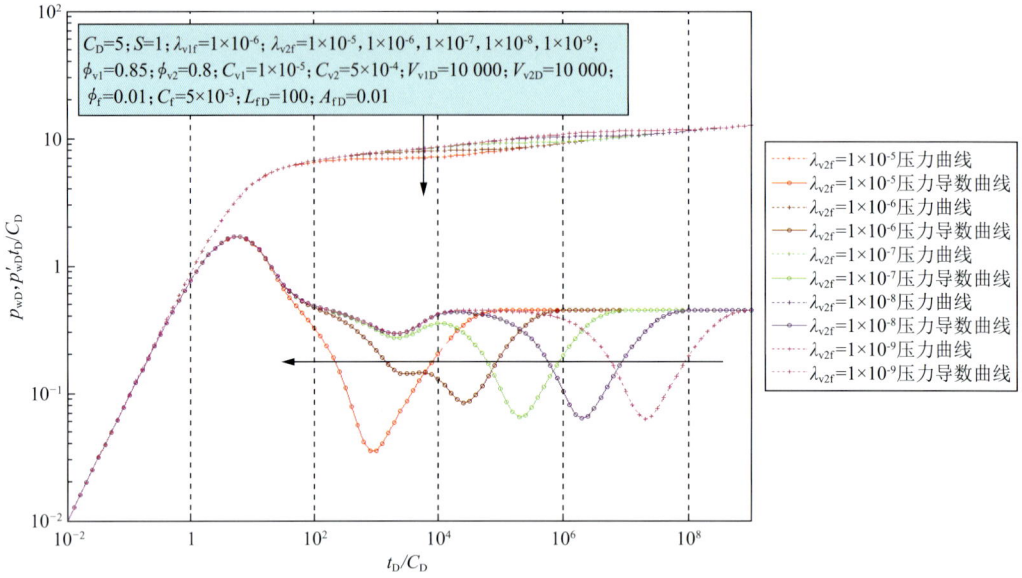

图 4-27　井-缝-双洞并联模型溶洞 v_2 窜流系数 λ_{v2f} 影响图版（无限大外边界）

4.2.3　井-洞-缝-洞串联模型

1）物理模型

该模型由井筒、2 个溶洞 v_1 和 v_2、单条裂缝 f 组成，假设油井直接钻遇溶洞 v_1，如图 4-28 所示。

考虑缝洞模型中一口生产井的情况，并做如下假设：

① 油井产量稳定，不随时间变化；

② 生产前地层中各点压力均匀分布，且压力为 p_i；

③ 两个溶洞和裂缝中流体只有原油且弱可压缩；

④ 原油在裂缝系统中的流动满足达西定律；

⑤ 原油在 2 个溶洞中的流动满足哈根·泊肃叶管流流动规律；

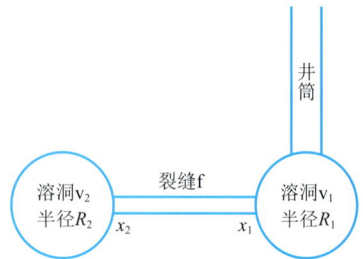

图 4-28　井-洞-缝-洞串联模型示意图

⑥ 溶洞 v_1 直接向井筒供液，裂缝向溶洞 v_1 供液，溶洞 v_2 向裂缝供液；

⑦ 在 x_1 处溶洞 v_1 与裂缝 f 相接，在 x_2 处溶洞 v_2 与裂缝 f 相接；

⑧ 每种介质的孔隙度与另一种介质的压力变化相对独立；

⑨ 重力及毛管压力的影响忽略不计；

⑩ 忽略 2 个溶洞到裂缝的尺度长短，考虑井筒储集效应，不考虑表皮效应。

2）数学模型

假设井-洞-缝-洞串联油藏由井筒、2 个溶洞 v_1 和 v_2、单条裂缝 f 所组成，考虑 2 个溶洞的体积、流动方式及裂缝长度等因素，根据质量守恒定律可知，裂缝中以渗流方式流入（或流出）量等于与裂缝相连接的溶洞以管流方式流出（或流入）量。其中，达西渗流基本公

式为:

$$q = \frac{kA}{\mu} \frac{\Delta p}{\Delta x}$$

哈根·泊肃叶管流基本公式为:

$$q = \frac{\pi R^4}{8\mu} \frac{\Delta p}{\Delta x}$$

式中　A——截面积;

　　　R——半径。

基于此,可建立井-洞-缝-洞串联模型的数学微分方程组。

裂缝 f 中流体渗流遵循:

$$\frac{\partial^2 p_r}{\partial x^2} = \frac{\phi_f \mu C_f}{k_f} \frac{\partial p_f}{\partial t} \tag{4-72}$$

在 $x = x_2$ 处,溶洞 v_2 以管流方式流出量与裂缝 f 以渗流方式流入量相等,因此有:

$$\frac{\partial p_f}{\partial x}\bigg|_{x=x_2} = \frac{8\mu k_{v2}}{\pi R_2^4 k_f} (V_{v2} \phi_{v2} C_{v2}) \frac{\partial p_{v2}}{\partial t} \tag{4-73}$$

在 $x = x_1$ 处,裂缝 f 以渗流方式流入溶洞 v_2 量与溶洞 v_1 接井筒流出量相等,因此有:

$$\frac{\partial p_f}{\partial x}\bigg|_{x=x_1} = \frac{8\mu k_{v1}}{\pi R_1^4 k_f} V_{v1} \phi_{v1} C_{v1} \frac{\partial p_{v1}}{\partial t} + \frac{1.842 \times 10^{-3} \mu}{k_f R_1} qB_o \tag{4-74}$$

初始条件:

$$p_{v1}\big|_{t=0} = p_{v2}\big|_{t=0} = p_i \tag{4-75}$$

内边界条件(空间域):

$$L_f = |x_1 - x_2| \tag{4-76}$$

内边界条件(时间域):

$$\frac{1.273\ 6C}{r_w h} \frac{\mathrm{d}p_w}{\mathrm{d}t} = \frac{1}{\mu} \frac{\partial p_w}{\partial R_1} \tag{4-77}$$

现引入一组无因次变量如下:

$$p_{fD} = \frac{k_f h (p_i - p_f)}{1.842 \times 10^{-3} q\mu B_o}, \qquad p_{v1D} = \frac{0.392\ 7 R_1^4 k_f (p_i - p_{v1})}{k_{v1}\mu},$$

$$p_{v2D} = \frac{0.392\ 7 R_2^4 k_f (p_i - p_{v2})}{k_{v2}\mu}, \qquad x_D = \frac{x}{r_w},$$

$$t_D = \frac{3.6 k_f t}{\mu r_w^2 (\phi_{v1} C_{v1} + \phi_{v2} C_{v2} + \phi_f C_f)}, \qquad \omega_{f,v_1,v_2} = \frac{\phi_{f,v_1,v_2} C_{f,v_1,v_2}}{\phi_f C_f + \phi_{v1} C_{v1} + \phi_{v2} C_{v2}},$$

$$L_{fD} = \frac{L_f}{r_w}, \qquad V_{v1D} = \frac{V_{v1}}{r_w^3}, \qquad V_{v2D} = \frac{V_{v2}}{r_w^3},$$

$$C_D = \frac{C}{2\pi h r_w^2 (\phi_{v1} C_{v1} + \phi_{v2} C_{v2} + \phi_f C_f)}$$

则井-洞-缝-洞串联模型的无因次渗流数学方程可写为:

$$\frac{\partial^2 p_{fD}}{\partial x_D^2} = \omega_f \frac{\partial p_{fD}}{\partial t_D} \tag{4-78}$$

$$\frac{\partial p_{fD}}{\partial x_D}\bigg|_{x_D=x_{2D}} = \frac{\omega_{v2} V_{v2D}}{k_{v2}} \frac{\partial p_{v2D}}{\partial t_D} \tag{4-79}$$

$$\frac{\partial p_{fD}}{\partial x_D}\bigg|_{x_D=x_{1D}} = \frac{\omega_{v1} V_{v1D}}{k_{v1}} \frac{\partial p_{v1D}}{\partial t_D} - 1 \tag{4-80}$$

$$p_{v1D}\big|_{t_D=0} = p_{v2D}\big|_{t_D=0} = p_{fD}\big|_{t_D=0} = 0 \tag{4-81}$$

$$C_D \frac{dp_{wD}}{dt_D} = \frac{\partial p_{v1D}}{\partial t_{1D}} \tag{4-82}$$

$$L_{fD} = |x_{1D} - x_{2D}| \tag{4-83}$$

式中 ω ——储容比。

对式(4-78)~式(4-83)进行 $t_D \to s$ 的 Laplace 变换为：

$$\frac{\partial^2 \overline{p}_{fD}}{\partial x_D^2} = \omega_f s \overline{p}_{fD} \tag{4-84}$$

$$\frac{\partial \overline{p}_{fD}}{\partial x_D}\bigg|_{x_D=x_{2D}} = \frac{\omega_{v2} V_{v2D}}{k_{v2}} s \overline{p}_{v2D} \tag{4-85}$$

$$\frac{d\overline{p}_{fD}}{dx_D}\bigg|_{x_D=x_{1D}} = \frac{\omega_{v1} V_{v1D}}{k_{v1}} s \overline{p}_{v1D} - \frac{1}{s} \tag{4-86}$$

$$\overline{p}_{v1D}\big|_{t_D=0} = \overline{p}_{v2D}\big|_{t_D=0} = \overline{p}_{fD}\big|_{t_D=0} = 0 \tag{4-87}$$

$$C_D s \overline{p}_{wD} = k_{v1} \frac{\partial \overline{p}_{v1D}}{\partial V_{1D}} \tag{4-88}$$

$$L_{fD} = |x_{1D} - x_{2D}| \tag{4-89}$$

3）模型解

采用广义贝塞尔函数代入式(4-84)求解，得到其通解（A 和 B 为常数）为：

$$\overline{p}_{fD}(x_D,s) = A\cosh(\sqrt{\omega_f s}\, x_D) + B\sinh(\sqrt{\omega_f s}\, x_D) \tag{4-90}$$

将式(4-90)与 Laplace 空间中的无因次方程组联立求解，可得到 Laplace 空间中无因次井底压力 $\overline{p}_{wD}$ 的解为：

$$\overline{p}_{wD} = \frac{(\sigma_1 - \sigma_2)e^{L_{fD}\sigma_1} + (\sigma_1 + \sigma_2)}{C_D s \dfrac{\left[(\sigma_3 - \sigma_1)(\sigma_1 - \sigma_2)e^{L_{fD}\sigma_1} + (\sigma_1 + \sigma_2)(\sigma_1 + \sigma_3)\right]}{k_{v1}}} \tag{4-91}$$

式中

$$\sigma_1 = \sqrt{\omega_f s}, \quad \sigma_2 = \frac{\omega_{v2} V_{v2D} s}{k_{v2}}, \quad \sigma_3 = \frac{\omega_{v1} V_{v1D} s}{k_{v1}}$$

4）典型曲线及参数敏感性分析

对上述模型进行 Stehfest 数值反演后，可得到无因次井底压力在实空间的数值解。可以利用 Matlab 编程来实现此数值反演过程，并利用数值解进行典型曲线的绘制及参数敏感性分析。

（1）典型曲线。

井-洞-缝-洞串联模型的典型曲线（图 4-29）特征是压力导数曲线上出现一个下凹段。该曲线整体上可划分为 3 个阶段。第Ⅰ阶段是早期井储与溶洞 v_1 向井筒供液响应的叠加阶段，受井储效应以及井筒直接打在溶洞 v_1 上的影响，溶洞 v_1 内的流体以管流形态为向井筒供液，压力波迅速传到井筒，两者共同作用使压力曲线和压力导数曲线呈交互重叠的斜率为 1 的直线。第Ⅱ阶段是裂缝系统径向流段，压力导数曲线整体上呈直线，反映出裂缝系统中的流体开始流向溶洞 v_1，进而流入井筒，此时裂缝系统中的流体以渗流形式向井筒供液，压力波传向井筒的速度变慢，单位时间内的压降变化速率减缓。第Ⅲ阶段是溶洞 v_2 开始向裂缝供液响应段，压力导数曲线出现一个下凹段，此时溶洞 v_2 中的流体以管流形式流向裂缝,压力波传播速度很快,单位时间内的压降变化加快。第Ⅳ阶段是整个系统的拟稳态阶段,由于系统弹性能量一定,故该阶段 2 个溶洞和单条裂缝中的各处压力随着时间延长均匀下降,压力曲线和压力导数曲线再次呈交互重叠的斜率为 1 的直线。

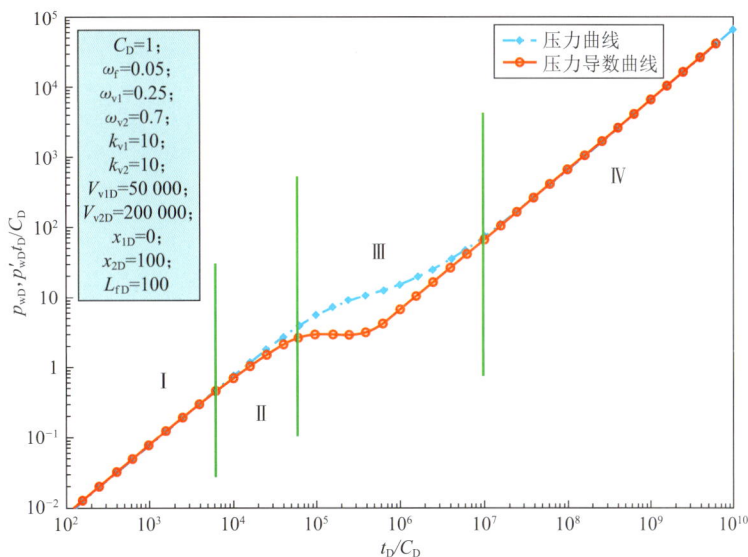

图 4-29　井-洞-缝-洞串联模型典型曲线

(2)参数敏感性分析。

溶洞体积的研究对于缝洞型油藏储量计算至关重要。图 4-30 所示为井-洞-缝-洞串联模型无因次溶洞 v_1 体积 V_{v1D} 影响图版。可以看出,V_{v1D} 主要影响井储阶段的持续时间及压力导数曲线下凹段的出现时间。V_{v1D} 越大,井储阶段中无因次井底压力越小,井储阶段持续时间越长。可以预测,当 V_{v1D} 继续增大至一定程度时,压力曲线和压力导数曲线大致呈一条斜率为 1 的直线。当 V_{v1D} 相对较小时,压力导数曲线下凹段较明显。随着 V_{v1D} 的逐渐增大,压力导数曲线下凹段逐渐变浅,压力曲线与压力导数曲线所围成的封闭体的面积逐渐减小,溶洞 v_2 向裂缝供液响应段逐渐变得不明显,整个过程中将只看到井储阶段。

图 4-31 所示为井-洞-缝-洞串联模型无因次溶洞 v_2 体积 V_{v2D} 影响图版。可以看出,V_{v2D} 主要影响压力导数曲线下凹段的深度、宽度及整个系统拟稳态阶段的出现时间。V_{v2D} 越大,压力导数曲线下凹段越深,张开宽度越大,其与压力曲线所围成的封闭体的面积越大,同时系统拟稳态阶段的出现时间越晚。这反映出溶洞 v_2 体积越大,自身流体所具有的弹性能量越高,向裂缝供液响应持续的时间越长,单位时间内的压降变化越快,到达边界(拟稳态阶段开始出现)的时间越晚。

图 4-32 所示为井-洞-缝-洞串联模型无因次裂缝长度 L_{fD} 影响图版。可以看出,L_{fD} 主要影响压力导数曲线下凹段的出现时间。L_{fD} 越大,压力导数曲线下凹段的出现时间越晚,反映出溶洞 v_2 开始向裂缝供液响应的时间越晚,压力波传播到井筒所需的时间越长,同时裂缝向溶洞 v_1 供液响应段和径向流段持续时间越长。

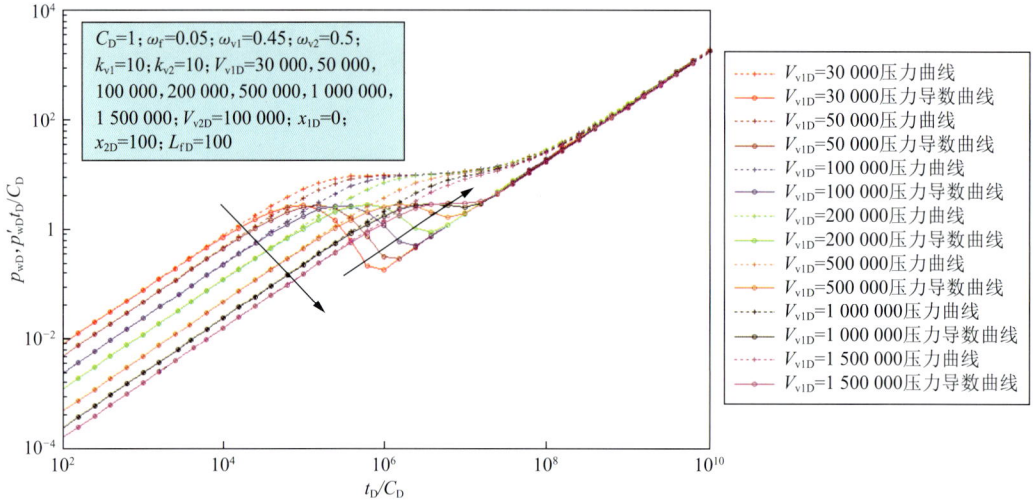

图 4-30 井-洞-缝-洞串联模型无因次溶洞 v_1 体积 V_{v1D} 影响图版

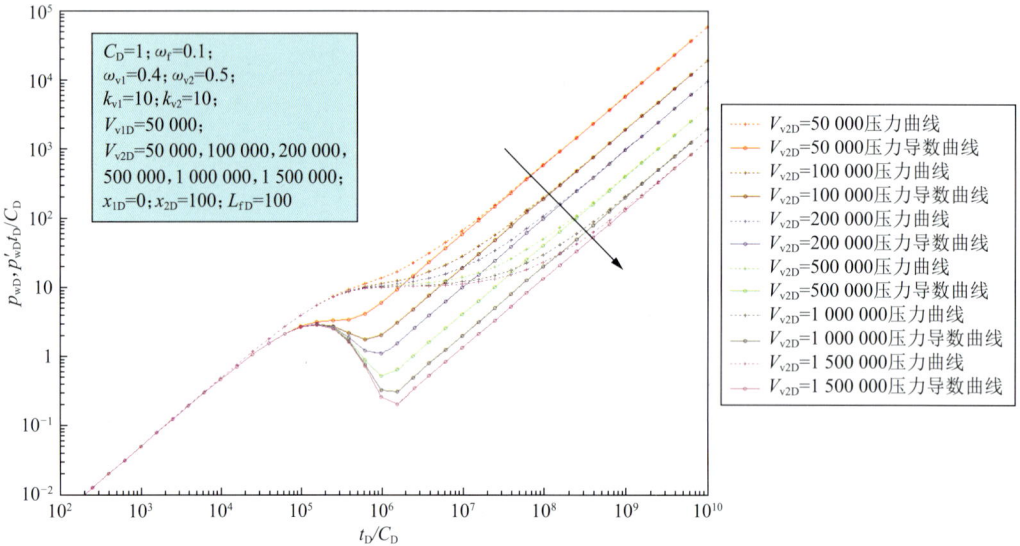

图 4-31 井-洞-缝-洞串联模型无因次溶洞 v_2 体积 V_{v2D} 影响图版

图 4-33 所示为井-洞-缝-洞串联模型溶洞 v_1 储容比 ω_{v1} 影响图版。可以看出,ω_{v1} 主要影响压力导数曲线下凹段的深度及压力曲线和压力导数曲线所围成的封闭体的面积。ω_{v1} 越大,压力导数曲线下凹段越浅,且封闭体的面积越小。这反映出溶洞 v_2 向裂缝供液响应的作用越来越不明显,而溶洞 v_1 对于早期井储阶段的贡献显著,同一时间下的压降和压降变化率均较小,能量保持程度较好。

同理,溶洞 v_2 储容比 ω_{v2} 的影响与 ω_{v1} 类似,但溶洞 v_2 向裂缝供液响应的作用更为显著,此处不再赘述。

图 4-34 所示为井-洞-缝-洞串联模型无因次井筒储集系数 C_D 影响图版。可以看出,C_D 主要影响井储阶段压力曲线和压力导数曲线的起始值以及压力导数曲线下凹段的出现时间。C_D 越大,压降和压降变化率越大,反映出井储效应越显著,单位井底压力对应井筒中储存流体越多。

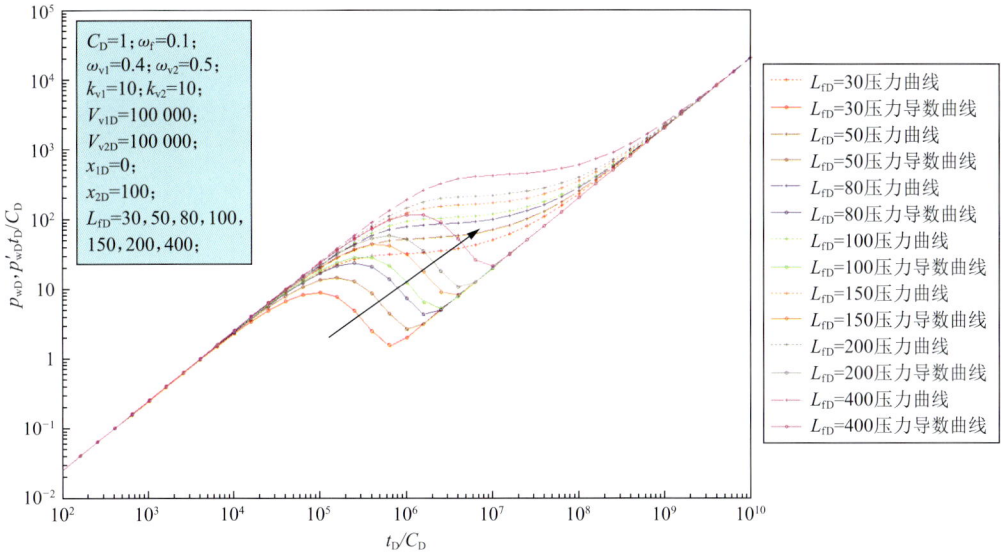

图 4-32　井-洞-缝-洞串联模型无因次裂缝长度 L_{fD} 影响图版

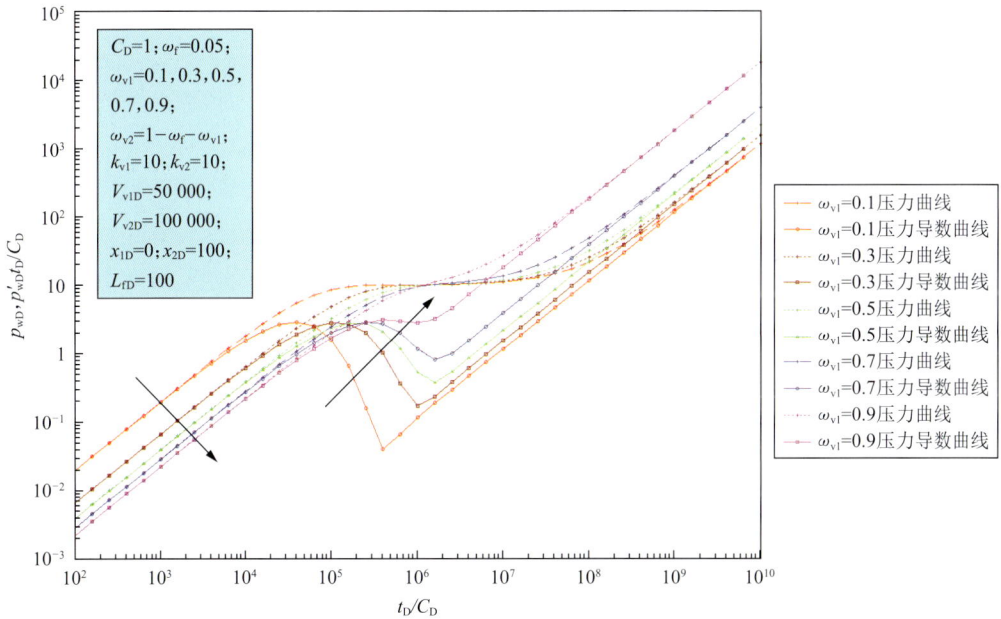

图 4-33　井-洞-缝-洞串联模型溶洞 v_1 储容比 ω_{v1} 影响图版

　　由于井-洞-缝-洞串联模型由 2 个溶洞和单条裂缝组成,故其地下储量可由 2 个溶洞相关的参数及裂缝相关的参数计算出来。该模型考虑的溶洞参数主要有无因次溶洞 v_1 体积 V_{v1D} 和无因次溶洞 v_2 体积 V_{v2D},而裂缝中不含原油,只作为流动通道,故井-洞-缝-洞串联模型的动态储量计算公式(井筒半径 r_w 取 0.075 m)为:

$$N = (V_{v1D} + V_{v2D}) \times r_w^3 \times S_o \times \frac{\rho_o}{B_{oi}}/1\ 000 \tag{4-92}$$

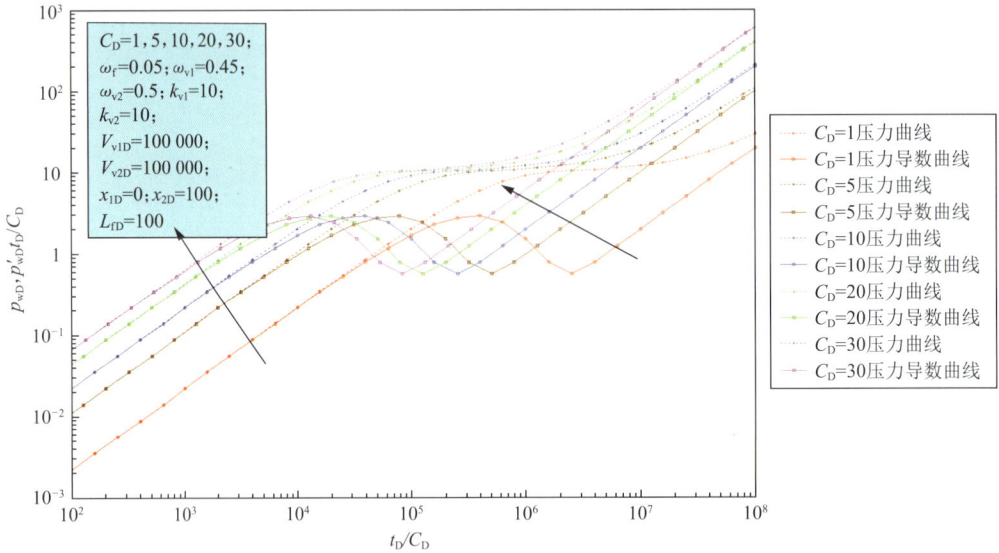

图 4-34　井-洞-缝-洞串联模型无因次井筒储集系数 C_D 影响图版

4.3　试井曲线在缝洞单元中的应用

4.3.1　绘制动态试井图版

动态试井图版绘制流程为：首先针对建立的试井物理模型、数学模型，利用引进的无因次变量，将其转化为无因次数学模型；然后通过引入 Laplace 变量 s，将无因次数学模型偏微分方程组消去一个变量后进行求解，得到 Laplace 空间中的无因次解；再借助计算机辅助软件，通过在一系列参数中改变单个参数值而其他参数固定的方法，将 Laplace 空间中的无因次解进行 Stehfest 数值反演，得到无因次解在实空间中的数值解；最后将参数不同取值对应的实空间中的数值解绘制在同一个双对数坐标系下，得到该参数敏感性分析的动态试井图版。用同样的方法改变某个恒定的参数值而使其取另一个定值，即可绘制同样的变参数敏感性分析的另一个图版。由此就得到一系列动态试井图版。将动态试井图版与实际井的试井双对数诊断曲线相比对，便可得到某些参数恒定的情况下实际井地下情况对应的变参数值，有助于对实际井地下情况进行更全面的了解及后期开发调整。

下面以井-缝-洞模型为例加以介绍。首先明确两大要素：一是人工求解得出的 Laplace 空间中无因次井底压力解的表达式；二是 Stehfest 数值反演方程。

由前文可知，在建立的井-缝-洞模型中，Laplace 空间中无因次井底压力解的表达式为：

$$\overline{p}_{wD} = \frac{K_0[f(s)]}{s\{C_D s\,K_0[f(s)] + f(s)\,K_1[f(s)]\}}$$

式中

$$f(s) = \sqrt{se^{-2S}\left[\frac{\lambda_{vf}\,\phi_v\,C_{vD}V_{vD}}{\lambda_{vf}(\phi_v C_{vD}V_{vD} + \phi_f C_{fD}\,L_{fD}\,A_{fD}) + s\phi_v C_{vD}V_{vD}} + \frac{\phi_f C_{fD}\,L_{fD}\,A_{fD}}{\phi_v C_{vD}V_{vD} + \phi_f C_{fD}\,L_{fD}\,A_{fD}}\right]}$$

Stehfest 数值反演方程为：

$$f(t) = \frac{\ln 2}{t_D} \sum_{i=1}^{n} V_i L(s_i)$$

式中

$$s_i = \frac{\ln 2}{t} i$$

$$V_i = (-1)^{\frac{N}{2}+i} \sum_{k=\left[\frac{i+1}{2}\right]}^{\min\left(i,\frac{N}{2}\right)} \frac{k^{\frac{N}{2}}(2k)!}{\left(\frac{N}{2}-k\right)!k!(k-1)!(i-k)!(2k-1)!}$$

在计算机软件中,将这两大要素的公式输进去(图 4-35、图 4-36),然后输入本次所有恒定的参数值及需要进行敏感性分析的变参数(如 V_{vD})值(图 4-37)。

```
for i=1:length(u)
    s=u(i);
    b=sqrt(s*exp(-2*S)*(wv*lambda_vf/(s*wv+lambda_vf)+wf));
    y(i)=besselk(0,b)/(s*CD*(s*besselk(0,b)+b*besselk(1,b)));
end
```

图 4-35　Laplace 空间中无因次井底压力解的表达式代码

```
y=zeros(1,length(tD));
N=8;
        V(1)=-0.333333333333333333333;
        V(2)=48.333333333333333333333;
        V(3)=-906.0000000000000000000;
        V(4)=5464.6666666666666666667;
        V(5)=-14376.6666666666666666;
        V(6)=18730.00000000000000000;
        V(7)=-11946.66666666666666667;
        V(8)=2986.6666666666666666667;
        for i=1:N
            u=i*log(2)./tD;
            y=y+V(i)*PwD
        end
        y=y*log(2)./TD;
```

图 4-36　Stehfest 数值反演表达式代码

```
CD=5;
lambda_vf=1e-6;
fai_v=0.8;
Cv=1e-5;
fai_f=0.05;
Cf=1e-3;
AfD=1e-2;
LfD=100;
S=1;
VvD=[1000,5000,10000,20000,50000,100000,200000,500000];
```

图 4-37　输入计算机中的参数值

　　根据压力曲线和压力导数曲线的定义,在计算机中输入公式及参数值后运行成图,便可得到无因次溶洞体积 V_{vD} 变化、其他参数固定情况下的试井图版(图 4-38)。然后改变无因次井筒储集系数 C_D 值,如从 5 变为 10,用同样的方法可绘制出另一个无因次溶洞体积 V_{vD} 变化、其他参数固定情况下的试井图版(图 4-39)。同理,再改变 C_D 为其他值(或另一个恒定的某参数为其他值),可绘制出其他无因次溶洞体积 V_{vD} 变化、其他参数固定的试井图版。这就是动态试井图版的绘制过程。

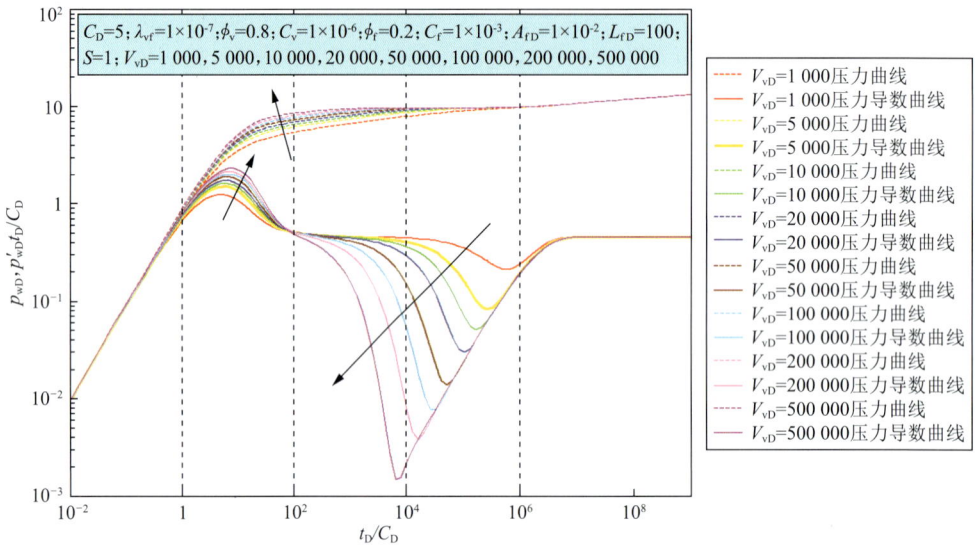

图 4-38　$C_D = 5$ 时无因次溶洞体积 V_{vD} 敏感性分析图版

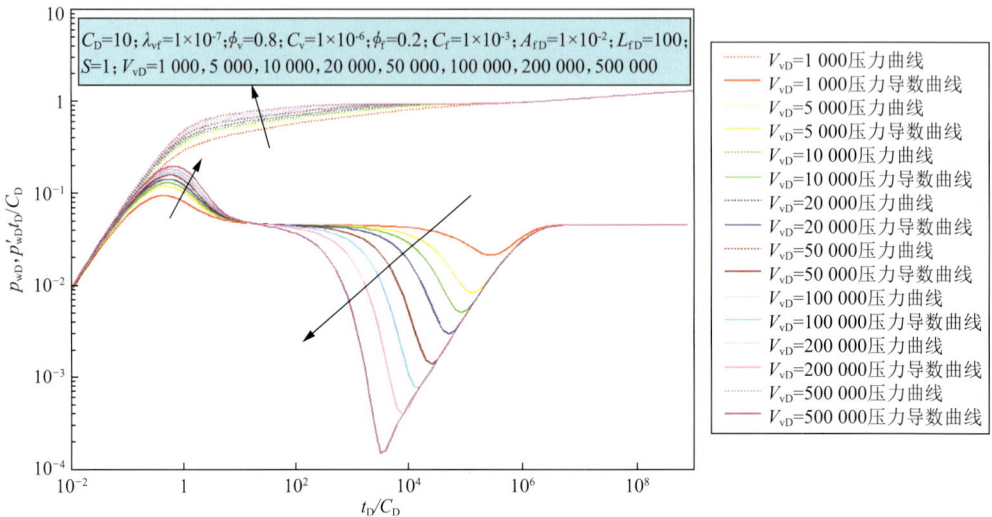

图 4-39　$C_D = 10$ 时无因次溶洞体积 V_{vD} 敏感性分析图版

4.3.2 应用试井曲线计算典型井动态储量

下面以塔河油田常见的井-缝-洞模型和井-洞-缝-洞串联模型为例说明应用试井曲线计算动态储量的方法,其他模型计算方法与之类似,此处不再赘述。

1) 井-缝-洞模型试井曲线应用

以典型井 TH12409 为例,阐述井-缝-洞模型试井曲线拟合求解动态储量的方法。TH12409(TK1268)井位于阿克库勒凸起西北斜坡部位,而且东南、西向各发育一条近南北向的断裂,是储层发育的有利部位(图 4-40)。地震剖面显示,该井区 T_7^4 地震反射波具串珠状反射特征(图 4-41),说明 TH12409 近井发育溶洞,但钻井过程中无放空、漏失现象,说明未直接钻遇储集体。之后通过酸压改造地层,显示有效沟通了储集体(图 4-42),表明该井钻遇井-缝-洞型储集体。

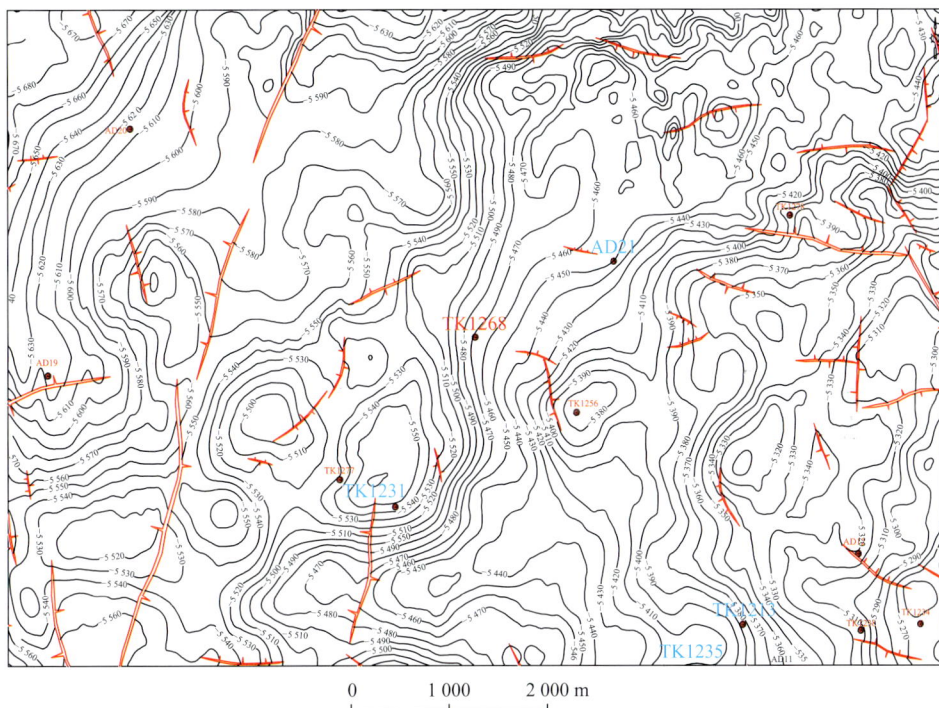

图 4-40　TH12409(TK1268)井 T_7^4 顶面构造图

如图 4-43、图 4-44 所示,TH12409 井酸压后投产,开井后压力迅速下降,自喷期较短,稳产时间也较短,但无水采油期相对较长,停喷后即开始注水,注水开井后含水率较高,但随后迅速下降,前 4 轮次注水后含水率均回落至较低水平,注水效果较好。第 5 轮次之后的各轮次注水均未连续产油,大幅延长焖井时间,开井后仍然无法稳定产油,具有封闭溶洞储集体特征,表明除已知储集体外,无其他连通缝洞储集体。

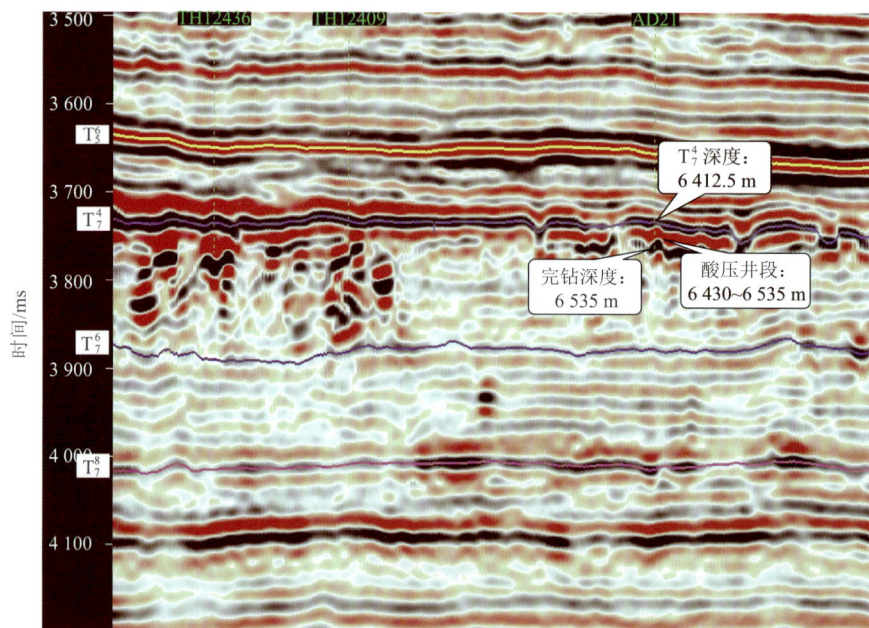

图 4-41　过 AD21—TH12409 井联井地震剖面

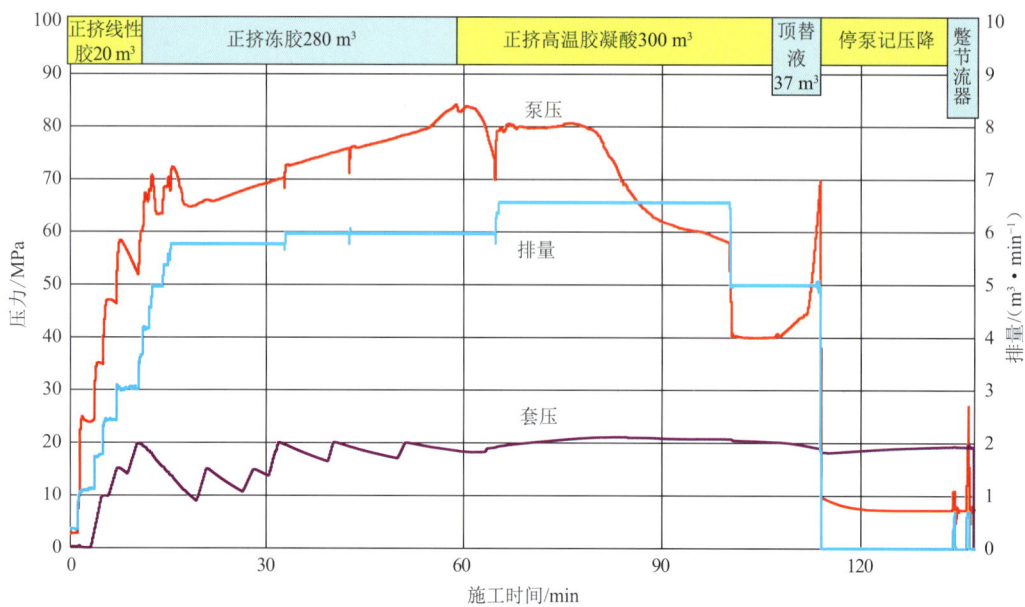

图 4-42　TH12409 井酸压施工曲线

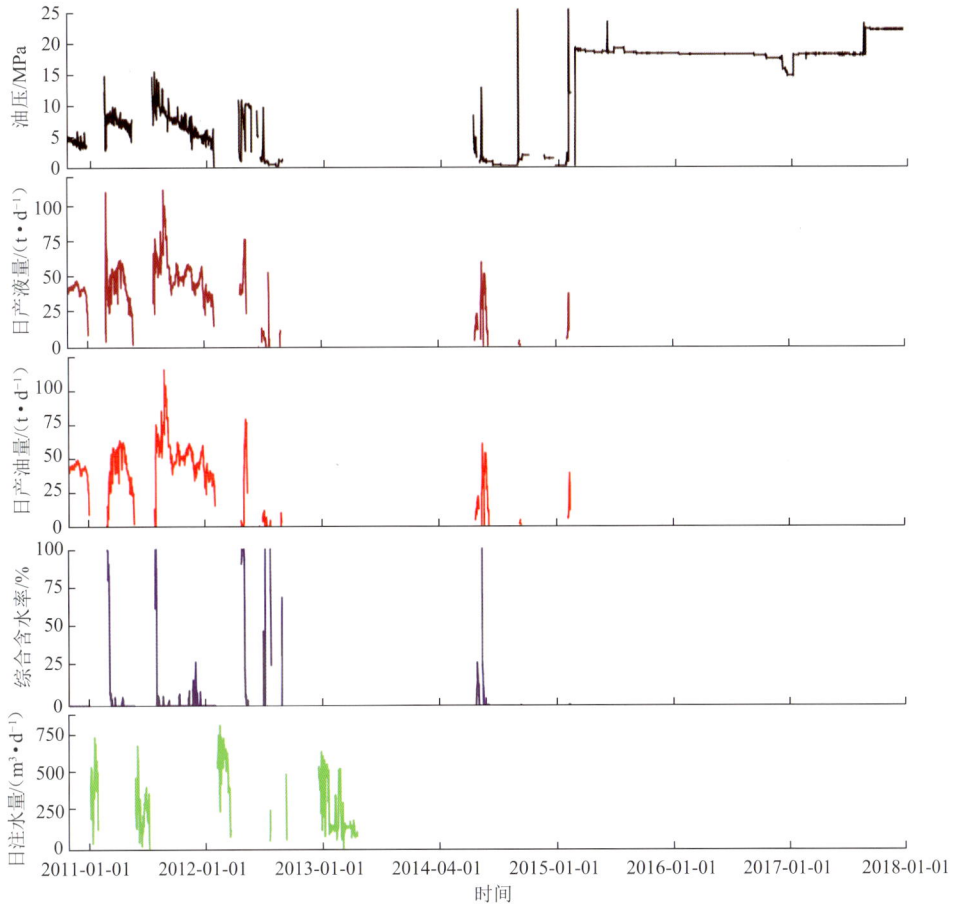

图 4-43　TH12409 井开发曲线

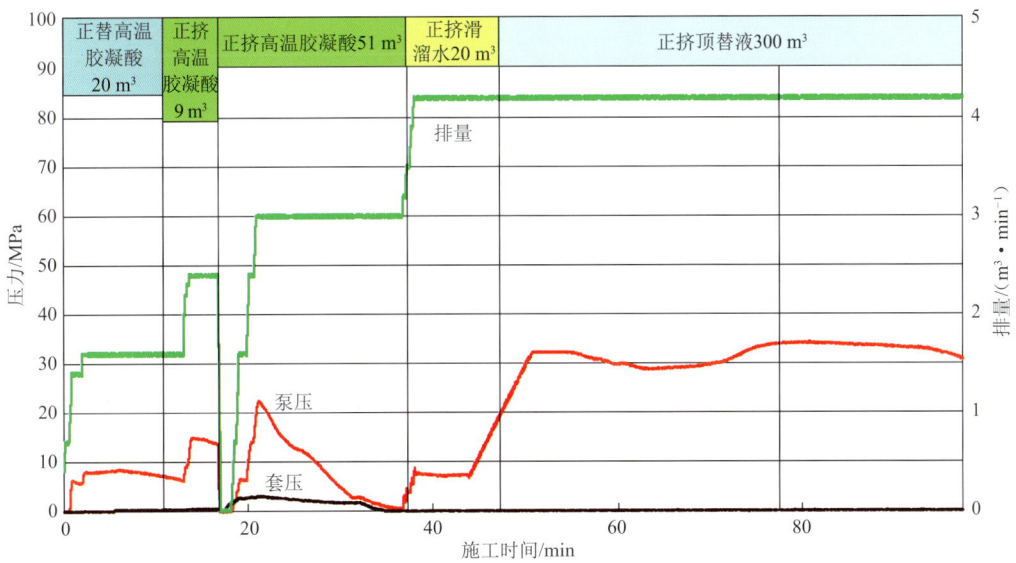

图 4-44　TH12409 井二次处理井筒酸压施工曲线

TH12409 井投产至今,已累计注水 8 轮次,其中第 8 轮次注水指示曲线显示其累积注水量与套压之间呈良好的线性关系(图 4-45),表明该井通过酸压及注水沟通了一定规模的缝洞储集体。

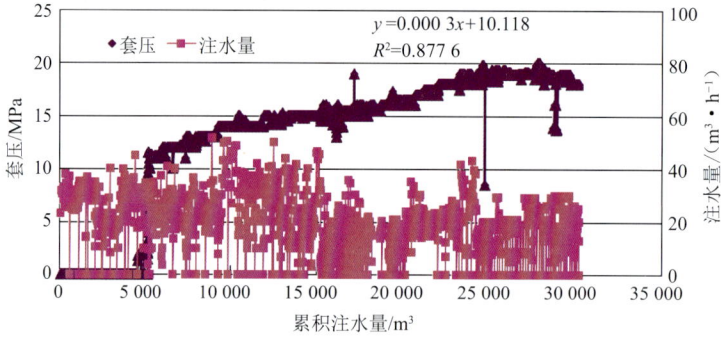

图 4-45　TH12409 井第 8 轮次注水指示曲线

根据 TH12409 井压降试井双对数诊断曲线形态特点,并结合该井的地质及生产特征,选择井-缝-洞模型对 TH12409 井进行解释较合适。针对 TH12409 井进行图版拟合,首先在双对数坐标纸上绘制相应曲线,如图 4-46 所示。

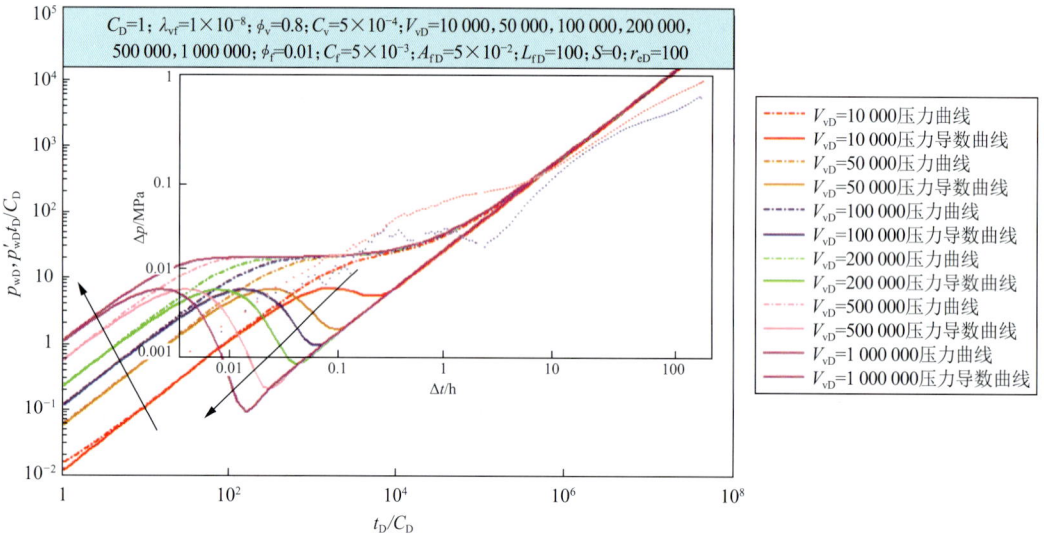

图 4-46　TH12409 井双对数图版拟合前初始状态图

然后上下左右移动双对数透明坐标纸,使实测压力与压力导数数据对应某个 V_{vD} 值的压力及压力导数曲线拟合最好的状态(图 4-47)。通过比对记录此曲线的拟合值为 $V_{vD} = 1 \times 10^4$。

接着任取一个拟合点,如图 4-47 中蓝色大圆点,其理论拟合点坐标为 $(190, 1.95)_M$,对应实际数据的拟合点坐标为 $(0.09, 0.009)_M$。r_w 值取自现场,为 0.075 m,则根据拟合点及无因次变量的定义,有:

$$V_v = V_{vD} \times r_w^3 \times \left(\frac{0.09 \times 3\,600}{190}\right)_M \times \left(\frac{0.009 \times 10^6}{1.95}\right)_M = 3.32 \times 10^4 \ \text{m}^3$$

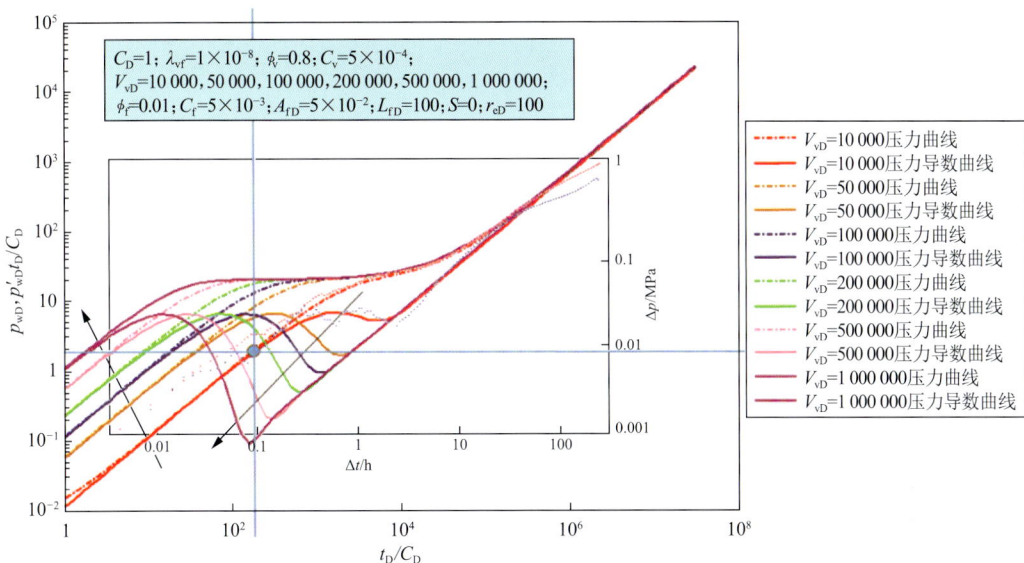

图 4-47　TH12409 井溶洞体积 V_v 双对数图版拟合结果图

这样就得到了溶洞体积,设 B_{oi} 取 1.0,原油密度取 947 kg/m³,S_o 取 0.845,则代入井-缝-洞模型动态储量计算公式可得:

$$N = \frac{V_v \times S_o \times \rho_o}{B_{oi}} = 3.32 \times 10^4 \times 0.845 \times \frac{0.947}{1.0} \ \text{t} = 2.66 \times 10^4 \ \text{t}$$

因此,塔河十二区 TH12409 井的动态储量约为 2.66×10^4 t。

2)井-洞-缝-洞串联模型试井曲线应用

以典型井 AD11CH 为例,阐述井-洞-缝-洞串联模型试井曲线拟合求解动态储量的方法。AD11CH 井(图 4-48)位于阿克库勒凸起西斜坡,岩溶作用相对较强。地震剖面显示,T_7^4 地震反射波具串珠状反射特征(图 4-49)。由平均振幅变化率图(图 4-50)可知,AD11CH 井 T_7^4 地震反射波以下 0~20 ms 范围内平均振幅变化率较大;由平均相干值平面图(图 4-51)可知,AD11CH 井 T_7^4 地震反射波以下 0~30 ms 范围内平均相干值显示为弱相干特征,预测裂缝发育。综上分析认为,AD11CH 井处于储层发育部位。

AD11CH 井揭示奥陶系中统一间房组(O_2yj);录井显示奥陶系地层气测异常层数较多(表 4-1);测井解释判断该井区一间房组裂缝-孔洞型储层发育,鹰山组裂缝型储层发育;钻完井过程中发生井漏,累计漏失钻井液 90.27 m³。综合物探资料和钻完井资料可知,该井区缝洞储集体较发育。进一步分析地震剖面和平均振幅变化率图,其中地震剖面上可见显著连片性特征,平均振幅变化率图上显示 AD11CH 井及其周围有北西—南东向展布的连片溶洞体,因此可将该井钻遇储集空间模型提炼为井-洞-缝-洞串联模型。

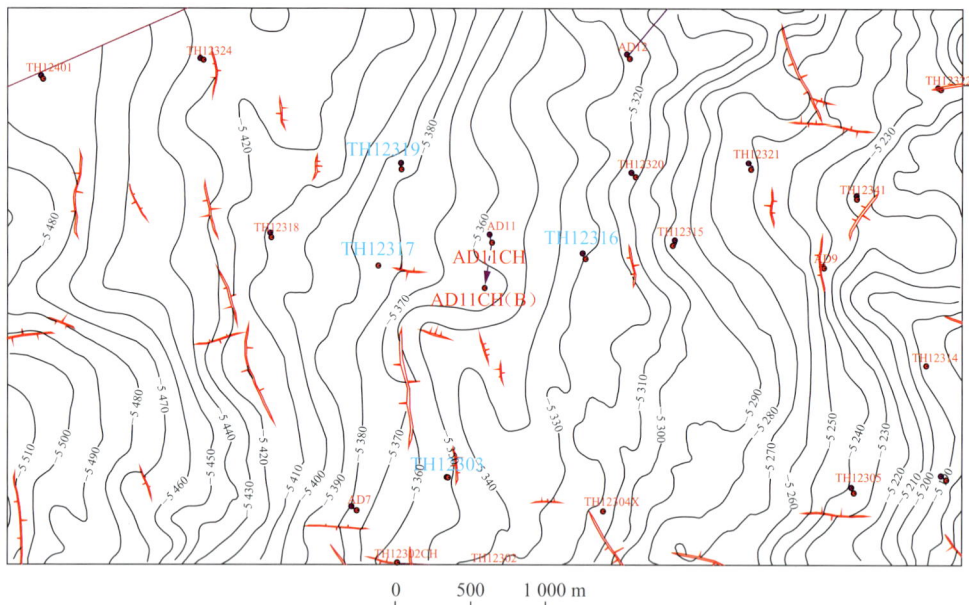

图 4-48 AD11CH 井奥陶系中统一间房组顶面 T$_7^4$ 地震反射波深度构造图

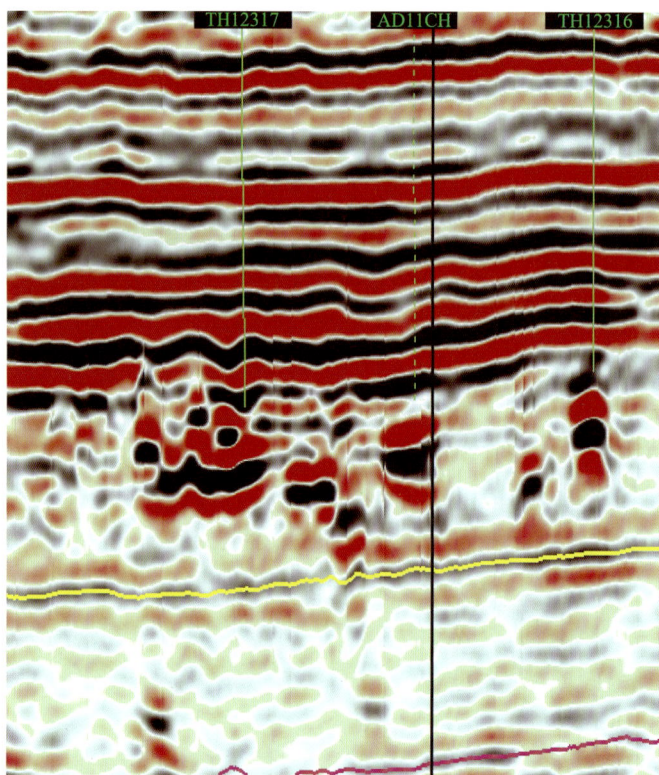

图 4-49 过 TH12317—AD11CH 井靶点—TH12316 井地震剖面

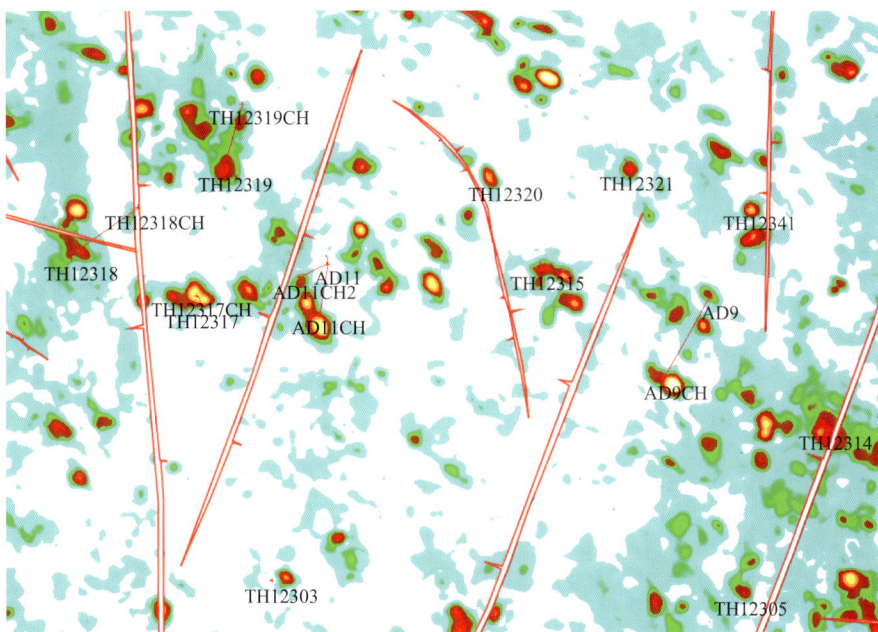

图 4-50　AD11CH 井区 T_7^4 以下 0～20 ms 平均振幅变化率图

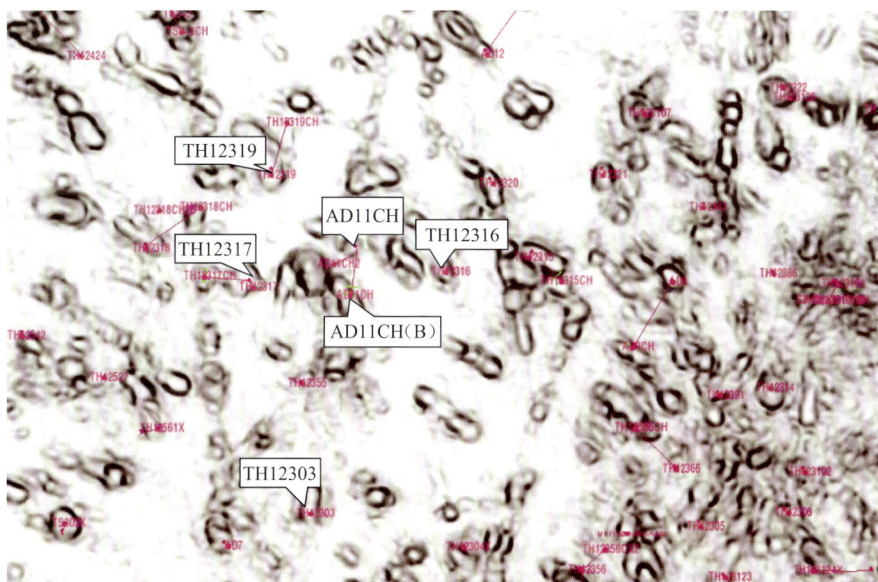

图 4-51　AD11CH 井区 T_7^4 以下 0～30 ms 平均相干值平面图

　　生产动态显示,AD11CH 井钻遇溶洞投产后产液量快速下降(图 4-52),反映出直接钻遇的溶洞储集体规模较小。通过酸压改造后有一定沟通储集体显示(图 4-53),且酸压后油井生产情况得到改善,油井持续供液能力显著提升,反映出酸压改造后沟通了新的溶洞。综合分析认为,AD11CH 井油藏地质模型符合井-洞-缝-洞串联模型特征。

表 4-1　AD11CH 井录井显示部分数据

地　层	层　号	井段/m	岩性描述	录井评价
O$_3$s	1	斜深：6 247.00～6 250.00 垂深：6 244.86～6 247.81	浅黄灰色泥质灰岩	气测异常
	2	斜深：6 265.00～6 269.00 垂深：6 262.35～6 266.14	浅黄灰色含泥质灰岩	气测异常
O$_3$q	3	斜深：6 314.00～6 317.00 垂深：6 305.68～6 308.05	褐灰色泥晶灰岩	气测异常
	4	斜深：6 324.00～6 328.00 垂深：6 313.43～6 316.39	褐灰色泥晶灰岩	气测异常
O$_2$yj	5	斜深：6 328.00～6 333.00 垂深：6 316.39～6 319.97	灰色泥晶灰岩	气测异常
	6	斜深：6 376.00～6 385.00 垂深：6 344.78～6 348.47	灰色砂屑泥晶灰岩	气测异常
	7	斜深：6 397.00～6 409.00 垂深：6 352.55～6 355.65	灰色含砂屑泥晶灰岩	气测异常

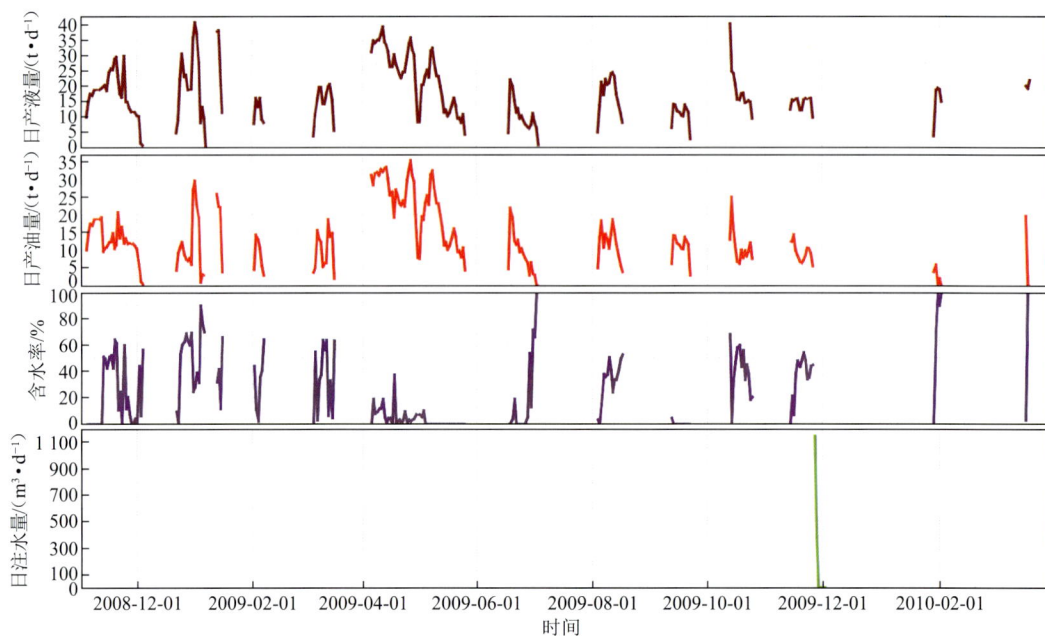

图 4-52　AD11CH 井开发曲线

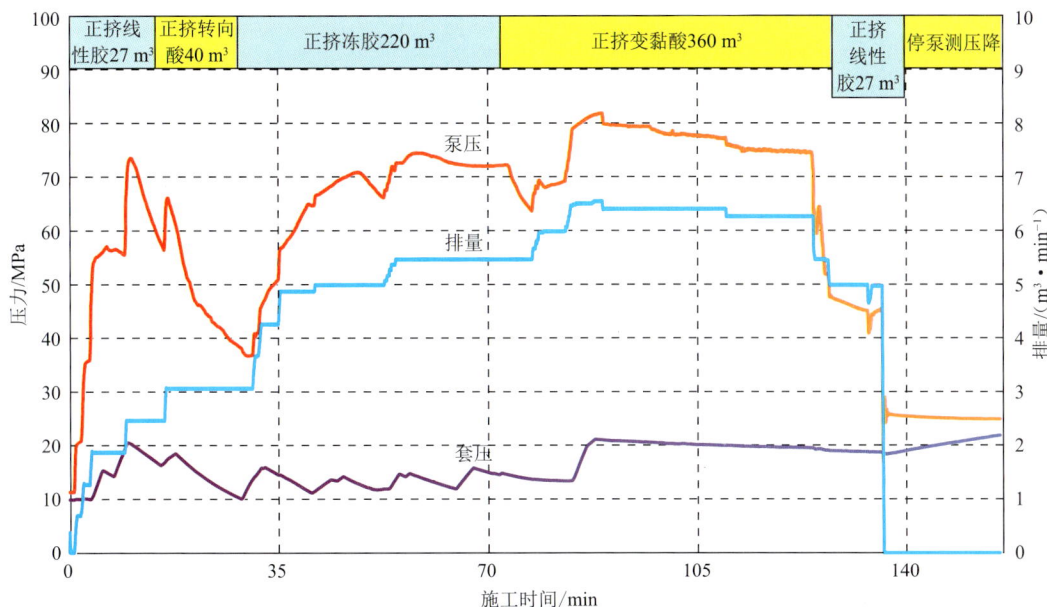

图 4-53　AD11CH 井酸压施工曲线

根据 AD11CH 井压降试井双对数诊断曲线形态特点,并结合该井的地质及生产特征,选择井-洞-缝-洞串联模型对 AD11CH 井进行解释较合适。针对 AD11CH 井进行图版拟合,首先在双对数坐标纸上绘制相应曲线,如图 4-54 所示。

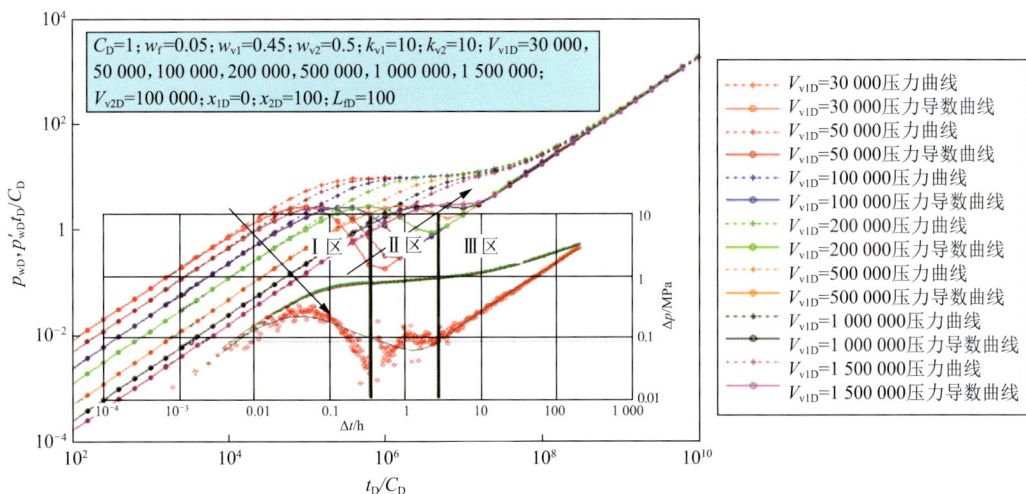

图 4-54　AD11CH 井双对数图版拟合前初始状态图

然后上下左右移动双对数透明坐标纸,使实测压力与压力导数数据对应某个 V_{v1D} 值的压力及压力导数曲线拟合最好的状态(图 4-55)。通过比对记录此曲线的拟合值为 $V_{v1D} = 3 \times 10^4$。

接着任取一个拟合点,如图 4-55 中蓝色大圆点,其理论拟合点坐标为 $(1.8 \times 10^5, 0.88)_M$,对应实际数据的拟合点坐标为 $(0.1, 0.1)_M$(下标 M 代表拟合点)。r_w 值取自现场，为 0.075 m，则根据拟合点及无因次变量的定义，有：

$$V_{v1} = V_{v1D} \times r_w^3 \times \left(\frac{0.1 \times 3\,600}{1.8 \times 10^5}\right)_M \times \left(\frac{0.1 \times 10^6}{0.88}\right)_M = 2\,876 \text{ m}^3$$

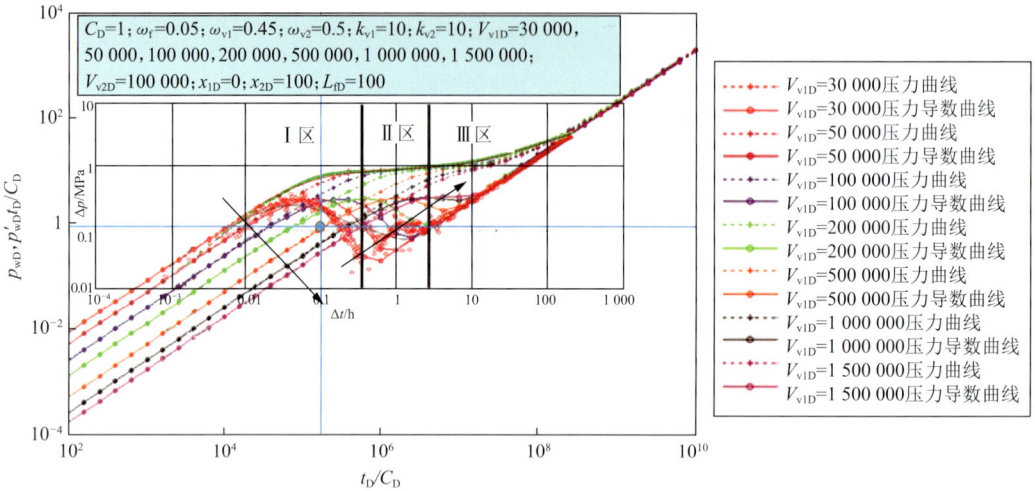

图 4-55　AD11CH 井 V_{v1D} 双对数图版拟合结果图

同理，对无因次溶洞 v_2 体积 V_{v2D} 与实际数据进行双对数图版拟合（图 4-56），选取最佳 V_{v2D} 拟合值为 1.5×10^6，理论拟合点坐标为 $(3.5 \times 10^4, 1)_M$，对应实际数据的拟合点坐标为 $(0.01, 0.1)_M$，则溶洞 v_2 的体积为：

$$V_{v2} = V_{v2D} \times r_w^3 \times \left(\frac{0.01 \times 3\,600}{3.5 \times 10^4}\right)_M \times \left(\frac{0.1 \times 10^6}{1}\right)_M = 65\,089 \text{ m}^3$$

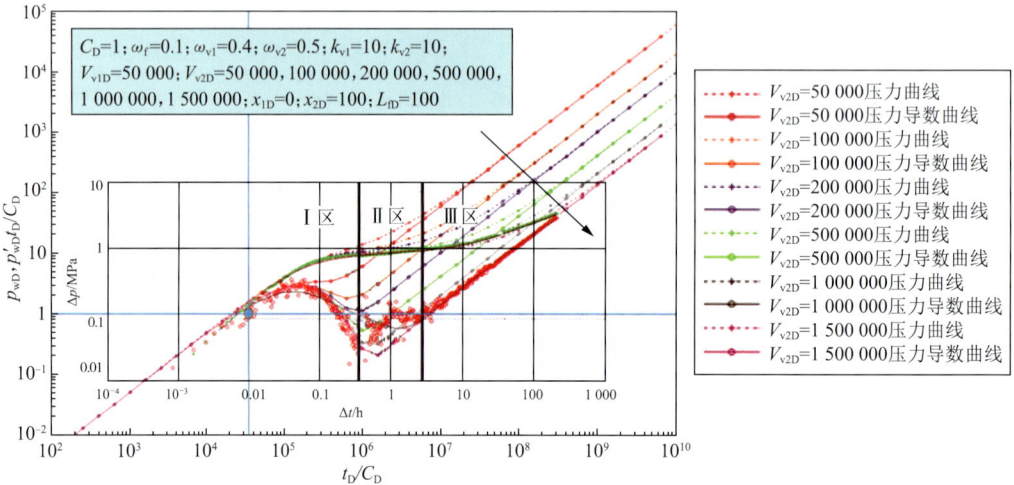

图 4-56　AD11CH 井 V_{v2D} 双对数图版拟合结果图

这样就得到了溶洞 v_1 和 v_2 体积，设 B_{oi} 取 1.038 2，原油密度取 $1.061\,6 \times 10^3$ kg/m^3，S_o 取 1，则代入井-洞-缝-洞串联模型动态储量计算公式可得：

$$N = (V_{v1} + V_{v2}) \times S_o \times \dfrac{\dfrac{\rho_o}{B_{oi}}}{1\,000} = (0.287\,6 + 6.508\,9) \times 10^4 \times 1 \times \dfrac{\dfrac{1.061\,6 \times 10^3}{1.038\,2}}{1\,000}\ \text{t} = 69\,497\ t$$

因此,塔河十二区 AD11CH 井的动态储量约为 6.95×10^4 t。

在试井解释缝洞模型选择中,也常常通过注采关系等分析确定井间连通关系,进而结合远端溶洞发育特征,提炼出井-洞-缝-洞串联模型,如典型井 AD26。AD26 井位于阿克库勒凸起西北斜坡部位,地处 TH12330 断隆西翼断裂带,与 AD10 断裂间发育多组北东向次级断裂,油气局部富集。AD26 井地震剖面显示,底部具串珠状强反射特征(图 4-57);由 AD26 井区 T_7^6 相干图(图 4-58、图 4-59)可知,油井多沿断裂带分布;由过 AD26—TH12234 等联井地震剖面及储集体分布解释图(图 4-60)可知,AD26 近井发育溶洞,通过裂缝沟通了其他规模的储集体。录井、测井资料显示,AD26 井区奥陶系储集性能良好,钻完井期间油井无放空、漏失。之后通过酸压改造储层,且酸压曲线显示沟通了新的储集体(图 4-61)。

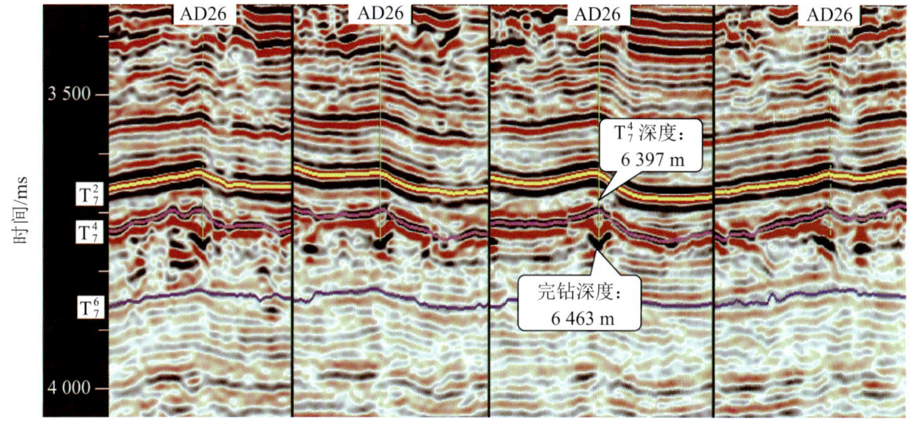

图 4-57　AD26 井地震剖面

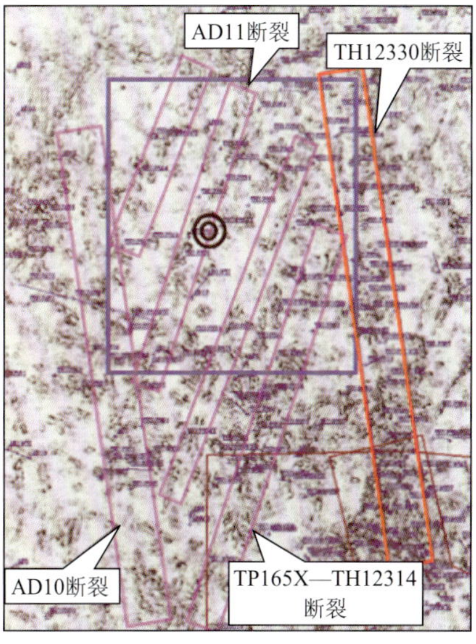

图 4-58　AD26 井区 T_7^6 相干图

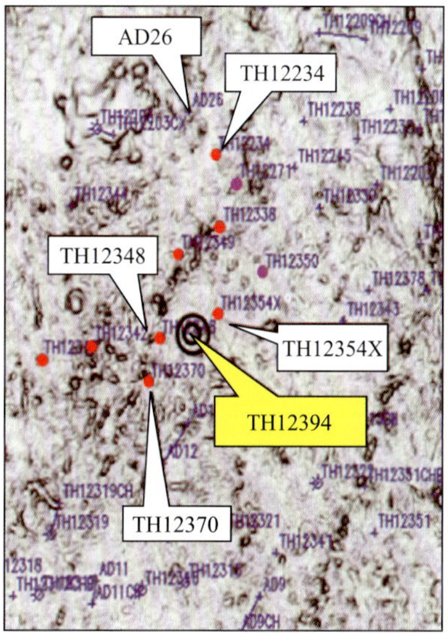

图 4-59　AD26 井区 T_7^6 局部放大相干图

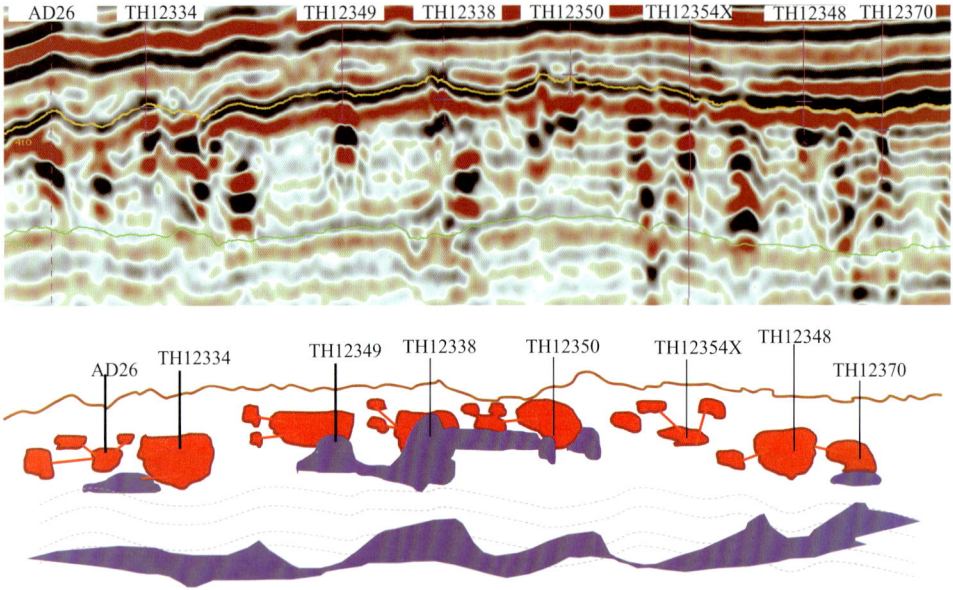

图 4-60 过 AD26—TH12234 等联井地震剖面及储集体分布解释图

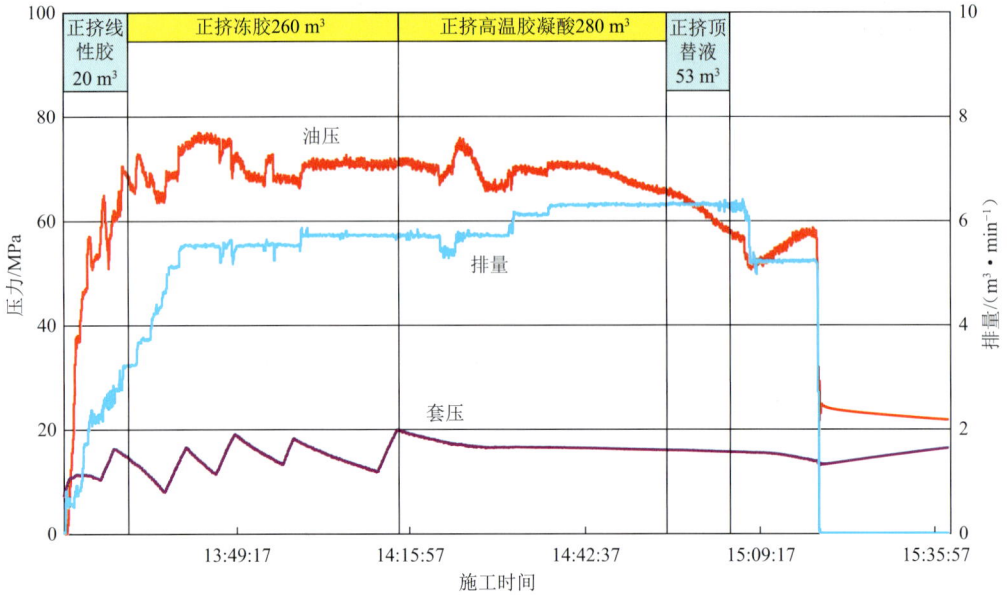

图 4-61 AD26 井酸压施工曲线

如图 4-62 所示,AD26 井投产初期压力和产量相对较高,但随后产量迅速下降,基本没有稳产阶段;油井停喷后进行注水替油生产,注水开井后中高含水生产,大幅延长关井置换时间后油井有一段无水采油期,但稳产时间仍然较短。根据 AD26 井产量、压力下降特征以及注水替油生产情况,综合判断该井钻遇一定规模的溶洞储集体。

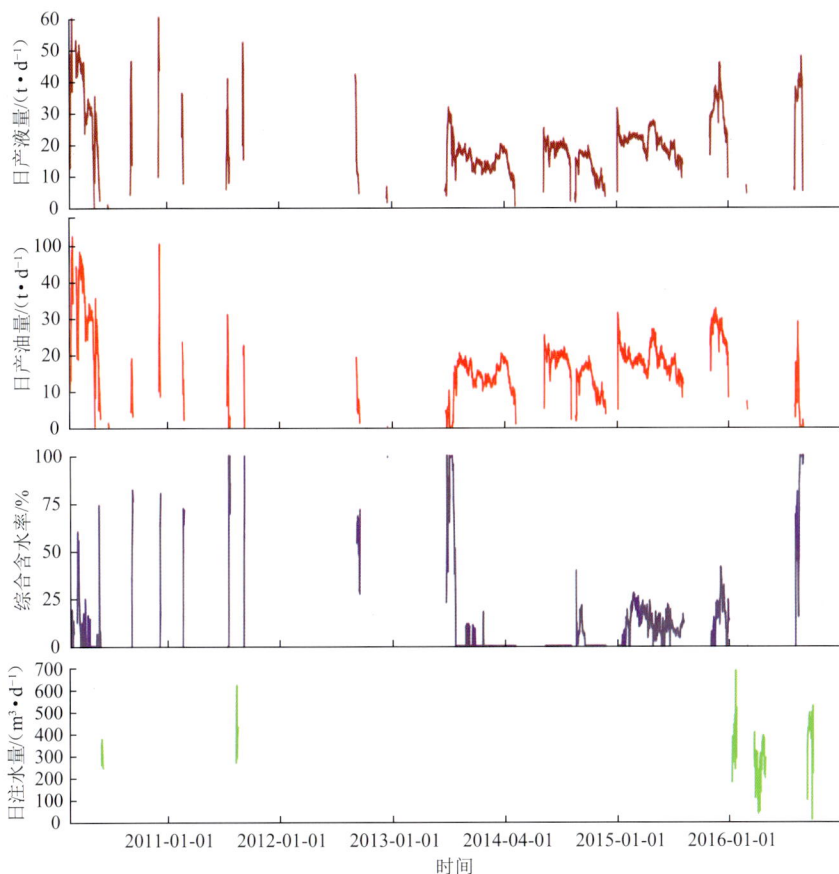

图 4-62　AD26 井开发曲线

2011 年对 AD26 井进行压降测试。通过分析关井压降数据可知,压力存在扩散通道,整个压降测试期间压力下降 13.19 MPa。通过分析 AD26 井压降试井双对数诊断曲线(图 4-63)和生产历史可知,AD26 井的外围储层物性变差,在离井较远处物性变好或与大的储集体沟通,但因为中间段物性差,沟通效果不好,导致生产时续流能力差,压力不稳。

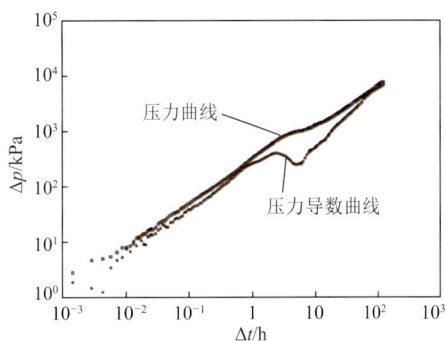

图 4-63　塔河十二区 AD26 井压降试井双对数诊断曲线

AD26 井前期注水压降测试显示近井储集体规模小,外围疑似存在储集体。AD26 井前期与邻井 TH12234 之间无明显干扰。2016 年 AD26 井进行两轮注水,分别注入 5 715 m³ 和 10 091 m³,但停注后压力快速下降至 0 MPa,说明注水存在外溢空间。而邻井 TH12234 在 AD26 井注水后,压力和产油量均明显受效(图 4-64)。

根据 AD26 井压降试井双对数诊断曲线形态特点,并结合该井的地质及生产特征,选择井-洞-缝-洞串联模型对 AD26 井进行解释较合适。针对 AD26 井进行图版拟合,首先在双对数坐标纸上绘制相应曲线,如图 4-65 所示。

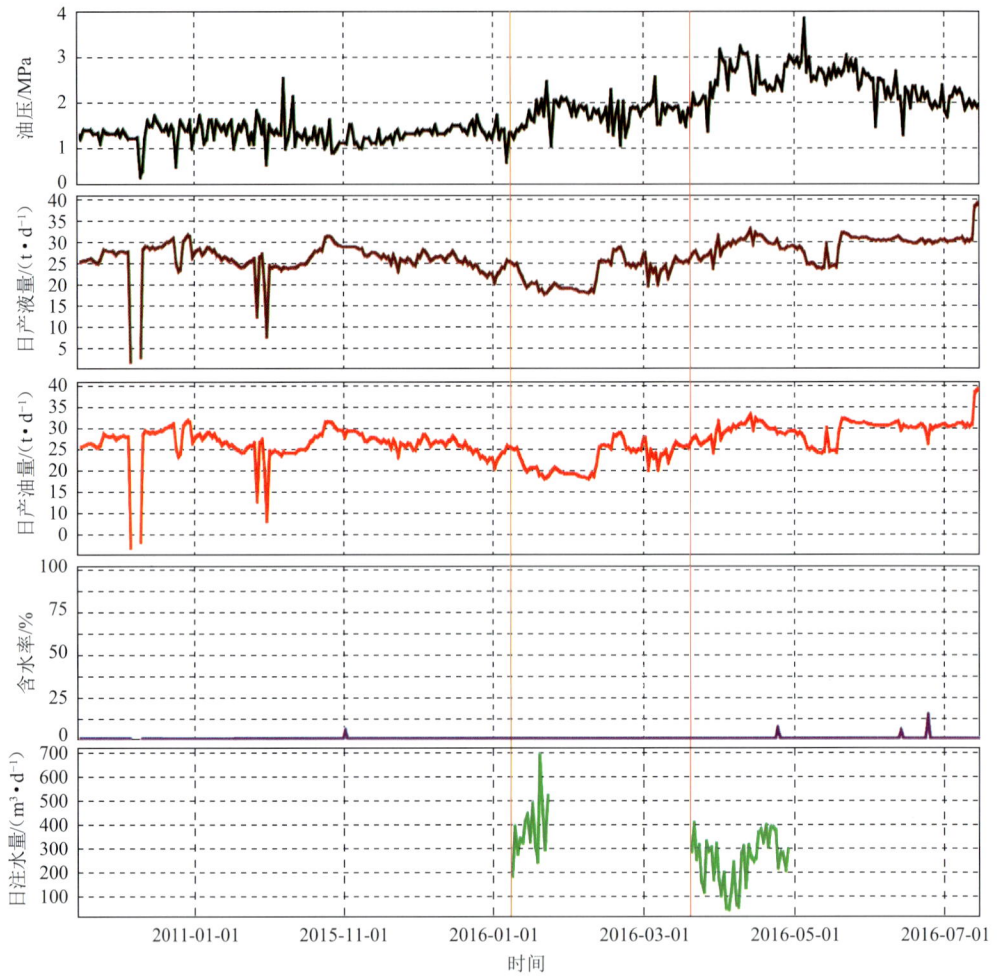

图 4-64　邻井 TH12234 开发曲线

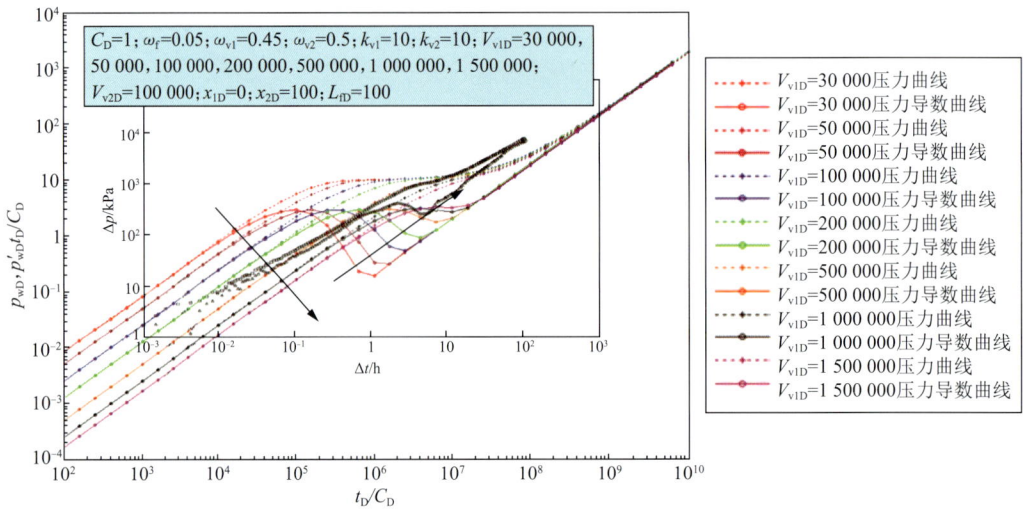

图 4-65　AD26 井双对数图版拟合前初始状态图

然后上下左右移动双对数透明坐标纸,使实测压力与压力导数数据对应某个 V_{v1D} 值的压力及压力导数曲线拟合最好的状态(图 4-66)。通过比对记录此曲线的拟合值为 $V_{v1D}=100\times10^4$。

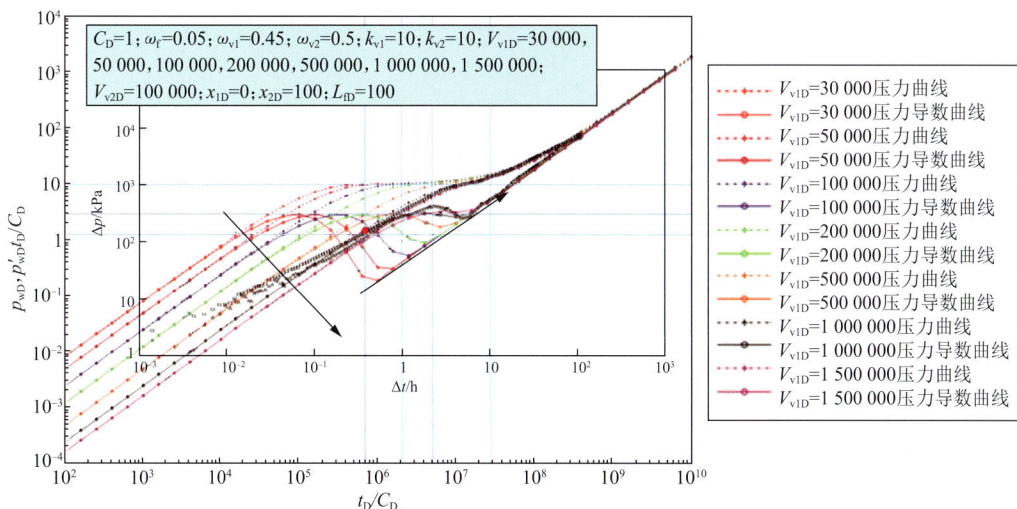

图 4-66　AD26 井 V_{v1D} 双对数图版曲线拟合结果图

接着任取一个拟合点,如图 4-66 中红色大圆点,其理论拟合点坐标为 $(6.5\times10^5,1.7)_M$,对应实际数据的拟合点坐标为 $(0.6,149)_M$。r_w 值取自现场,为 0.075 m,则根据拟合点及无因次变量的定义,有:

$$V_{v1} = V_{v1D}\times r_w^3\times\left(\frac{0.6\times3\,600}{6.5\times10^5}\right)_M\times\left(\frac{149\times10^3}{1.7}\right)_M = 12.29\times10^4\ \ m^3$$

同理,对无因次溶洞 v_2 体积 V_{v2D} 与实际数据进行双对数图版拟合(图 4-67),选取最佳 V_{v2D} 拟合值为 5×10^4,理论拟合点坐标为 $(5\times10^6,30.5)_M$,对应实际数据的拟合点坐标为 $(55,2\,950)_M$,则溶洞 v_2 体积为:

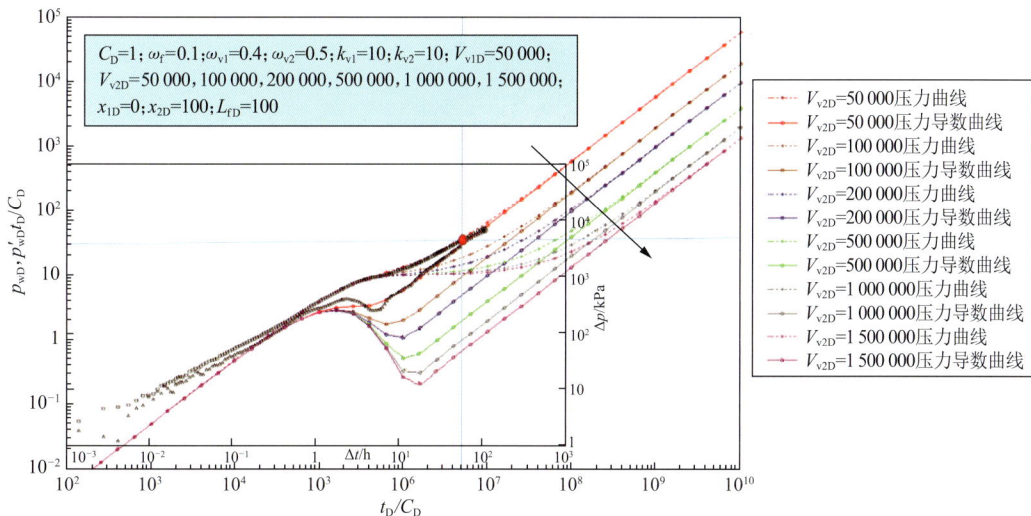

图 4-67　AD26 井 V_{v2D} 双对数图版拟合结果图

$$V_{v2} = V_{v2D} \times r_w^3 \times \left(\frac{55 \times 3\ 600}{5 \times 10^6}\right)_M \times \left(\frac{2\ 950 \times 10^3}{30.5}\right)_M = 8.08 \times 10^4 \ \text{m}^3$$

这样就得到了溶洞 v_1 和 v_2 体积，设 B_{oi} 取 1.038 2，原油密度取 926.2 kg/m^3，S_o 取 1，则代入井-洞-缝-洞串联模型动态储量计算公式可得：

$$N = \frac{(V_{v1} + V_{v2}) \times S_o \times \rho_o}{B_{oi}}/1\ 000$$

$$= (12.29 + 8.08) \times 10^4 \times 1 \times \frac{926.2}{1.038\ 2}/1\ 000 \ \text{t} = 181\ 760 \ \text{t}$$

因此，塔河十二区 AD26 井的动态储量约为 18.18×10^4 t。截至 2017 年 4 月 7 日，AD26 井累计产油 1.46×10^4 t，则该井采出程度大约为 8.03%。

第 5 章
能量变化曲线综合应用

5.1   能量变化曲线在碳酸盐岩缝洞型油藏中的应用基础

利用本书所建立的能量变化曲线(能量指示曲线、注水指示曲线及试井曲线),在充分运用动态数据的基础上,通过动态分析方法评价油藏动态储量。所谓动态储量,又称动用储量或动态法地质储量,是通过动态分析方法采用动态数据计算出来的单井或者油藏地质储量。动态储量代表油藏或井生产过程中控制的那部分地质储量,即为油藏或井生产提供补给的、参与流动的地质储量。因此,动态储量与可采储量不同,可采储量实际上是在现有技术条件下可以从控制的那部分动态储量中采出的储量。此外,利用能量变化曲线还可以认识井周缝洞储集体结构,了解油藏动态变化。

对于碳酸盐岩缝洞型油藏,大部分油井的开发特点互不相同,当油藏处于开发初期时,油井的静压测试资料往往较少,且不能借鉴邻井静压数据。在实际开发过程中,当静压数据较少时,对于自喷井,结合井口油压和井底流压数据进行分析,能够很好地判断油藏的驱动阶段(图 5-1)。从图 5-1 中可以看出,当油藏压降与累积产液量呈线性关系时,开采原油的驱动能量全部来自油藏自身的弹性膨胀能,为弹性驱阶段;当油藏压降与累积产液量关

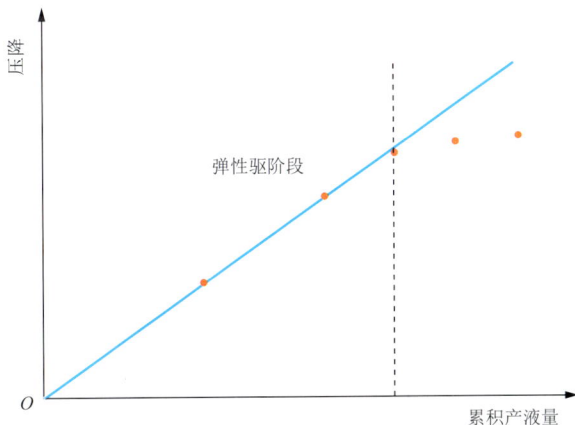

图 5-1   油藏压降与累积产液量关系曲线

系曲线偏离线性关系时,油藏动用另外一个或多个含油储集体,尤其是裂缝开启时边底水开始入侵,进入水驱阶段。

能量指示曲线、注水指示曲线及试井曲线在模型与方程建立过程中涉及两项重要工作:物质平衡方程建立和流体流动方程建立。两项工作的准确性是确保三类曲线成功应用于碳酸盐岩缝洞型油藏动态分析的重要基础。由于碳酸盐岩缝洞型油藏储集空间的特殊性和流体流动规律的复杂性,三类曲线理论方程在建立过程中做了相应的简化及类比处理,这使得三类曲线的理论基础有不同于常规油藏工程曲线分析方法的特殊之处。

在油藏工程中,物质平衡法是基于单个"储罐模型"所提出的可用于估算原始地质储量、计算水侵量、预测油藏动态储量等方面的基本油藏工程方法之一。物质平衡法记录开采历史上不连续时期内进入、离开或聚集在一个区域的所有物质的数量。在开采的早期阶段,流体的运动受到限制且压力变化较小,该条件下的物质平衡计算受多个假设条件的影响,而不均衡的衰竭和部分油藏开发会使物质平衡法计算的精度问题变得更为突出。物质平衡法利用压力测试数据和累积产液量计算动态储量,适用于封闭定容的弹性驱油藏,计算精度较高。

在碳酸盐岩缝洞型储层中,由于连通缝洞储集体内部性质差异不大且连通缝洞储集体间相对孤立,因此采用物质平衡法分析油藏动态储量具有一定的适用性。

(1)储层物性及流体分布较为均匀:储集体内的孔隙度及等效渗透率相对均一,缝洞储集体内的油水界面呈整体推进,因此采用物质平衡法描述油藏动态特征具有一定的优势。

(2)温度、压力较为统一:确定的缝洞储集体中各处温度差异很小,可以忽略不计,同时油藏任何部位都具有相同的压力,因此储集空间内各处的温压条件是一致的。

(3)恒定的地层体积:在物质平衡方程建立过程中,油藏体积被假定为恒定的。碳酸盐岩缝洞型油藏的缝洞规模大且大部分情况下大规模发育底水,甚至出现可将底水视为刚性水体的情况,因此可以不考虑岩石和水膨胀,使得其物质平衡方程更加简化。

就流动特征而言,碳酸盐岩缝洞型油藏内岩石基质孔隙度和渗透率非常低,可归类为低储低渗单元,基本不参与流体流动;裂缝开度较大,渗透率较高,但相对于溶洞来说储集能力较弱,可归类为低储高渗单元,是流体流动的主要通道;溶洞体积巨大,可归类为高储高渗单元,是流体的主要储存场所。因此,储层具有高储溶洞、高渗裂缝、低储低渗基质的特点(图5-2),即岩石基质基本不具有储渗能力,所以在碳酸盐岩缝洞型储层流体流动分析中,可将储层中的流体流动看作较为简单的洞穴-裂缝里的流动。由于碳酸盐岩缝洞型储层中溶洞规模较大,因此在模型建立过程中,可以将储集体等效为连通于溶洞之间、内径一定的长细管,等效长细管中的流体流动可视为管流。

碳酸盐岩缝洞型油藏开发过程中普遍遵循"按洞布井,逐洞开发"的规律,与能量变化曲线理论模型提炼以及流动类型等效处理依据相符。该类型油藏中的缝洞在空间上的展布极不规则,平面分布存在"点""线""面"多种形态,纵向上多套缝洞叠置发育,缝洞结构的空间组合极为复杂。因此,考虑以具有统一压力系统和相关油水分布关系的缝洞储集体为单元进行动态管理与评价,以不渗透基岩划分缝洞单元的边界。在早期产能建设阶段,井点部署以洞为目标。这种以缝洞储集体三维空间结构为基础,量化判定井洞匹配关系与洞间连通关系,以储量有效控制、高效用为目标的井网部署方式,可以有效反映缝洞的空间分布和分层展布,凸显井-洞、缝-洞和洞-洞空间的结构关系(图5-3),也是流体流动等效为裂缝中的平板流和溶洞中的管流的有效支撑。

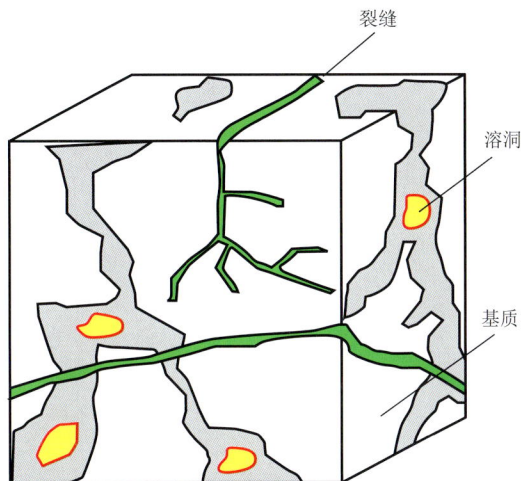

图 5-2　碳酸盐岩缝洞型油藏储集空间示意图

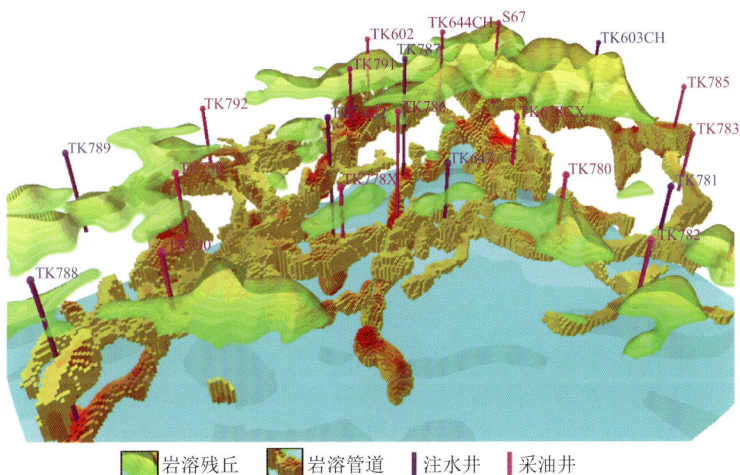

图 5-3　碳酸盐岩缝洞型油藏井洞匹配关系

综上,采用能量变化曲线对比分析碳酸盐岩缝洞型油藏,是在对特殊储集空间进行提炼、对复杂流体流动规律进行等效处理的基础上,提出的适用于碳酸盐岩缝洞型油藏的动态分析方法。该方法与常规油藏工程分析方法,如采油指数法、产量递减分析方法以及水驱特征曲线法相比,对动态资料的需求相对简化。下面简单介绍一下常规油藏工程分析方法。

1）采油指数法

采油指数是用于度量油井产油能力的参数,为总产油量与生产压差 Δp 的比值。对于无水采油期的油井,其采油指数 J 可表示为:

$$J = \frac{q_o}{\bar{p}_r - p_{wf}} = \frac{q_o}{\Delta p} \tag{5-1}$$

式中　q_o——产油量;

$\bar{p}_r$——体积平均泄油区压力;

p_{wf}——井底流压。

采油指数通常是在试油期间测量得到的,要求关井直至达到油层静压,然后以恒定的流量和稳定的井底流压开井生产足够长时间后再进行测量。测量的关键在于流动状态,只有在拟稳态状态下采油指数才能够有效度量油井的产能(图 5-4)。在瞬时流阶段采油指数将会随着时间发生明显变化,因此为了精确测量油井采油指数,需要以恒定的流量生产足够长时间以达到拟稳态。这对碳酸盐岩缝洞型油藏开发的工作制度提出了较为苛刻的要求。

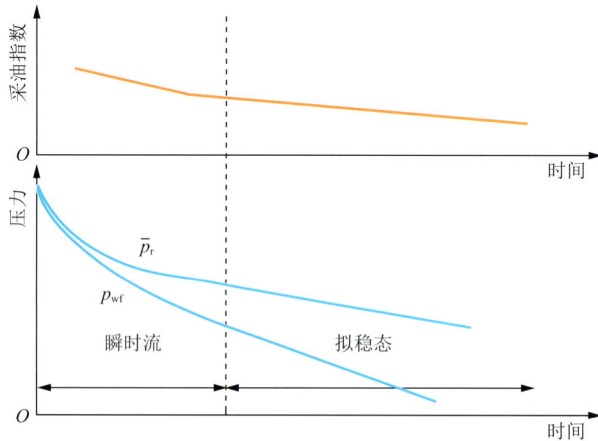

图 5-4 不同状态下的采油指数

2) 产量递减分析方法

油田开发实际资料表明,随着油井开采的进行,含水率升高,地层压力下降,井口产量呈递减的趋势。为了使油田稳产,预测未来油田生产动态,油藏产量递减研究分析非常必要。目前全球主流用的产量递减分析方法有传统的 Arps 分析方法(指数递减、双曲递减和调和递减,表 5-1)、经典的 Fetkovich 产量递减分析方法以及现代 Blasingame 产量递减分析方法。

表 5-1 Arps 产量递减类型对比表

递减类型	指数递减	双曲递减	调和递减
递减指数 n	$n=0$	$0<n<1, n\neq0.5$	$n=1$
递减率 a	$a=a_i=$ 常数	$a=a_i(1+na_it)^{-1}$	$a=a_i(1+a_it)^{-1}$
产量 Q 与开发时间 t	$Q=Q_ie^{-at}$	$Q=\dfrac{Q_i}{(1+na_it)^{\frac{1}{n}}}$	$Q=\dfrac{Q_i}{1+a_it}$
累积产油量 N_o 与开发时间 t	$N_o=Q_i(1-e^{-at})/a$	$N_o(t)=\dfrac{Q_i}{(1-n)a_i}\left[1-\dfrac{1}{(1+a_int)^{\frac{1-n}{n}}}\right]$	$N_o=\dfrac{Q_i}{a_i}\ln(1+a_it)$
产量 Q 与累积产油量 N_o	$Q=Q_i-aN_o$	$N_o=\dfrac{Q_i}{(1-n)a_i}\left[1-\left(\dfrac{Q}{Q_i}\right)^{1-n}\right]$	$N_o(t)=\dfrac{Q_i}{a_i}\ln\dfrac{Q_i}{Q}$
开发时间 t	$t=\dfrac{1}{a}\ln\dfrac{Q_i}{Q}$	$t=\dfrac{1}{na_i}\left[\left(\dfrac{Q_i}{Q}\right)^{n}-1\right]$	$t=\dfrac{Q_i-Q}{a_iQ}$

注:下标 i 表示初始值。

经典的 Fetkovich 产量递减分析方法的储量计算公式为：

$$N = \frac{0.691\ 2 \times 10^3 \times V_p(1-S_w)}{C_t B_i(p_i^2 - p_{wf}^2)} \times \left(\frac{t}{t_{Dd}}\right)_M \times \left(\frac{q}{q_{Dd}}\right)_M \quad (5\text{-}2)$$

式中　S_w——含水饱和度；

　　　N——井控储量；

　　　C_t——总压缩系数；

　　　V_p——井控体积；

　　　B_i——油水两相原始综合体积系数；

　　　$\left(\dfrac{t}{t_{Dd}}\right)_M$——拟合点所确定的初始递减率；

　　　$\left(\dfrac{q}{q_{Dd}}\right)_M$——拟合点所确定的初始产量。

现代 Blasingame 产量递减分析方法的储量计算公式为：

$$N = \frac{1}{C_t}\left(\frac{t_{ca}}{t_{caDd}}\right)_M \left(\frac{q/\Delta p_p}{q_{Dd}}\right)_M (1-S_w) \quad (5\text{-}3)$$

式中　$\left(\dfrac{t_{ca}}{t_{caDd}}\right)_M$——拟合点所确定的初始递减率；

　　　$\left(\dfrac{q/\Delta p_p}{q_{Dd}}\right)_M$——拟合点所确定的初始产量。

碳酸盐岩缝洞型油藏油井产量递减曲线通常呈现多段多斜率的情况，因此难以确定能够代表油井真实产量递减规律的递减段。同时由于生产动态曲线波动较大，递减段拟合效果往往不理想（图 5-5）。

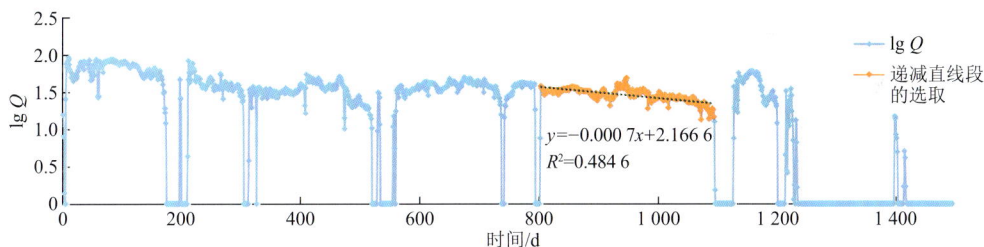

图 5-5　碳酸盐岩缝洞型油藏油井产量递减曲线

3）水驱特征曲线法

对进入中后期含水的油田进行生产动态分析时，将累积产油量与累积产液量、水油比与累积产油量等数据绘制在半对数图中，可得到一条明显的直线，这条直线称为水驱特征曲线。常规的水驱特征曲线通常包含 3 个不同的线段：第 I 段代表水驱作用刚开始影响油藏，水驱能量并不稳定；第 II 段中间直线段代表油藏进入全面水驱状态，水驱能量稳定；第 III 段代表油藏进入高含水或特高含水期，油井水淹。水驱特征曲线通常分为甲型、乙型、丙型、丁型 4 种。

甲型水驱特征曲线的表达式为：

$$\lg(W_p + C) = a_1 + b_1 N_p \quad (5\text{-}4)$$

式中　　W_p——累积产水量；

　　　　C——常数；

　　　　a_1，b_1——甲型水驱特征曲线的斜率和截距。

甲型水驱特征曲线可采储量表达式（含水率取 98%）为：

$$N_p = \frac{1.690\ 2 - (a_1 + b_1 \lg 2.303)}{b_1} \tag{5-5}$$

乙型水驱特征曲线的表达式为：

$$\lg L_p = a_2 + b_2 N_p \tag{5-6}$$

式中　　L_p——累积产液量；

　　　　a_2，b_2——乙型水驱特征曲线的斜率和截距。

丙型水驱特征曲线的表达式为：

$$L_p / N_p = a_3 + b_3 L_p \tag{5-7}$$

式中　　a_3，b_3——丙型水驱特征曲线的斜率和截距。

丁型水驱特征曲线的表达式为：

$$L_p / N_p = a_4 + b_4 W_p \tag{5-8}$$

式中　　a_4，b_4——丁型水驱特征曲线的斜率和截距。

对于常规砂岩油藏，水驱特征曲线可以反映油藏的水驱效率，用于计算可采储量等。而对于碳酸盐岩缝洞型油藏，应用常规的油藏工程分析方法会出现极大的复杂性和不规则性。以塔河油田碳酸盐岩缝洞型油藏生产为例，油藏生产动态分析过程中水驱特征曲线出现了多台阶状的异常现象（图 5-6）。

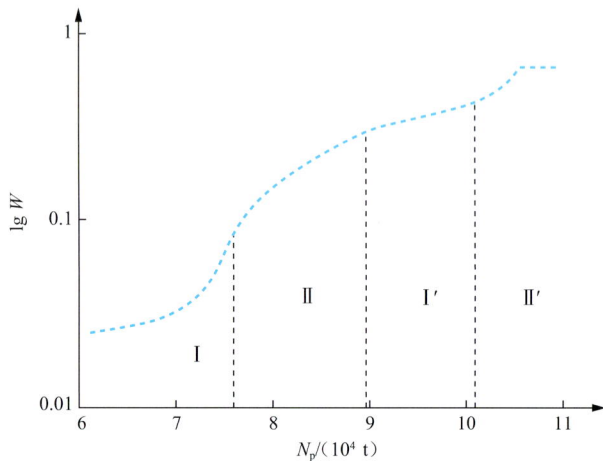

图 5-6　多台阶状水驱特征曲线实例

水驱特征曲线法适用于油藏开采中后期水驱特征曲线出现明显直线段时，可根据累积产量和含水率等变量的统计关系，计算给定（经验）极限含水率时所得到的累积产量，即可采储量。水驱特征曲线法的应用条件包括：① 含水率高于 40%；② 由于油藏重大调整措施对水驱特征曲线法的形状影响很大，因此必须待重大调整措施完成、油藏以稳定的注采系统生产后方可应用。

综合对比能量变化曲线方法与常规油藏工程分析方法可知，能量指示曲线法适用于油藏开发初期利用天然能量驱动的阶段，其近似认为在体积系数不变的情况下井底流压与累积产液量基本呈直线关系，根据直线斜率可以计算得到单井动态储量。注水指示曲线法适用于油藏开始进行注水替油，产量缓解递减的阶段。结合注水替油机理，根据原油压缩系数的定义，可推导出适用于碳酸盐岩缝洞型油藏的注水指示曲线，即累积注水量和注入压力的关系曲线。根据曲线斜率可计算地下储集体规模，若存在两段直线，则可以此为依据判断存在第二套储集体。试井曲线法适用于油藏正式投入开发前期，首先结合实际油藏建立符合地质特征的油藏地下储集体模型，细化各项储量参数；然后由溶洞和裂缝相关参数及建立的储集体试井解释模型得出动态储量估算公式；最后结合压降试井双对数诊断曲线选择合适的模型进行动态储量估算。

由于各种方法所需的资料及适用条件不同，储量估算精度也有所不同。分析认为，影响储量估算精度的主要因素包括油藏录取资料的代表性、对油藏认识的准确程度、储量估算方法的适用程度以及储量参数的合理性等。在碳酸盐岩缝洞型油藏动态储量估算中应注重储量参数是否符合油藏开发特征。

针对复杂的碳酸盐岩缝洞型油藏，通过多种方法和资料的综合应用、不同动态储量估算方法的相互验证，对资料代表的局限与各种方法的缺陷进行补充和完善，以获得最佳储量估算结果。

5.2　能量变化曲线对储层特征及开发措施调整的指示意义

5.2.1　指示油藏储层特征

1）指示充填与否

在碳酸盐岩缝洞型储层中，由于上覆地层压力影响，溶洞洞顶和四周洞壁会形成局部应力场。应力差异会使溶洞洞壁岩层产生剪裂缝。另外，随着埋深增加，地层压力增大，达到一定极限值后溶洞顶板或洞壁会发生垮塌，垮塌物在溶洞中呈充填或半充填状态。在有充填的碳酸盐岩溶洞内，岩屑堆积形成不同的流动通道，垮塌体内部碳酸盐岩岩屑的堆积使其内部的流动通道复杂程度显著增大（图 5-7）。

与未充填溶洞相比，充填情况下的流动通道具有缩径和扩径的特征。同时不同充填类型溶洞的生产特征差异与流体流动特征密切相关。由于溶洞充填的影响，流体流动的阻力系数发生变化，而阻力系数与流态密切相关，其变化趋势可以客观地反映不同的流态。溶洞中单相液体的流动在一定条件下可从线性变成非线性，一般情况下雷诺数较小时为线性渗流，雷诺数较大时为非线性渗流。但雷诺数并不是唯一的判别标准，研究发现还存在两种不同的非线性渗流，即当缝宽较小时流量与压力梯度的关系曲线成凹形，较大时则成凸形。当流态发生变化时流体流动规律截然不同，造成流量及最终的可采储量有所变化。根据前人研究成果可知，流动通道的突变会引起表征流态转变的临界雷诺数改变（图 5-8）。沿流动方向，流动通道的半径增加，其增加的比例与临界雷诺数成反比，因此流动通道变化越复杂，引起流态转变的临界流速越小，垮塌溶洞内的流动规律越复杂。

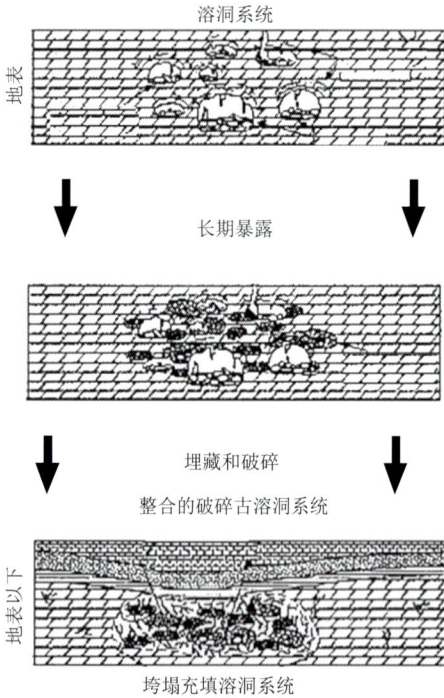

图 5-7 溶洞垮塌充填模式

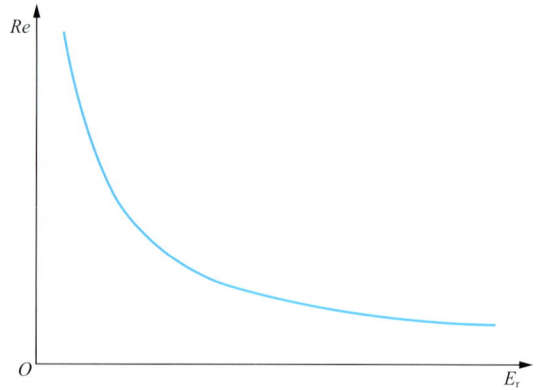

图 5-8 扩径比 E_r 与临界雷诺数 Re 的关系曲线

与未充填溶洞相比,有碳酸盐岩岩屑充填的溶洞在不同开采速率下的能量指示曲线呈现出不同的规律。能量衰减初始阶段的能量指示曲线下降趋势随着开采速率的增大而逐渐变缓。由于裂缝-垮塌溶洞的多种组合导致缝洞储集体内的流动近似于变径介质中的流体流动,当流动空间尺度及流体性质、流速发生变化时,流体在孔-洞-缝中的流动方式会有很大差别,这使得有垮塌物充填的溶洞与未充填溶洞的能量指示曲线的特征有明显差异,能量指示曲线下降速度取决于该连通缝洞储集体内部缝洞储集空间的大小。当然,对于有垮塌物充填的溶洞,物质平衡方程的建立除了考虑原油压缩系数之外,还应当考虑由岩石压缩系数引起的综合压缩系数变化。对比未充填溶洞的能量指示曲线,有垮塌物充填溶洞的能量指示曲线可在一定程度指示垮塌溶洞的充填程度,揭示溶洞内部有效储集空间和流动通道大小。

2)指示有无底水

塔河油田碳酸盐岩缝洞型储层大多数底水发育,水体能量充沛(图5-9)。一方面,大规模底水为油藏开发提供了充足的能量;另一方面,在储层中溶洞、裂缝和孔隙受高角度裂缝带和沿裂缝所产生的岩溶孔洞发育程度所控制,储层纵横向变化大,具有极强的非均质性,在底水活跃的条件下,开采过程中底水容易突破并进入储层,占据油流通道,导致油井产水迅速增加。

在无底水的缝洞储集体中,根据对应模型的物质平衡方程,其累积产油量与储集体内储量大小、初始压力以及原油体积系数和压缩系数相关。能量变化曲线中的能量指示曲线可以用于反映井筒沟通储集体的情况、储层物性及开采过程中油井能量变化情况等。影响能量指示曲线特征的因素较少,无底水油井能量指示曲线变化较为收敛,自喷阶段与注水

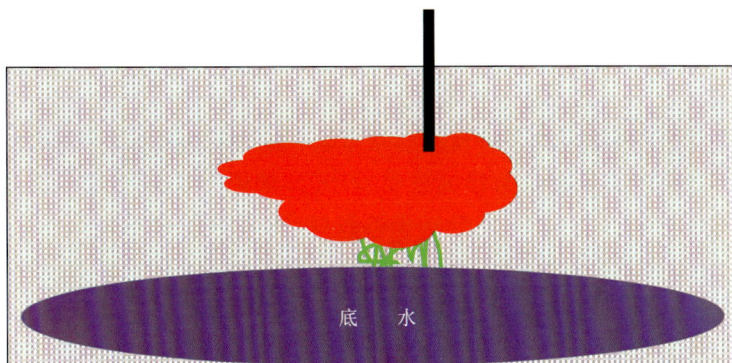

图 5-9 碳酸盐岩缝洞型油藏底水示意图

等措施后阶段的能量指示曲线均为较好的直线段,单一阶段内动态可采储量较为稳定。无底水单溶洞模型与有底水单溶洞模型的最大区别在于相同储集空间结构特征下的流体分布有差异,后者溶洞底部与底水储集空间连通,底水弹性驱动与浮力作用共同为油藏提供能量。因此,与无底水单溶洞相比,影响有底水单溶洞能量的因素更多,其开发动态变化规律更为复杂。受底水作用阶段的影响,一方面,油藏开发与底水体积大小及其压缩系数有关;另一方面,随着开发的进行,当底水侵入缝洞储集体内时,底水水侵量也会影响油藏开发效果。因此,与物质平衡法分析水侵量的原理一致,能量指示曲线显著偏离直线段的特征也反映了底水对油藏开发的影响。

5.2.2 指示开发措施调整

现场应用过程中,通常用井口压力代替井底流压,通过分析井口压力与累积产油量的关系曲线,进而指导油井合理生产。随着开发的进行和增产措施的干预,能量指示曲线呈现明显的阶段性变化特征。当油井能量指示曲线斜率(绝对值)明显快速增大时,表明该溶洞内能量衰减加快,有必要及时补充油井能量,稳定油井生产。

碳酸盐岩缝洞型油藏注水开发过程中,不同的注入方式通常对应不同的注入速度及注停周期。其中,注入速度对于油井恢复能量以及驱油提高采收率都具有重要意义。注入速度引起的动态可采储量差异与流体能量有关。在较大的注入速度条件下,水相的流动速度增大,造成其动能增强,进而反映为流体势的增大。依据流体由流体势高值区向流体势低值区流动的特征,储集空间内水相的流动性相应增强,因此在生产数据上表现为能量迅速恢复而驱油效果不好,即产油量增幅不大。

在封闭的缝洞储集体中,开采初期能量指示曲线变化较快。当生产段为含溶洞系统时,随着生产的进行,压力快速降低,在曲线上呈现稳定的压降规律,即曲线斜率保持稳定。当曲线斜率发生变化时,即进入第二生产阶段。在此阶段通常采用多轮次间歇注水补充能量,然后开井生产。该阶段受注水能量的补充,溶洞供液能力得到加强,从而使累积产油量得到维持。开发初期机抽与首次注水有效提高了生产井动态可采储量,但随着开发的进行,动态可采储量快速下降。在碳酸盐岩缝洞型油藏生产过程中,应当明确典型油井的能量指示曲线变化情况,以及时调整井口工作制度,制定有效增油措施。

根据注水指示曲线理论模型推导及参数分析,注水指示曲线所揭示的注水开发过程中,动态可采储量受注水量、溶洞大小、溶洞与井以及溶洞之间相互配置关系的影响。由于注水指示曲线是注入压力与累积注水量之间的关系曲线,因此当油井实施有效注水措施后会有明显的压力回升,而压力的保持程度则是措施有效性的重要评价指标。若压力没有明显变化,则表明措施无效,需要进行措施整改;若压力有显著提升,但保持程度不好,则需要进行措施参数的调整;若压力显著提升且保持较好,则表明措施有效。对无底水的缝洞储集体而言,油井能量恢复直接受注水措施的影响,随着注水量的增加,压力逐渐升高,其变化不受底水弹性能量及外部缝洞储集体内流体影响。注水指示曲线所体现的压力恢复速度及压力恢复程度是注水措施有效性的直接标志。根据注水指示曲线理论方程含义,注水指示曲线斜率可反映注水措施后油井可采储量的增值。无底水油藏的开发初期主要利用地层原油的弹性能量,而随着开发的进行,注水措施需要首先满足对亏空能量的补充,因此对注水量的需求较为明显。

由于封闭储集体中的能量亏空直接源自油井开采,而能量补充的直接来源是注水,因此无底水单溶洞模型的能量亏空与能量补充相对值是影响该类模型油井开发效果的重要因素。注采比的大小与油井能量恢复之间的关系往往反映在各轮次注采工作制度以及能量指示曲线上。因此,在油藏开发过程中,需要结合能量指示曲线,根据曲线所反映的各阶段动态可采储量变化以及压力恢复情况及时通过增加注水量和扩大注采比的方式提高剩余油动用程度。

同样,在有强底水的情况下,油藏的开发动态也反映在能量指示曲线上。在有底水的情况下,开采过程中,底水不断进入,有效保持了溶洞能量,使开采过程中压力下降缓慢,稳产时间增长。当油井实施关井措施,恢复一定程度压力并控制井口产量时,能量指示曲线趋于平缓且保持较长时间的稳定阶段,溶洞系统供液能力充足,油井的能量保持程度高。随着生产进行,底水不能有效保持能量后,产量下降速度加快,能量指示曲线表现为持续较低压力状态,且多次关井后起压效果不明显,此时需要考虑如何控制底水上升,有效释放底水分隔剩余油,保证其有效、高效生产。

由于底水的存在,油藏开发过程中的压力波及以及储量动用有明显的阶段性特征(图5-10)。有底水条件下的能量指示曲线波动会大于无底水条件,且曲线无水平直线段。因此,基于能量指示曲线的分析,有底水油藏开发过程中应注意合理调整井口工作制度以减缓能量衰减。

受底水影响,有底水油藏在注水开发过程中存在注入水分流情况。注入水一方面可以补充底水能量,另一方面可以驱替储集体内剩余油(图5-11)。此时注水开发过程中的压力变化相对缓慢,因此注水指示曲线反映为压力回升速度相对较慢。

通过分析能量指示曲线与注水指示曲线,有底水单溶洞模型的开发受底水作用的影响,其在压力上的响应特征不及无底水单溶洞模型明显。分析油井在底水逐步抬升过程中的能量指示曲线可知,能量指示曲线可以较好地对应单缝洞储集体底水抬升的阶段性。每一轮次底水抬升后能量指示曲线上出现上跳特征,并随着开发的进行,压力再次逐渐下降,但各个阶段的能量指示曲线斜率有所差异,反映出各阶段底水水侵的程度不同。针对有底水条件下的注水开发,需同时兼顾模型内部压力波及以及能量传递的速率,以提高结构整体的能量,达到增油效果。

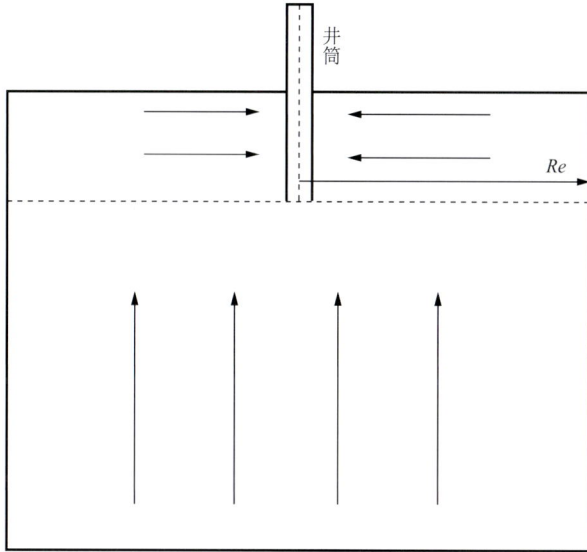

图 5-10 部分打开有底水油藏示意图

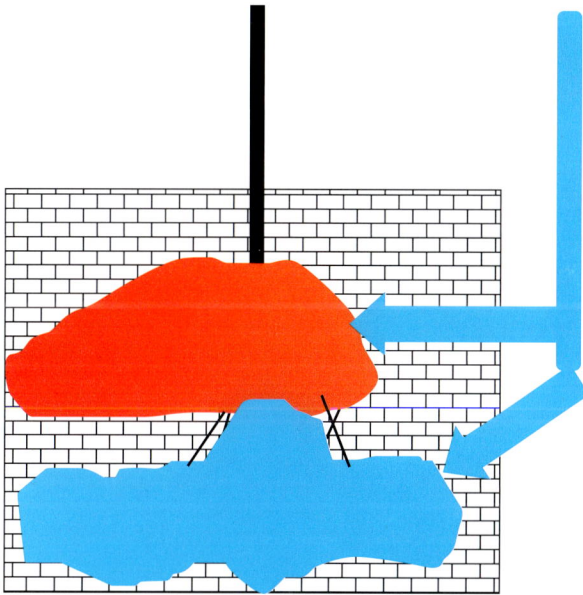

图 5-11 注入水分流示意图

　　受构造作用以及多期溶蚀作用的影响,碳酸盐岩缝洞型油藏中的溶洞储集体常出现多溶洞相连通的情况,这是碳酸盐岩缝洞型油藏常见的储集空间类型。在有底水影响且储集空间为多溶洞相连通的情况下,随着开发的进行,底水供给能量对油藏开发的驱动作用逐渐体现,相应能量指示曲线在相对较低压力区间维持一定的平稳状态。这表明在这一阶段内油井能够保持较好的地层能量,产量稳定增长。有底水双溶洞模型明显具有长稳产期这一生产特征,相比于无底水模型,其曲线变化趋势更为平稳。这是由于在生产过程中,存在的地层水能够有效补充地层能量,能量保持程度较高。随着生产的进行,地层水无法有效补充溶洞能量,溶洞能量下降,压力下降幅度较大,因此能量指示曲线斜率增大,地层压力下降趋势明显。该拐点的出现表明需要给油井进行能量补充。对比底水有效补充能量前后油井的可采储量,底水对原油采出的作用体现为逐渐波及,因此油井开发初期能量指示曲线存在斜率变化的弧线段,当底水供给能量稳定后能量指示曲线趋于平稳。底水补充地层能量失效后能量指示曲线斜率(绝对值)显著增大,压力下降较快。

在此类油藏中,由于底水供给能力的阶段差异性以及水淹的可能性,油藏开发过程中应重点评价能量的补充方式。底水入侵前与入侵初期起到补充能量的作用,油井尚能稳定生产。但随着底水入侵量的增加,与井直接相连的溶洞内的原油呈屏蔽状态,在该状态下继续开发则会逐步出现含水快速上升、水油比增大的特征,增加有底水多溶洞油藏的开发难度。此外,由于注水开发可能引发水窜,因此在开发该类油藏时还需考虑关井压力恢复以及注气等措施。在油井底水补给能量失效后,油井实施关井恢复压力的措施,在短期内对含水上升有一定的控制作用。该类油藏的开发通常应充分考虑多溶洞的连通关系及相互位置,密切关注生产过程中油井的动态变化,优先考虑关井恢复压力以及注气增加产量。

5.3 能量变化曲线综合应用实例分析

缝洞储集体模型中的三类能量变化曲线均是在考虑实际油藏储集空间类型的基础上提炼得来的,它们均对油藏的各项属性进行了一定程度的理论化假设(表5-2)。

表5-2 三类能量变化曲线基本假设条件对比

项　目	能量指示曲线	注水指示曲线	试井曲线
地层体积系数	近似不变	—	—
地层压力	各点压力均匀分布	—	各点压力均匀分布
流　体	油水均可压缩	油水均可压缩	单相弱可压缩
流动类型	裂缝中:平板流 溶洞中:管流	—	达西定律
溶　洞	体积恒定	刚性储集体	体积恒定
裂　缝	性质均匀	可压缩	性质均匀
介质间干扰	—	—	孔隙度与压力变化相对独立
毛管压力	忽略不计	忽略不计	忽略不计
重　力	忽略不计	忽略不计	忽略不计
工作制度	定液量生产	—	定液量生产
其　他	—	注入水后储集系统瞬时快速达到稳定	考虑井筒储集效应和表皮效应

由表5-2可以看出,三类能量变化曲线在假设条件上具有一定的相似性。在实际油藏工程应用中,综合分析三类能量变化曲线,对于进一步认识油藏特征具有一定的意义。下面选取典型井 TH12409 井为例,对三类能量变化曲线的综合应用进行分析。

5.3.1　缝洞结构模型的确定

TH12409(TK1268)井(图 5-12)是位于阿克库勒凸起西北斜坡上的一口开发井,2009 年 1 月 14 日开钻,2009 年 4 月 29 日完钻,设计井深 6 520.00 m,完钻井深 6 520.00 m,完钻层位 O_2 yj。该井于 2009 年 5 月 1—15 日进行了酸压完井,完井层位 O_2 yj,完井井段 6 432.41~6 520.00 m,钻井过程中无放空、漏失现象。

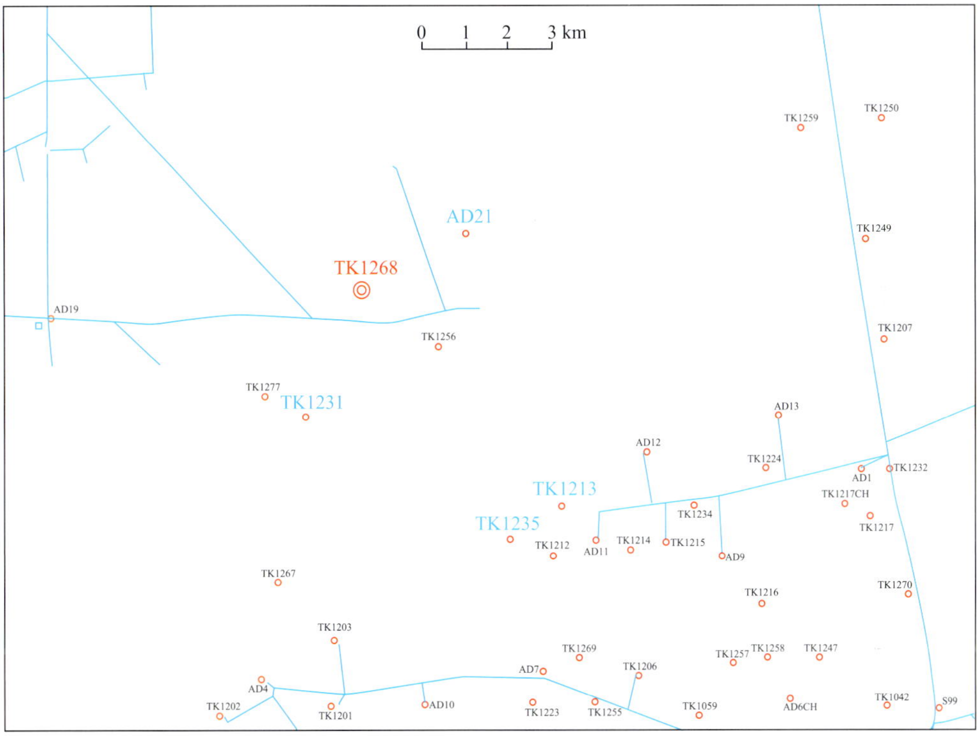

图 5-12　TH12409(TK1268)井位置示意图

TH12409 井位于构造斜坡部位,而且东南、西向各发育一条近南北向的断裂,是储层发育的有利部位,T_7^4 顶面(奥陶系一间房组)处于裂缝发育区。综合地球物理特征分析,该井处于储层发育的有利部位。

TH12409 井测井解释一间房组顶面为 6 431.5 m,其中 4 层 Ⅱ 类储层,厚度 26 m;6 层 Ⅲ 类储层,厚度 15.5 m。TH12409 井奥陶系地层录井显示 O_2 yj 有油斑 4 层,厚度 28 m; O_{1-2} y 有油斑 1 层,厚度 6 m。

过 AD21—TH12409 井联井地震剖面显示井周有明显的大面积异常反射,分析认为 TH12409 井近井溶洞较为发育,可通过酸压、注水等措施沟通其他规模的储集体。

TH12409 井于 2009 年 5 月实施酸压,封隔器坐封深度 5 904.62 m,注入井筒总液量 637 m³,最高泵压 84.1 MPa,最大排量 6.6 m³/min,正挤高温胶凝酸阶段泵压明显下降 (由 84.1 MPa 降为 57.7 MPa)。分析认为,这次酸压沟通了一定规模的储集体,酸压效果较好,这也进一步证实了地震资料反映出的井周储集体发育特征。

TH12409 井于 2010 年 5 月 2—14 日进行了压降试井作业,累计测试 288 h 左右。其原始压降试井双对数诊断曲线如图 5-13 所示。分析认为,通过酸蚀产生裂缝后,裂缝沟通了溶洞储集体,后期压力导数曲线上翘,反映为不渗透外边界。

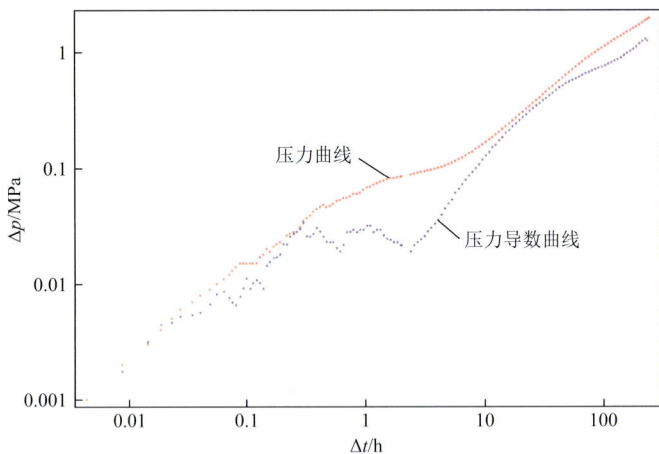

图 5-13　TH12409 井原始压降试井双对数诊断曲线

TH12409 井于 2012 年 9 月 18 日处理井筒,探底 6 436.28 m(高出原井底 83.72 m),正循环钻冲至 6 515.72 m;上下活动在 6 512.74 m 遇卡,后在 6 467.53 m 处解卡,其间形成落鱼,随后成功打捞部分落鱼,剩余落鱼为 20.15 m。2012 年 12 月 8 日配合酸化,规模 400 m³,最高泵压 34 MPa,最大排量 4.2 m³/min,酸压施工曲线显示此次措施对近井通道有一定的改善。

TH12409 井于 2009 年 5 月 13 日进行酸压投产,日产液 56 t,生产 323 d 后停喷。截至 2020 年底已累计注水 8 轮次,注水替油效果好。2012 年 2 月进行第 5 轮注水 23 584 m³,其间注剖测试 6 435 m 遇阻,开井 21 d 后压力异常下降,分析认为井底垮塌。2012 年 6—9 月进行两次井筒处理。2015 年 6 月 17 日关井焖井至今。截至 2015 年 6 月 16 日,TH12409 井已累计产油 36 645 t,累计产液 38 820.2 t,累计产水 2 175 t。

综合上述动、静态资料认为,TH12409 井钻遇裂缝,井周发育溶洞储集体,储集体结构符合井-缝-洞模型。

5.3.2　动态储量估算

1) 能量指示曲线

TH12409 井的自喷期能量指示曲线如图 5-14 所示。根据该井相关资料可以得到,该井地层原油体积系数为 1.038 2,油水两相综合压缩系数 C_i 为 9.18×10^{-4} MPa^{-1},能量指示曲线斜率为 -0.003 6。取塔河十二区原始地层含水饱和度为 35%,可以得到:

$$\frac{1}{NC_i} = 0.003\ 6$$

据此计算得到 $N = 30.26 \times 10^4$ m³,则该井的动态储量为 19.67×10^4 m³。

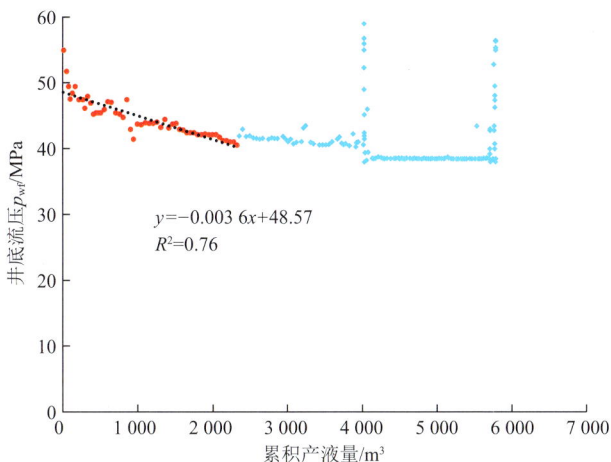

图 5-14　TH12409 井能量指示曲线

2）注水指示曲线

TH12409 井注水指示曲线如图 5-15 所示。

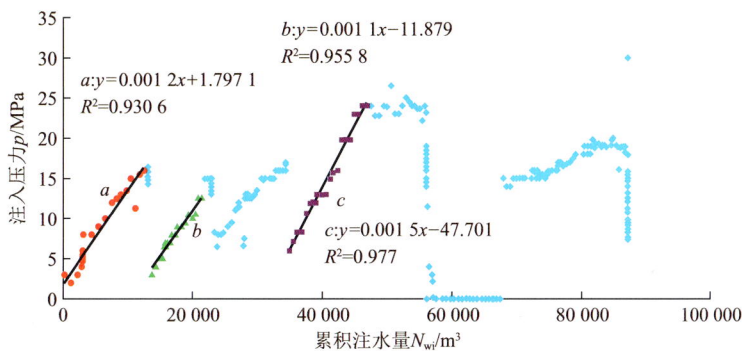

图 5-15　TH12409 井注水指示曲线

由图 5-15 可以看出，TH12409 井注水受效，注水有启动压力，说明油井钻遇孔隙通道，最大弹性注入量为 12 500 m³，上限压力点为 16 MPa 左右，第 2 轮次注水时注水有启动压力，当注入水达到 7 600 m³ 左右，压力上升到 12 MPa 左右时注入压力与累积注水量呈单一直线关系。第 1 轮次起压至第 2 轮次结束，该井累计产油 22 000 t；第 1 轮次起压至第 3 轮次结束，该井累计产油 35 000 t。

根据该井储集体特征，选用井-缝-洞模型公式[式（3-6）]计算第 1 轮次至第 3 轮次地下动态储量。将拟合曲线的斜率代入对应的模型公式（各参数含义参见第 3 章）进行计算，可得：

$$\begin{cases} \dfrac{B_{\mathrm{w}}}{N_{1轮}\ B_{\mathrm{oi}}\left[\alpha C_{\mathrm{cf}} + (1-\alpha)RC_{\mathrm{w}} + C_{\mathrm{o}}\right]} = 0.001\ 2 \\[4mm] \dfrac{B_{\mathrm{w}}}{N_{3轮}\ B_{\mathrm{oi}}\left[\alpha C_{\mathrm{cf}} + (1-\alpha)RC_{\mathrm{w}} + C_{\mathrm{o}}\right]} = 0.001\ 5 \end{cases}$$

对应的参数取值为：$B_{\mathrm{w}} = 0.98$，$B_{\mathrm{oi}} = 1.04$，$C_{\mathrm{w}} = 4 \times 10^{-4}$ MPa^{-1}，$C_{\mathrm{o}} = 10 \times 10^{-4}$ MPa^{-1}，$C_{\mathrm{cf}} = 14 \times 10^{-4}$ MPa^{-1}，$R = 10$，$\alpha = 0.22$。将参数值代入上式可得：

$$\begin{cases} N_{1轮} = 17.7 \times 10^4 \text{ m}^3 \\ N_{3轮} = 14.2 \times 10^4 \text{ m}^3 \end{cases}$$

即第 1 轮次至第 3 轮次井底原油减少了 3.5×10^4 m³，即 36 886 t。根据实际生产数据可知，2 个轮次之间实际的采出原油量为 35 000 t，误差为 5.4%，所以选择此模型合适。根据第 3 轮次的注水指示曲线，求出 TH12409 井地层动态储量为 14.2×10^4 m³。

3）试井曲线

根据 TH12409 井压降试井双对数诊断曲线形态特点，并结合该井的地质及生产特征，选择井-缝-洞模型对 TH12409 井解释较为合适。应用试井曲线计算 TH12409 井动态储量的过程见 4.3.2 小节，从而得到塔河十二区 TH12409 井的动态储量约为 2.66×10^4 t。

在利用三类曲线分析油井沟通储集体以及生产特征的基础上，继续深入分析油井生产动态与生产措施的关系。根据注水指示曲线，第 3 轮次注水后动态储量计算值为 14.2×10^4 m³，而就注水后各阶段的能量指示曲线来看，并未发现能量补充作用。因此，需要进一步分析该井的注采工作制度与增油效果。从各轮次注水后的能量指示曲线来看，第 1 轮次注水后开井生产，油井能量得到一定程度的补充（图 5-16）；后续注水轮次后，能量下降趋势逐渐加快，能量指示曲线斜率绝对值增大。总体来看，第 1、第 2 轮次注水后，达到了补充井周储集体内能的作用，第 3 轮次注水后能量指示曲线波动较大，对油井能量补充较差。另外，分析注水指示曲线也可得出同样的结论。

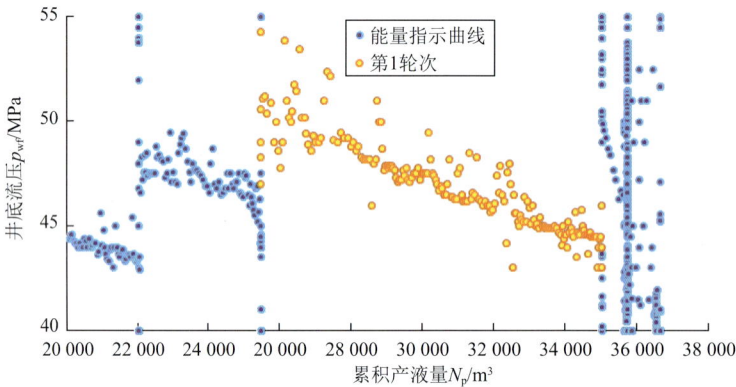

图 5-16　典型井注水后能量指示曲线变化

从注水增油效果判断，第 1 轮次及第 2 轮次总体注水增油效果较好，第 3 轮次注水后压力波动较大，且增油量少，注水增油效果较差（图 5-17）。由于第 1 轮次注水后能量指示曲线显示能量补充作用较弱，因此第 2 轮次连续注水中，保持较接近的注水量时增油效果较好。而到第 3 轮次注水时，增油效果较差，应及时调整生产措施。由此可见，能量指示曲线和注水指示曲线两类曲线相结合可综合分析各注水轮次的注水效果及注采工作制度的合理性。

综上，典型井的分析揭示了能量变化曲线在油井生产动态诊断及生产措施合理性分析中的意义。根据能量变化曲线理论基础，可采用不同方法对单井的动态储量进行相应的研究和计算，其中利用能量指示曲线计算了 27 口井的动态储量，利用注水指示曲线计算了 30 口井的动态储量，利用试井曲线计算了 27 口井的动态储量。利用能量指示曲线与试井曲

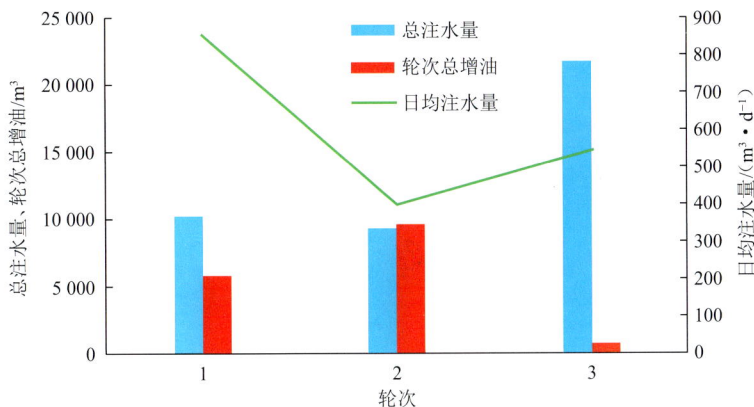

图 5-17　典型井注水增油统计

线计算动态储量重合的井共有 4 口,利用能量指示曲线与注水指示曲线计算动态储量重合的井共有 21 口,计算结果对比如表 5-3、表 5-4、图 5-18、图 5-19 所示。

表 5-3　能量指示曲线与试井曲线计算结果对比

区　块	井　名	能量指示曲线计算结果/(10^4 m^3)	试井曲线计算结果/(10^4 m^3)
十　区	TH10254XCH	6.251	4.13
十二区	TH12409	19.67	7.38
	TH12249	25.792	12
	TH12166	4.836	43.7

表 5-4　能量指示曲线与注水指示曲线计算结果对比

区　块	井　名	能量指示曲线计算结果/(10^4 m^3)	注水指示曲线计算结果/(10^4 m^3)
七　区	AD19	108.934	41.2
十二区	AD23CH	11.57	1.73
	AD26	7.143 5	0.696
十　区	TH10124	16.975	22.64
	TH10203	12.432	1.37
	TH10233CH	30.436	0.589
	TH10262	2.814	2.12
	TH10327CH2	3.619	3.38
	TH10353H	3.906	7.47
	TH10356	8.099	3.91
十二区	TH12126	48.873 5	48.07
	TH121253	10.094 5	0.259
	TH12163	23.211 5	24.52
	TH12224CH	2.457	3.65

区 块	井 名	能量指示曲线计算结果/(10^4 m³)	注水指示曲线计算结果/(10^4 m³)
十二区	TH12225CX	5.018	0.54
	TH12263	22.106 5	18.09
	TH12269	5.018	1.7
	TH12305	44.219 5	28
	TH12330	25.096 5	11.59
	TH12352	4.504 5	3.67
	TH12368CH	2.21	1.96

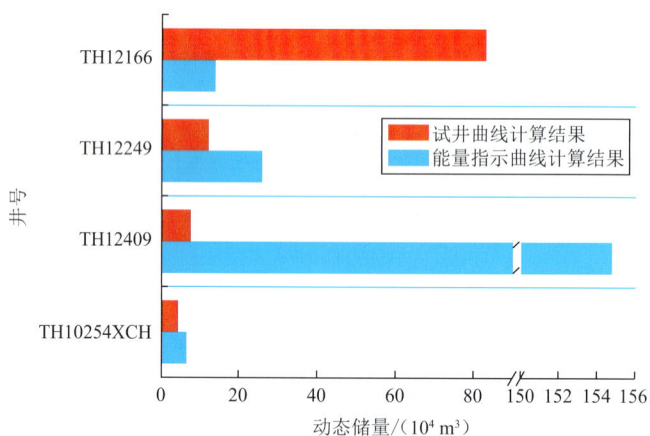

图 5-18 能量指示曲线与试井曲线计算结果对比

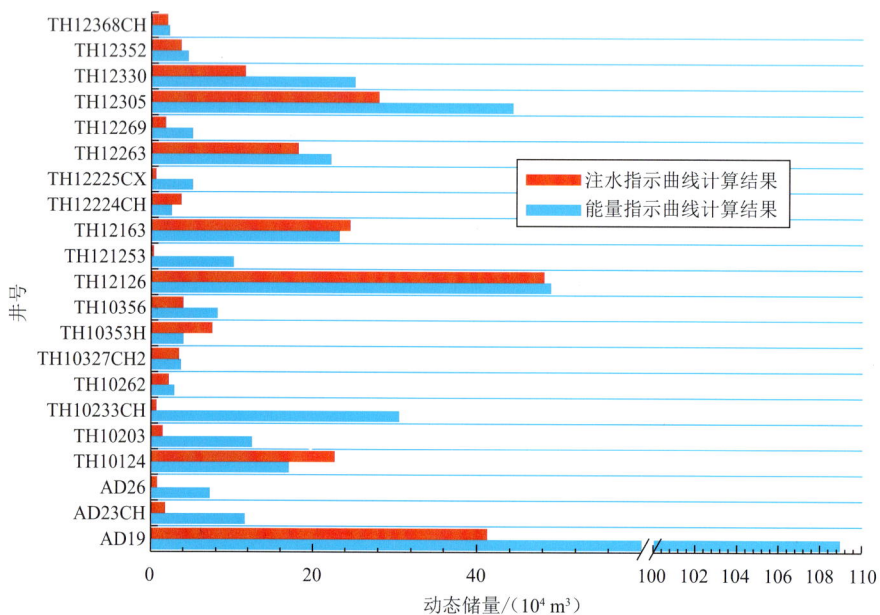

图 5-19 能量指示曲线与注水指示曲线计算结果对比

　　可以看出,能量指示曲线与注水指示曲线、试井曲线的计算结果均存在一定的差异,总体上,能量指示曲线与注水指示曲线计算结果间的差异要小于能量指示曲线与试井曲线计算结果间的差异。其原因在于利用能量指示曲线计算的过程中忽略了地层流体的体积系数随压力的变化,井底流压是由井口油压或套压折算得到的,且大部分仅仅利用了前期弹性驱阶段的能量指示曲线,因此计算过程中存在较大的误差。

　　获取资料、假设条件以及适用阶段的差异性使得运用不同能量变化曲线计算动态储量的结果存在差异。因此,应综合考虑油藏开发阶段、油井实际生产情况与假设条件的契合度以及获取资料的方式,选择合适的计算方法,同时还应综合运用多种方法进行对比分析。

参 考 文 献

[1] 王子胜,姚军,戴卫华.缝洞型油藏试井解释方法在塔河油田的应用[J].西安石油大学学报(自然科学版),2007,22(1):72-74.

[2] 张玲,侯庆宇,庄丽,等.储量估算方法在缝洞型碳酸盐岩油藏的应用[J].油气地质与采收率,2012,19(1):24-27.

[3] 窦之林.碳酸盐岩缝洞型油藏描述与储量计算[J].石油实验地质,2014,36(1):9-15.

[4] 马立平,李允.缝洞型油藏物质平衡方程计算方法研究[J].西南石油大学学报,2007,29(5):66-68.

[5] 李江龙,张宏方.物质平衡方法在缝洞型碳酸盐岩油藏能量评价中的应用[J].石油与天然气地质,2009,30(6):773-778.

[6] 宋红伟,张智,任文博.缝洞型碳酸盐岩油藏物质平衡法计算储量探讨[J].天然气勘探与开发,2012,35(1):32-35,49.

[7] 苏成义,张玲,史建忠,等.缝洞型古潜山油藏储量参数解释方法研究[J].特种油气藏,2003,10(2):38-40.

[8] 陈志海,常铁龙,刘常红.缝洞型碳酸盐岩油藏动用储量计算新方法[J].石油与天然气地质,2007,28(3):315-319,328.

[9] 刘学利,焦方正,翟晓先,等.塔河油田奥陶系缝洞型油藏储量计算方法[J].特种油气藏,2005,12(6):22-24,36.

[10] 李彦超,李爱芬,姚志良,等.低渗缝洞型碳酸盐岩油藏地质储量计算方法[J].油气田地面工程,2010,29(12):39-41.

[11] 胡向阳,李阳,王友启,等.三维地质模型概率法在碳酸盐岩缝洞型油藏石油地质储量研究中的应用——以塔河油田四区为例[J].油气地质与采收率,2013,20(4):46-48,61.

[12] 张希明,杨坚,杨秋来,等.塔河缝洞型碳酸盐岩油藏描述及储量评估技术[J].石油学报,2004,25(1):13-18.

[13] 张玲,史建忠,游秀玲.缝洞型潜山油藏储量计算方法研究[J].石油大学学报(自然科学版),2005,29(6):11-15.

[14] 郑松青,刘东,刘中春,等.塔河油田碳酸盐岩缝洞型油藏井控储量计算[J].新疆石

油地质,2015,36(1):78-81.

[15] 罗佼.塔河6—7区奥陶系油藏产量递减规律及影响因素分析[D].四川:成都理工大学,2014.

[16] ARNOLD R,ANDERSON R. Preliminary Report on the Coalinga Oil District,Fresno and Kings Counties,California[C]. Washington:U. S. Geological Survey Bulletin,1908.

[17] ARPS J J. Analysis of Decline Curves[J]. Transactions of the AIME,1945,160(1):228-247.

[18] SLIDER H C. A Simplified Method of Hyperbolic Decline Curve Analysis[J]. J. Pet. Technol. ,1968,20(3):235-236.

[19] GENTRY R W. Decline-Curve Analysis[J]. J. Pet. Technol. ,1972,24(1):38-41.

[20] FETKOVICH M J. Decline Curve Analysis Using Type Curves[J]. J. Pet. Technol. ,1980,32(6):1065-1077.

[21] BLASINGAME T A,LEE W J. Properties of Homogeneous Reservoirs,Naturally Fractured Reservoirs,and Hydraulically Fractured Reservoirs From Decline Curve Analysis[C]. Texas,Midland:Permian Basin Oil and Gas Recovery Conference,1986.

[22] AGARWAL R G,GARDNER D C,KLEINSTEIBER S W,et al. Analyzing Well Production Data Using Combined Type Curve and Decline Curve Analysis Concepts[C]. New Orleans,Louisiana:SPE Annual Technical Conference and Exhibition,1998.

[23] 张希明.新疆塔河油田下奥陶统碳酸盐岩缝洞型油气藏特征[J].石油勘探与开发,2001,28(5):17-22.

[24] 杨锋,王新海,刘洪.缝洞型碳酸盐岩油藏井钻遇溶洞试井的解释模型[J].水动力学研究与进展 A 辑,2011,26(3):278-283.

[25] 杨敏,陆正元,窦之林,等.塔河油田奥陶系油藏 TK461 井组油水分布概念模式研究[J].石油实验地质,2010,32(1):83-86.

[26] 李阳.塔河油田碳酸盐岩缝洞型油藏开发理论及方法[J].石油学报,2013,34(1):115-121.

[27] 赵子刚,李笑萍,莫经伦.双重介质油藏试井解释图版理论[J].大庆石油地质与开发,1988,7(3):41-47.

[28] 荣元帅,李新华,刘学利,等.塔河油田碳酸盐岩缝洞型油藏多井缝洞单元注水开发模式[J].油气地质与采收率,2013,20(2):58-61.

[29] 荣元帅,黄咏梅,刘学利,等.塔河油田缝洞型油藏单井注水替油技术研究[J].石油钻探技术,2008,36(4):57-60.

[30] BARENHLATT G I,ZHELTOV Y P,KOCHINA I N. Basic Concepts in the Theory of Seepage of Homogeneous Liquids in Fissured Rocks[J]. Appl. Math. Mech. USSR,1960,24:1286-1303.

[31] WARREN J E,ROOT P J. The Behavior of Naturally Fractured Reservoirs[J]. Society of Petroleum Engineers,1963,3(3):245-255.

[32] 冯文光,葛家理.单一介质、双重介质非达西低速渗流的压力曲线动态特征[J].石油勘探与开发,1986(5):52-57.

[33] 林加恩.实用试井分析方法[M].北京:石油工业出版社,1996.

[34] 闫长辉,胡文革,周文,等.塔河缝洞型油藏特征及开发技术对策[M].北京:科学出版社,2016.

[35] 李刚柱,吕爱民,谢昊君,等.塔河缝洞型油藏缝洞单元注水开发模式[J].内蒙古石油化工,2015,41(10):14-16.

[36] VOGEL J V. Inflow Performance Relationships for Solution-Gas Drive Wells[J]. Journal of Petroleum Technology,1968,20(1):83-92.

[37] FETKOVITCH M J. The Isochronal Testing of Oil Wells[C]. Las Vegas,Nevada:SPE Annual Fall Meeting,1973.

[38] QASEM F,MALALLAH A,NASHAWI I,et al. Modeling Inflow Performance Relationships for Wells Producing from Multi-Layer Solution-Gas Drive Reservoirs[C]. Cairo,Egypt:SPE North Africa Technical Conference & Exhibition,2012.

[39] JABBAR M Y,ALNUAIM S. Analytical Comparison of Empirical Two-Phase IPR Correlations for Horizontal Oil Wells[C]. Bahrain,Manama:SPE Middle East Oil and Gas Show and Conference,2013.

[40] 石国新,聂仁仕,路建国,等.2区复合油藏水平井试井模型与实例解释[J].西南石油大学学报(自然科学版),2012,34(5):99-106.

[41] 熊艳梅,梅胜文,贾建国,等.浅析碳酸盐岩油藏注水指示曲线在油田开发中的应用[J].大陆桥视野,2012(24):128-130.

[42] 马旭,陈小凡,易虎.缝洞型碳酸盐岩油藏注水替油井水驱特征曲线多样性与生产动态关系[J].油气藏评价与开发,2015,5(1):34-38.

[43] 梅胜文,陈小凡,乐平,等.缝洞型碳酸盐岩注水指示曲线理论改进新模型[J].长江大学学报(自然科学版),2015,12(29):57-62.

[44] 杨旭,杨迎春,廖志勇.塔河缝洞型油藏注水替油开发效果评价[J].新疆石油天然气,2010,6(2):59-64.

[45] VAN EVERDINGEN A F,HURST W. The Application of the Laplace Transformation to Flow Problems in Reservoirs[J]. Journal of Petroleum Technology,1949,1(12):305-324.

[46] 马修斯 C S,拉塞尔 D G.油层压力恢复和油气井测试[M].李祐佑,乐长荣,文楚雄,等译.北京:石油工业出版社,1983.

[47] 姜礼尚,陈钟祥.试井分析理论基础[M].北京:石油工业出版社,1985.

[48] 史乃光.油气井测试[M].武汉:中国地质大学出版社,1991.

[49] 廖新维,沈平平.现代试井分析[M].北京:石油工业出版社,2002.

[50] 庄惠农.气藏动态描述和试井[M].北京:石油工业出版社,2004.

[51] 陈慧新,刘曰武.非均质油藏试井分析理论的研究进展[J].力学进展,2005,35(2):249-259.

[52] 刘泽.卫77-3井中生界砂泥岩裂缝性油藏试井解释与应用[J].油气井测试,2009,18(1):36-37.

[53] 白智琳,白士杰.试油试采压力恢复曲线试井解释应用探讨[J].油气井测试,2012,21(2):30-31.

[54] 王培玺,张静.基于分群式粒子群算法的压裂水平井试井曲线自动拟合[J].中国石油大学学报(自然科学版),2012,36(2):136-140,151.

[55] 张凯权,朱宝峰,许兰婷,等.非自喷井测试资料解释新方法应用研究[J].油气井测试,2013,22(3):31-33.

[56] 刘彦哲,刘忠能,孙丽慧,等.超低渗透油藏试井解释结果的识别与应用[C].银川:绿色石化·创新集成·效能提升——第十一届宁夏青年科学家论坛石化专题论坛,2015.

[57] 姚征,胡天宝,庄腾腾,等.试井解释在彭阳演25油藏的应用[J].石油化工应用,2015,34(12):57-61.

[58] 付军.冀东复杂断块油藏试井资料综合研究与应用[D].四川:西南石油大学,2015.

[59] 崔迪生.拉普拉斯变换与试井分析[M].北京:石油工业出版社,2002.

[60] 贾永禄,赵必荣.拉普拉斯变换及数值反演在试井分析中的应用[J].天然气工业,1992,12(1):60-64.

[61] 崔迪生.拉普拉斯变换与试井分析[M].北京:石油工业出版社,2002.

[62] 胥洪俊,孙贺东,张万能,等."串珠"状地震反射与试井分析"串珠"模型关系探讨[J].油气井测试,2015,24(5):6-9.

[63] 刘建兵.塔河油田奥陶系缝洞油藏注水开发研究[D].四川:成都理工大学,2007.

[64] 贾永禄.具有窜流的双层油气藏井底压力动态模型[J].天然气工业,1997(1):54-56.

[65] 荣元帅,胡文革,蒲万芬,等.塔河油田碳酸盐岩油藏缝洞分隔性研究[J].石油实验地质,2015,37(5):599-605.

[66] 涂兴万.碳酸盐岩缝洞型油藏单井注水替油开采的成功实践[J].新疆石油地质,2008,29(6):735-736.

[67] 吴克柳,李相方,卢巍,等.具有补给气的异常高压有水凝析气藏物质平衡方程建立及应用[J].地球科学(中国地质大学学报),2014,39(2):210-220.

[68] 张世亮,袁飞宇,海涛,等.注水指示曲线在碳酸盐岩油藏措施挖潜中的应用及认识[J].化学工程与装备,2014(12):161-165.

[69] 彭小龙,杜志敏,刘学利,等.大尺度溶洞裂缝型油藏试井新模型[J].西南石油大学学报(自然科学版),2008,30(2):74-77.

[70] 巫波,刘遥,荣元帅,等.碳酸盐岩油藏缝洞差异连通及水淹特征研究[J].特种油气藏,2015,22(1):131-133,157.

[71] 杨敏,鲁新便,林加恩.基于流压速率的水驱油藏物质平衡方法[J].油气地质与采收

率,2010,17(4):74-76.

[72] 孙贺东.油气井现代产量递减分析方法及应用[M].北京:石油工业出版社,2013.

[73] 刘曰武,张奇斌,孙波.试井分析理论和应用的发展[J].测井技术,2004,28(S1):69-74,89.

[74] 杨通佑,范尚炯,陈元千,等.石油及天然气储量计算方法[M].2版.北京:石油工业出版社,1998.

[75] 靳永红,李安国,解慧,等.注水指示曲线在碳酸盐岩油藏的应用[J].油气藏评价与开发,2013,3(4):30-34.

[76] 鲁新便,胡文革,汪彦,等.塔河地区碳酸盐岩断溶体油藏特征与开发实践[J].石油与天然气地质,2015,36(3):347-355.